奇异摄动饱和控制系统分析与设计

杨春雨　周林娜　著

科学出版社
北京

内 容 简 介

本书全面介绍了作者近年来在奇异摄动饱和控制系统分析与设计方面的研究成果。书中介绍了奇异摄动饱和控制系统稳定性分析方法、奇异摄动饱和控制系统设计方法、具有 L_2 扰动的奇异摄动饱和系统快采样控制设计和慢采样控制设计方法、奇异摄动切换饱和控制系统设计方法、奇异摄动系统抗饱和控制设计方法、非线性奇异摄动系统模糊采样控制设计方法、基于多速率采样数据的奇异摄动系统多速率采样观测器设计方法、基于不完整测量信息的奇异摄动系统 H_∞ 滤波器设计方法,以及基于观测器的奇异摄动饱和控制系统设计方法。

本书可作为信息与控制类研究生教材,也适合其他相关领域研究生参考,还可供信息与控制类以及相关专业高等院校本科生、教师和广大科技工作者、工程技术人员参考。

图书在版编目(CIP)数据

奇异摄动饱和控制系统分析与设计/杨春雨,周林娜著. —北京:科学出版社,2018.2

ISBN 978-7-03-056610-2

Ⅰ. ①奇… Ⅱ. ①杨… ②周… Ⅲ. ①摄动–控制系统–系统分析 ②摄动–控制系统设计 Ⅳ. ①TP13

中国版本图书馆 CIP 数据核字(2018)第 036205 号

责任编辑:李涪汁 曾佳佳 邢 华/责任校对:王萌萌
责任印制:徐晓晨/封面设计:许 瑞

科学出版社 出版
北京东黄城根北街 16 号
邮政编码:100717
http://www.sciencep.com

北京中石油彩色印刷有限责任公司 印刷
科学出版社发行 各地新华书店经销
*

2018 年 2 月第 一 版　开本:720×1000　1/16
2019 年 1 月第二次印刷　印张:11 1/4
字数:230 000

定价:89.00 元
(如有印装质量问题,我社负责调换)

前　　言

　　复杂工业过程或设备一般由多个环节或工序串、并联组成，不同环节（工序）的动态响应速度往往不同，甚至具有不同的时间尺度。多时间尺度系统一般都含有小参数，应用传统的控制理论和方法容易发生"维数灾难"和"病态数值问题"。奇异摄动系统控制理论是解决多时间尺度系统控制问题的有效工具，已经广泛应用于机器人、航天工程、化工过程、电力系统等诸多工程领域。执行器饱和行为和测量信息的不完整性是影响控制系统性能的重要因素，基于不完整测量信息的饱和系统一般具有非光滑性、随机性以及连续动态和离散动态并存的混杂性，这些复杂特性对传统的奇异摄动系统控制理论提出了挑战。因此，基于不完整测量信息的奇异摄动饱和系统的设计和分析具有广泛的应用前景和重要的学术价值，引起了学者和工程师的关注。

　　本书围绕奇异摄动饱和控制系统的基本问题和热点问题，系统地介绍相关基础概念和原理、系统分析方法和设计方法。

　　全书共分11章。第1章概述奇异摄动控制系统的研究背景、模型特点及研究进展；第2章针对控制器已知情况，给出奇异摄动饱和控制系统稳定性分析方法；第3章针对连续奇异摄动系统，给出饱和控制系统设计方法；第4章针对具有L_2扰动的奇异摄动饱和系统，给出快采样控制设计方法；第5章针对具有L_2扰动的奇异摄动饱和系统，给出慢采样控制设计方法；第6章提出奇异摄动切换饱和控制系统设计方法；第7章给出奇异摄动系统抗饱和控制设计方法；第8章给出非线性奇异摄动系统模糊采样控制设计方法；第9章给出奇异摄动系统多速率采样观测器设计方法；第10章给出基于不完整测量信息的奇异摄动系统H_∞滤波器设计方法；第11章给出基于观测器的奇异摄动饱和控制系统设计方法。

　　本书得到了国家自然科学基金（61374043）、江苏省自然科学基金（BK20130205）、中国博士后科学基金（2013M530278）和中央高校基本科研业务费专项资金（2013QNA50）的资助。撰写过程中，研究生刘晓敏、闫艺芳、王昊、王前进等做了大量的资料收集和整理工作。在此表示衷心的感谢。

　　由于作者水平有限，书中难免存在疏漏之处，敬请专家和读者不吝赐教，以期本书更加完善。

作　者
2017年11月

目 录

前言
第1章 绪论 ··· 1
  1.1 奇异摄动控制系统简介 ··· 1
    1.1.1 奇异摄动系统模型 ··· 1
    1.1.2 非标准奇异摄动系统模型 ··· 4
    1.1.3 奇异摄动控制系统的分析与设计 ··· 6
  1.2 饱和控制系统 ··· 6
    1.2.1 执行器饱和问题 ··· 6
    1.2.2 饱和非线性的处理 ··· 9
    1.2.3 奇异摄动饱和系统 ··· 11
  参考文献 ··· 11
第2章 奇异摄动饱和控制系统稳定性分析 ··· 14
  2.1 引言 ··· 14
  2.2 问题描述 ··· 15
  2.3 主要结果 ··· 16
    2.3.1 不变集条件 ··· 16
    2.3.2 稳定界的估计 ··· 19
    2.3.3 吸引域的估计 ··· 20
  2.4 仿真 ··· 21
  2.5 本章小结 ··· 26
  参考文献 ··· 26
第3章 奇异摄动饱和控制系统设计 ··· 28
  3.1 引言 ··· 28
  3.2 问题描述 ··· 29
  3.3 主要结果 ··· 30
    3.3.1 控制器设计 ··· 31
    3.3.2 吸引域的优化 ··· 33
  3.4 仿真 ··· 34
  3.5 本章小结 ··· 37

参考文献 37

第 4 章 具有 L_2 扰动的奇异摄动饱和系统快采样控制设计 40
4.1 引言 40
4.2 问题描述 42
4.3 主要结果 43
4.3.1 系统状态有界稳定 43
4.3.2 干扰承受度 48
4.3.3 干扰抑制 51
4.4 仿真 54
4.5 本章小结 59
参考文献 59

第 5 章 具有 L_2 扰动的奇异摄动饱和系统慢采样控制设计 61
5.1 引言 61
5.2 问题描述 62
5.3 主要结果 63
5.3.1 系统状态有界稳定 63
5.3.2 干扰承受度 67
5.3.3 干扰抑制 69
5.4 仿真 71
5.5 本章小结 75
参考文献 76

第 6 章 奇异摄动切换饱和控制系统设计 77
6.1 引言 77
6.2 问题描述 78
6.3 主要结果 79
6.3.1 控制器设计 79
6.3.2 稳定性分析 84
6.4 仿真 89
6.5 本章小结 92
参考文献 93

第 7 章 奇异摄动系统抗饱和控制设计 95
7.1 引言 95
7.2 问题描述 96
7.3 主要结果 98

  7.3.1 奇异摄动参数可测时的控制器设计 ················· 98
  7.3.2 奇异摄动参数不可测时的控制器设计 ··············· 102
 7.4 仿真 ··· 105
 7.5 本章小结 ·· 109
 参考文献 ··· 110

第 8 章 非线性奇异摄动系统模糊采样控制设计 ················ 112
 8.1 引言 ··· 112
 8.2 问题描述 ·· 113
 8.3 主要结果 ·· 115
 8.4 仿真 ··· 122
 8.5 本章小结 ·· 125
 参考文献 ··· 125

第 9 章 基于多速率采样数据的奇异摄动系统观测器设计 ······ 127
 9.1 引言 ··· 127
 9.2 问题描述 ·· 129
 9.3 主要结果 ·· 130
 9.4 仿真 ··· 139
 9.5 本章小结 ·· 143
 参考文献 ··· 143

第 10 章 基于不完整测量信息的奇异摄动系统 H_∞ 滤波器设计 ······ 145
 10.1 引言 ··· 145
 10.2 问题描述 ··· 146
 10.3 主要结果 ··· 147
 10.4 仿真 ··· 153
 10.5 本章小结 ··· 154
 参考文献 ··· 154

第 11 章 基于观测器的奇异摄动饱和控制系统设计 ············· 156
 11.1 引言 ··· 156
 11.2 问题描述 ··· 157
 11.3 主要结果 ··· 159
 11.4 仿真 ··· 167
 11.5 本章小结 ··· 169
 参考文献 ··· 169

第1章 绪　　论

1.1 奇异摄动控制系统简介

复杂工业过程或设备一般由多个环节或工序串、并联组成，不同环节（工序）的动态响应速度往往不同，甚至具有不同的时间尺度。多时间尺度系统一般都含有小参数，应用传统的控制理论和方法容易发生"维数灾难"和"病态数值问题"。奇异摄动系统（singularly perturbed systems，SPSs）控制理论是解决多时间尺度系统控制问题的有效工具，已经广泛应用于机器人、航天工程、化工过程、电力系统等诸多工程领域[1-8]。本节将介绍奇异摄动系统模型结构、稳定性理论和控制器设计基础。

1.1.1 奇异摄动系统模型

奇异摄动系统一般描述为

$$\dot{x} = f(x,z,\varepsilon,t), \quad x(t_0) = x_0, \quad x \in \mathbb{R}^n \tag{1.1}$$

$$\varepsilon \dot{z} = g(x,z,\varepsilon,t), \quad z(t_0) = z_0, \quad z \in \mathbb{R}^m \tag{1.2}$$

其中，f 和 g 是关于参数 x、z、ε、t 足够多次连续可微的函数；ε 是个标量，表示奇异摄动参数。在大多数实际应用中，并不限定只有一个小参数。例如，若 T_1 和 T_2 是同数量级的小的时间常数，即 $O(T_1) = O(T_2)$，将其中的一个时间常数记作 ε，则另一个就可表示为它的倍数，令 $T_1 = \varepsilon$，则 $T_2 = \alpha\varepsilon$，其中，$\alpha = T_2/T_1$ 为已知的常数。

在复杂控制工程问题中，建立系统模型（1.1）和模型（1.2）是第一步，为了进行系统分析和设计，人们往往考虑系统模型降阶问题。由于奇异摄动参数充分小，可假设 $\varepsilon = 0$，此时微分方程（1.2）退化为一个代数方程：

$$0 = g(\bar{x}, \bar{z}, 0, t) \tag{1.3}$$

其中，带有"–"的变量表示属于 $\varepsilon = 0$ 系统的变量。当且仅当以下假设成立时，称模型（1.1）和模型（1.2）为标准奇异摄动系统。

假设 1.1[1]　定义域内，式（1.3）有 $k \geq 1$ 个不同（独立）的实根，即

$$\bar{z} = \bar{\varphi}_i(\bar{x}, t), \quad i = 1, 2, \cdots, k \tag{1.4}$$

假设 1.1 保证了一个定义好的 n 维降阶模型与式（1.4）的每个根对应。为了得到第 i 个降阶模型，将式（1.4）代入式（1.1）中，得

$$\dot{\overline{x}} = f(\overline{x}, \overline{\varphi}_i(\overline{x},t), 0, t), \quad \overline{x}(t_0) = x_0 \tag{1.5}$$

状态变量 $\overline{x}(t)$ 初始值的选取与 $x(t)$ 初始值相同。下面忽略式（1.5）中的下标 i，得到一个更紧凑简单的形式：

$$\dot{\overline{x}} = \overline{f}(\overline{x},t), \quad \overline{x}(t_0) = x_0 \tag{1.6}$$

当 ε 很小时，$\dot{z} = g/\varepsilon$ 很大，z 可能很快就收敛到式（1.3）的一个根，即式（1.2）的准稳态形式。因此，式（1.6）一般称为准稳态模型。

下面讨论奇异摄动系统模型（1.1）和模型（1.2）的双时间尺度特性。奇异摄动系统存在快、慢瞬变动态特性。粗略地讲，慢响应，或者是"准稳态"，由降阶模型（1.6）近似所得，而快变量是降阶模型（1.6）与全阶模型（1.1）和模型（1.2）之间的偏差。在降阶模型（1.6）中，并不含有 z，而是由其"准稳态" $\overline{z}$ 代替。与原本的变量 z（初始时刻为 t_0，初始值为 z_0）进行对比，可知 $\overline{z}$ 并不是从 z_0 自由开始，其初值

$$\overline{z}(t_0) = \overline{\varphi}(\overline{x}(t_0), t_0) \tag{1.7}$$

与设定的初始条件 z_0 之间可能存在一个较大的偏差。因此，$\overline{z}$ 并不是 z 的一致逼近。最佳期望，就是在一个不包含 t_0 的区间上，即 $t \in [t_1, T], t_1 > t_0$ 时，能够进行逼近：

$$z = \overline{z}(t) + o(\varepsilon) \tag{1.8}$$

然而，对于准稳态 $\overline{x}$，可以进行约束，使其从设定的初始条件 x_0 开始。因此，用 $\overline{x}$ 去近似 x，可视为一致逼近。换言之，在一个包含 t_0 的区间上，即 $t \in [t_0, T]$ 时，式（1.9）成立：

$$x = \overline{x}(t) + o(\varepsilon) \tag{1.9}$$

由式（1.8）可确定，在初始（"边界层"）区间 $[t_0, t_1]$ 内，原本的变量 z 逼近 $\overline{z}$，而在区间 $[t_1, T]$ 内，z 仍可逼近 $\overline{z}$。$\dot{z} = g/\varepsilon$，z 的速率很快。实际上，在式（1.2）中令 ε 取 0，只要 $g \neq 0$，就可以使 $\overline{z}$ 的瞬变瞬间完成。那么，在这个瞬变过程中，z 是会跳变到无穷大还是收敛到其准稳态值呢？

为了解决这个问题，分析 $\varepsilon \dot{z}$，因为即使当 ε 趋于 0，$\dot{z}$ 趋于无穷时，它的值仍可能是有限的。令

$$\varepsilon \frac{dz}{dt} = \frac{dz}{d\tau}, \quad \frac{d\tau}{dt} = \frac{1}{\varepsilon} \tag{1.10}$$

当 $t = t_0$ 时，$\tau = 0$，作为初始值。那么，新的时间变量

$$\begin{cases} \tau = \dfrac{t - t_0}{\varepsilon}, & t \neq t_0 \\ \tau = 0, & t = t_0 \end{cases} \tag{1.11}$$

被"拉伸"，也就是说，若 ε 趋于 0，即使固定的 t 略微大于 t_0，τ 也趋于无穷。另外，当 z 和 τ 几乎瞬间变化时，x 仍非常接近其初始值 x_0，变化非常缓慢。为了将 z 描述为关于 τ 的函数，运用"边界层校正"，$\hat{z} = z - \overline{z}$，满足以下"边界层系统"：

$$\frac{\mathrm{d}z}{\mathrm{d}\tau} = g(x_0, \hat{z}(\tau) + \overline{z}(t_0), 0, t_0) \tag{1.12}$$

其中，初始条件是 $z_0 - \overline{z}(t_0)$；x_0、t_0 是固定参数。该初始问题的解 $\hat{z}(t)$，可作用于式（1.8）中进行"边界层校正"，从而可能实现 z 的一致逼近：

$$z = \overline{z}(t) + \hat{z}(\tau) + o(\varepsilon) \tag{1.13}$$

显然，$\overline{z}(t)$ 是 z 的慢暂态，$\hat{z}(\tau)$ 是 z 的快暂态。为使校正后对 z 的逼近在短时间内收敛到慢逼近，校正项必须随着 $\tau \to \infty$，衰减到 $o(\varepsilon)$ 量级。需注意的是，在慢时间尺度内，这种衰减是很快的，这是因为：

$$\frac{\mathrm{d}\hat{z}(\tau)}{\mathrm{d}t} = \frac{\mathrm{d}\hat{z}(\tau)}{\mathrm{d}\tau}\frac{\mathrm{d}\tau}{\mathrm{d}t} = \frac{1}{\varepsilon}\frac{\mathrm{d}\hat{z}(\tau)}{\mathrm{d}\tau} \tag{1.14}$$

边界层系统（1.12）的稳定性对于式（1.8）和式（1.9）及逼近关系（1.13）是非常重要的，由下面两个独立假设说明。

假设 1.2[1] 系统（1.12）的平衡点 $\hat{z}(\tau) = 0$ 是渐近一致稳定的（初始值 x_0，初始时刻 t_0），且 $z_0 - \overline{z}(t_0)$ 在其吸引域内，则当 $\tau \geq 0$ 时，$\hat{z}(\tau)$ 存在。

若满足假设 1.2，则 z 将会收敛到其稳态值 $\overline{z}$，即

$$\lim_{\tau \to \infty} \hat{z}(\tau) = 0 \tag{1.15}$$

假设 1.3[1] 当 $\varepsilon = 0$ 时，沿着 $\overline{x}(t)$、$\overline{z}(t)$，$\dfrac{\partial g}{\partial z}$ 的特征值均有小于某一固定负数的实部，即

$$\mathrm{Re}\,\lambda\left\{\frac{\partial g}{\partial z}\right\} \leq -c < 0 \tag{1.16}$$

上述两个假设描述了边界层系统（1.12）具备很强的稳定性。若认为 z_0 充分接近 $\overline{z}(t_0)$，则假设 1.3 包含假设 1.2。从式（1.16）中注意到，$\dfrac{\partial g}{\partial z}$ 的非奇异性意味着 $\overline{z}(t)$ 的根是独立不同的，这与假设 1.1 吻合。

定理 1.1[1] 若假设 1.2 和假设 1.3 成立，则对于所有 $t \in [t_0, T]$，式（1.9）和式（1.13）的逼近是有效的，且存在 $t_1 \geq t_0$，使得对所有 $t \in [t_1, T]$，式（1.8）有效。

该定理称为 Tikhonov 定理，这里略去证明过程，具体可参考文献[1]。该定理是奇异摄动控制系统分析和设计的理论基础。

下面给出几个典型奇异摄动系统的例子。

例 1.1 考虑图 1.1 所示的直流电机，其动态模型由一个力矩方程和一个电枢回路电流方程构成。具体形式如下：

$$J\dot{\omega} = ki \tag{1.17}$$

$$Li = -k\omega - Ri + u \tag{1.18}$$

其中，i、u、R 及 L 分别是电枢电流、电压、电阻及电感；J 是转动惯量；ω 是

角速度；ki 是转矩；$k\omega$ 是由固定磁通 φ 激励的反电动势。L 很小，可以作为参数 ε。令 $\omega = x$，$i = z$，模型（1.17）和模型（1.18）可以化成系统模型（1.1）和模型（1.2）的形式：

$$\dot{x} = \frac{k}{J} z \qquad (1.19)$$

$$\varepsilon \dot{z} = -kx - Rz + u \qquad (1.20)$$

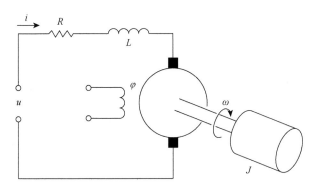

图 1.1　电枢控制直流电机

1.1.2　非标准奇异摄动系统模型

对于一般的奇异摄动系统模型（1.1）和模型（1.2），当且仅当假设 1.1 满足时，才能够进行降阶，分解为快、慢子系统，进行稳定性分析及控制器设计。若不满足假设 1.1，则不能直接进行降阶分解，这类系统一般称为非标准奇异摄动系统。在某些假设条件下，可以利用坐标变换将非标准奇异摄动系统转换为标准形式的奇异摄动系统，进而运用标准奇异摄动系统的方法进行研究，具体可参考文献[3]和[4]。此外，也可直接用广义系统的方法进行研究，具体可参考文献[5]。

例 1.2　考虑如图 1.2 所示的柔性机械臂模型，l 和 m 分别代表单臂的长度和质量，p 和 m_t 分别表示负载的位置和质量，I_h 为惯性力矩，θ 为中心偏转角度，d 为顶端位移，具体参数如表 1.1 所示。

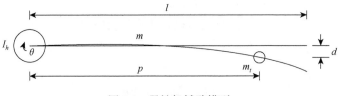

图 1.2　柔性机械臂模型

根据电机动力学，有

$$\begin{cases} \upsilon = i_a R_a + K_m K_g \dot{\theta} \\ \tau = K_m K_g i_a = -\dfrac{K_m^2 K_g^2}{R_a}\dot{\theta} + \dfrac{K_m K_g}{R_a}\upsilon \end{cases}$$

其中，υ 是输入电压；i_a 是电枢电流；τ 是电机转矩。

利用有限元法对柔性臂进行建模，根据文献[7]，柔性机械臂的状态空间模型可描述为

$$\begin{cases} \dot{x} = \overline{A}x + \overline{B}u \\ y = \overline{C}x \end{cases} \tag{1.21}$$

其中，状态变量矩阵为

$$x = [x_1 \ x_2 \ x_3 \ x_4]^T = [\theta \ d \ \dot{\theta} \ \dot{d}]^T$$

系统矩阵为

$$\overline{A} = \begin{bmatrix} 0 & 0 & 1 & 0 \\ 0 & 0 & 0 & 1 \\ 0 & 621.4 & -28.27 & 0 \\ 0 & -327.1 & 12.72 & 0 \end{bmatrix}, \ \overline{B} = \begin{bmatrix} 0 \\ 0 \\ 52.65 \\ -23.69 \end{bmatrix}, \ \overline{C} = \begin{bmatrix} 1 & 2.222 & 0 & 0 \\ 0 & 0 & 0 & 1 \end{bmatrix}$$

表 1.1 柔性机械臂参数[8]

参数	符号	数值	单位
单臂长度	L	0.45	m
负载位置	p	0.45	m
杨氏模量	E	2×10^{11}	N/m^2
截面转动惯量	I	8.23×10^{-13}	m^4
负载质量	m_t	0.1	kg
单臂质量	m	0.06	kg
电动机转动惯量	l_b	0.0039	kg·m^2/s^2
电枢电阻	R_a	2.6	Ω
电动机转动常数	K_m	7.67×10^3	N·m/A
齿轮比	K_g	70	

该系统具有双时间尺度特性，其中 x_3、x_4 是快状态变量，x_1、x_2 是慢状态变量。可以计算出矩阵 A 的特征值分别为 $\lambda_1 = 0$，$\lambda_2 = -8.3577$，$\lambda_3 = -9.9561 +$

7.8456i，$\lambda_4 = -9.9561 - 7.8456i$。由文献[1]可得出奇异摄动参数的计算方法，即 $\varepsilon = \dfrac{|\mathrm{Re}(\lambda_1)|}{|\mathrm{Re}(\lambda_4)|}$。选取 $\varepsilon = 0.01$，则模型可写为

$$\begin{cases} E(\varepsilon)\dot{x} = Ax + Bu \\ y = Cx \end{cases}$$

其中，状态变量矩阵为 $x = [x_1\ x_2\ x_3\ x_4]^T = [\theta\ d\ \dot{\theta}\ \dot{d}]^T$，系统矩阵为

$$E(\varepsilon) = \begin{bmatrix} 1 & 0 & 0 & 0 \\ 0 & 1 & 0 & 0 \\ 0 & 0 & \varepsilon & 0 \\ 0 & 0 & 0 & \varepsilon \end{bmatrix},\ A = \begin{bmatrix} 0 & 0 & 1 & 0 \\ 0 & 0 & 0 & 1 \\ 0 & 6.214 & -0.2827 & 0 \\ 0 & -3.271 & 0.1272 & 0 \end{bmatrix},\ B = \begin{bmatrix} 0 \\ 0 \\ 0.5265 \\ -0.2369 \end{bmatrix},$$

$$C = \begin{bmatrix} 1 & 2.222 & 0 & 0 \\ 0 & 0 & 0 & 1 \end{bmatrix}$$

1.1.3　奇异摄动控制系统的分析与设计

奇异摄动系统相比于正常的控制系统，其研究特色和关键问题之一是分析和优化系统关于 ε 的鲁棒性，其稳定性问题可以描述为：确定奇异摄动参数的上界 a，使得系统对于所有满足 $0 < \varepsilon \ll a$ 的 ε 都是稳定的（一般称 a 为奇异摄动系统的稳定界）[9-11]。稳定性分析方面的研究成果主要有两类：一是给出稳定界的存在条件[11]；二是给出稳定界的估计方法[9-14]。在镇定控制方面，常用的研究方法是基于传统的奇异摄动系统控制理论，在系统能够进行快、慢子系统分解的前提下，针对快、慢子系统分别进行设计，再进行组合控制，最后计算闭环系统的稳定界[1, 15, 16]。这些方法的优点是可以避免病态数值问题，又通过系统降阶减少了计算量；缺点是保守性较大，并且不能应用于无法进行快、慢子系统分解的奇异摄动系统（一般称为非标准奇异摄动系统）。针对以上问题，Yang 等[17, 18]把稳定界作为控制器设计的目标之一，把原系统看成广义系统，根据系统的结构特性，构造依赖奇异摄动参数的 Lyapunov 函数，然后应用 Lyapunov 稳定性理论分析奇异摄动系统的稳定性及控制方法。这种基于广义系统的方法不依赖于系统分解。

1.2　饱和控制系统

1.2.1　执行器饱和问题

在实际控制系统中，约束和限制无处不在。例如，在过程控制中，压力和温

度受到限制；在机电系统中，电机只能在一个有限的速度范围内工作。在对实际控制对象的研究与分析中，饱和作为一种常见的非线性因素对控制系统的稳定性有着重要的影响[19-23]。由于非线性控制理论的发展，人们越来越认识到这些线性结果的局限性。虽然在理论上可以为一个控制系统设计控制律，使之稳定或达到某种期望的性能，但在实际中，由于执行器或系统输入饱和的存在，当系统的输入超过系统可以承受的范围时，继续输入的信息不会对系统产生影响，此时系统的性能会降低，甚至出现系统崩溃的现象。20 世纪 80 年代以来，控制系统执行器饱和引发了一系列重大事故，包括苏联切尔诺贝利核电站的灾难性事故以及美国一系列高性能战机的坠毁[19-23]。因此，研究带有执行器饱和的控制系统设计和分析，对实际工程有重要意义。

对于实际系统，即便是看似简单的线性控制系统也受到许多潜在或人为加入的非线性约束，其中饱和是最常见的，执行器饱和是控制系统中的电子器件本身的物理局限性造成的一种非线性特性。具有执行器饱和的控制系统如图 1.3 所示。

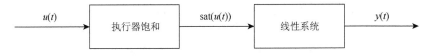

图 1.3　具有执行器饱和的控制系统

对于控制输入向量 $u(t)=[u_1(t),\cdots,u_l(t)]^T$，常见的饱和函数的数学表达式为 $\text{sat}(u(t))=[\text{sat}(u_1(t)),\cdots,\text{sat}(u_l(t))]^T$，其中，

$$\text{sat}(u_i(t))=\begin{cases}\bar{u}, & u_i(t)>\bar{u}\\ u_i(t), & |u_i(t)|\leqslant\bar{u}\\ -\bar{u}, & u_i(t)<-\bar{u}\end{cases}$$

具体含义如图 1.4 所示。

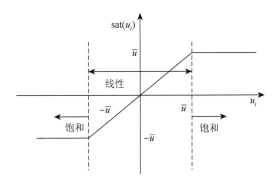

图 1.4　执行器饱和函数

饱和系统的分析主要是稳定性分析和吸引域估计。一般情况下，只获取给定系统的一个渐近稳定平衡点无较大作用，关键是获取系统在渐近平衡点处的吸引域。在吸引域里，使系统充分发挥所能达到的能力，并确保控制器在其中，保证系统收敛。一般来说，求解吸引域的确切值比较困难，大多数情况下是求解吸引域的估计值。估计吸引域时要考虑两大问题：其一是尽可能减小保守性；其二是尽可能在现有估计的吸引域内获得更大的不变集。透过以上两个约束条件可以知道不变集是估计吸引域的常用手段。建立不变集的经典方法是应用绝对稳定分析工具，如圆判据和Popov判据[24-26]，把饱和函数视为局部扇形有界非线性特性，建立了二次水平不变集和Lur'e型Lyapunov函数。最近发展的比较常见的不变集有两种：一种是椭球体不变集，这种不变集整体比较规整，最为常用；另一种是多面体不变集，相对来说比较少用。具体来说，比较常用的方法是基于Lyapunov函数建立二次型Lyapunov函数来估计系统吸引域。很多的饱和控制问题大多利用线性矩阵不等式来解决，其主要方法是将所需解决的问题转化为一个具有线性矩阵不等式约束的凸优化问题或者一个线性矩阵不等式的可行性问题。与把饱和简单地视为局部扇形有界非线性特性的方法相比，椭球体和多面体方法具有更小的保守性。

饱和系统设计的目标是设计控制器，使系统的性能最好或者吸引域最大。主要有两类方法：直接设计方法和间接设计方法。直接设计方法结构图如图1.5所示，在控制方法设计的初期就考虑执行器饱和、控制输入的限制，然后设计出闭环稳定的系统。间接设计方法又称为抗饱和方法，如图1.6所示。控制器设计时，先不考虑饱和的情况，按照给定性能设计好。很明显，补偿器只会在系统饱和时，也就是$u \neq \text{sat}(u)$的情况下动作。这种设计方法是先忽略系统的饱和非线性，按照成熟的线性系统理论设计控制器使之满足性能指标；然后将执行机构的输入输出差值作为输入，设计一个补偿器，用来弱化饱和的影响。这样有一个很明显的好处：当未发生饱和时，执行机构的输入输出差值为0，这时补偿器不会起作用，因此系统标称设计性能不会受到影响。而在实际中大部分情况均在非饱和状态下，即系统的性能不会受到影响，抗积分饱和补偿器仅在发生饱和的情况下作用，使系统的稳定性在饱和发生时得到保证。

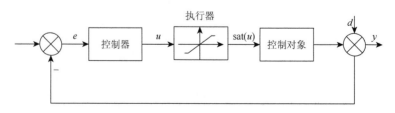

图1.5 直接设计方法结构图

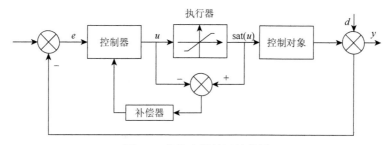

图 1.6　抗饱和补偿器结构图

1.2.2　饱和非线性的处理

因为饱和系统具有非常强的非线性特性，所以在对其进行理论分析之前，先要处理原系统的非线性部分。

考虑系统

$$\dot{x} = Ax + B\mathrm{sat}(u)$$

其中，状态向量 $x \in \mathbb{R}^n$；控制向量 $u \in \mathbb{R}^l$；A、B 是适当维数的常数矩阵；$\mathrm{sat}(u)$ 是饱和函数，特性如下：

$$\mathrm{sat}(u_i(t)) = \begin{cases} \overline{u}, & u_i(t) > \overline{u} \\ u_i(t), & |u_i(t)| \leqslant \overline{u} \\ -\overline{u}, & u_i(t) < -\overline{u} \end{cases}$$

$$\mathrm{sat}(u(t)) = [\mathrm{sat}(u_1(t)), \cdots, \mathrm{sat}(u_l(t))]^\mathrm{T}$$

目前已经有了很多种处理非线性的技术，其中比较常用的方法有两种：扇形条件法和线性微分包法[27]。

研究闭环系统稳定性可以将饱和特性当作扇区非线性处理，令状态反馈控制器为

$$u(t) = Fx(t)$$

其中，$F \in \mathbb{R}^{l \times n}$ 是反馈控制器增益。

定义死区函数：

$$\psi(t) = Fx(t) - \mathrm{sat}(u(t)) = Fx(t) - \mathrm{sat}(Fx(t))$$

传统扇形区间法基本思想是利用死区函数的如下性质：

$$\psi^\mathrm{T}(t)(\psi(t) - Fx) \leqslant 0$$

传统扇形条件不等式不能体现出饱和函数的特点，因此提出的状态反馈控制器和补偿器设计方案都很保守。而且传统扇形条件法不能应用于开环不稳定

系统。当遇到控制输入受到限制时，闭环系统变成开环系统，极易不稳定[28]。为了改进这一缺点，使所得结果适用于开环不稳定系统，提出"局部"扇形区间法。

局部扇形区间法基本思想是利用死区函数的如下性质[28]：

$$\psi^T(t)(\psi(t) - KFx) \leqslant 0$$

其中，$K < 1$。将补偿器定位于部分区间，使设计的线性矩阵不等式可以应用到开环系统中。图 1.7 为执行器死区函数图，可以看出，当 $K = 0$ 时，系统的控制输入没有达到限制；当 K 从 0 逐步逼近 1 时，控制器输出信号取值范围逐渐扩大直至全局。

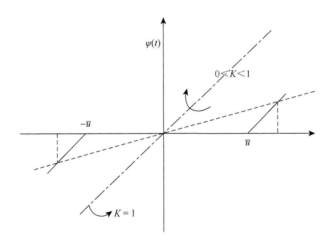

图 1.7　执行器死区函数图

在饱和情况下，开环不稳定系统的控制问题由非线性的局部扇形条件不等式解决。因为有参数 K，得出的稳定性分析及补偿器设计方法都是非标准线性矩阵不等式形式。

文献[29]提出了广义扇形区间法。定义如下多面体集：

$$S(Fx, \omega) = \{Fx \in \mathbb{R}^l \mid -\bar{u} \leqslant Fx - \omega \leqslant \bar{u}\}$$

其中，$\bar{u}$ 是输入上限。死区函数满足：

$$\psi^T(t)(\psi(t) - \omega) \leqslant 0$$

当取 $\omega = Fx$ 时，上面的式子就可以转换成传统的扇形条件不等式。与传统扇形条件不等式不同，基于广义扇形条件不等式可以得到适用于开环不稳定系统的线性矩阵不等式稳定条件。

1.2.3 奇异摄动饱和系统

近年来，具有执行器饱和的奇异摄动系统引起了学者和工程师的广泛关注。在文献[30]中，研究者讨论了仅依赖慢状态变量的控制方法。Garcia 等[31]在忽略饱和的情况下将系统分解，给出了组合控制器的设计方法。Xin 等[32-34]在给定控制器增益并忽略饱和情况下分解奇异摄动系统，引入低维伴随系统的概念分析系统稳定性。在文献[35]中，研究人员利用广义系统方法，提出了不进行系统分解的饱和控制方法。上述研究成果均是在假设系统奇异摄动参数充分小的前提下提出的，并没有涉及估计和优化系统稳定界的问题。通过以往研究不难发现：经典的奇异摄动理论并不能很好地用于奇异摄动饱和系统，主要原因归结于该系统不易分解为标准快、慢子系统，Xin 等通过考察低维伴随系统和原系统动态响应的近似性，来研究闭环系统是否稳定。在研究奇异摄动饱和系统时，广义系统方法是一种很好的控制方法，但是其难点在于怎样构建不变集和依赖奇异摄动参数的 Lyapunov 函数。截至目前，研究成果均来自于直接设计方法，尚未有人尝试通过间接设计方法来达到控制的目的。

参 考 文 献

[1] Kokotovic P, Khalil H K, O' Reilly J. Singular Perturbation Methods in Control: Analysis and Design[M]. Philadelphia: Society for Industrial and Applied Mathematics, 1999.

[2] Khalil H. Stability analysis of nonlinear multiparameter singularly perturbed systems [J]. IEEE Transactions on Automatic Control, 1987, 32（3）: 260-263.

[3] Cao L, Schwartz H M. Complementary results on the stability bounds of singularly perturbed systems [J]. IEEE Transactions on Automatic Control, 2004, 49（11）: 2017-2021.

[4] Saydy L. New stability/performance results for singularly perturbed systems [J]. Automatica, 1996, 32（6）: 807-818.

[5] Li T H S, Li J H. Stabilization bound of discrete two-time-scale systems [J]. Systems and Control Letters, 1992, 18（6）: 479-489.

[6] Chiou J S, Kung F C, Li T H S. An infinte ε-bound stabilization design for a class of singularly perturbed systems [J]. IEEE Transactions on Circuits and Systems-I, Fundamental Theory and Applications, 1999, 46（12）: 1507-1510.

[7] Chaichanavong P, Banjerdpongchai D. A case study of robust control experiment on one-link flexible robot arm[C]. Proceedings of the 38th IEEE Conference on Decision and Control, Phoenix, 1999: 4319-4324.

[8] Kim B, Kim Y, Lim M. LQG control for nonstandard singularly perturbed discrete-time systems[J]. Journal of Dynamic Systems, Measurement, and Control, 2005, 126（4）: 860-864.

[9] Zhou B, Gao H, Lin Z, et al. Stabilization of linear systems with distributed input delay and input saturation[J]. Automatica, 2012, 48（5）: 712-724.

[10] Yu H, Lu G, Zheng Y. On the model-based networked control for singularly perturbed systems with nonlinear uncertainties[J]. Systems and Control Letters, 2011, 60 (9): 739-746.

[11] Tuan H D, Hosoe S. Multivariable circle criteria for multiparameter singularly perturbed systems[J]. IEEE Transactions on Automatic Control, 2000, 45 (4): 720-725.

[12] Yang C, Zhang Q, Sun J, et al. Lur'e Lyapunov function and absolute stability criterion for Lur'e singularly perturbed systems[J]. IEEE Transactions on Automatic Control, 2011, 56 (11): 2666-2671.

[13] Alwan M, Liu X, Ingalls B. Exponential stability of singularly perturbed switched systems with time delay[J]. Nolinear Analysis Hybrid Systems, 2008, 2 (3): 913-921.

[14] Karimi H R, Yazdanpanah M J. Robust stability and disturbance attenuation for a class of uncertain singularly perturbed systems[C]. Proceedings of the 2001 European Control Conference, Porto, 2001: 4-7.

[15] Li T H S, Lin K J. Stabilization of singularly perturbed fuzzy systems[J]. IEEE Transactions on Fuzzy Systems, 2004, 12 (5): 579-595.

[16] Li T H S, Lin K J. Composite fuzzy control of nonlinear singularly perturbed systems[J]. IEEE Transactions on Fuzzy Systems, 2007, 15 (2): 176-187.

[17] Yang G H, Dong J X. Control synthesis of singularly perturbed fuzzy systems[J]. IEEE Transactions on Fuzzy Systems, 2008, 16 (3): 615-629.

[18] Yang C, Zhang Q. Multi-objective control for T-S fuzzy singularly perturbed systems[J]. IEEE Transactions on Fuzzy Systems, 2009, 17 (1): 104-115.

[19] Liu P L. Stabilization of singularly perturbed multiple-time-delay systems with a saturating actuator[J]. International Journal of Systems Science, 2001, 32 (8): 1041-1045.

[20] 吕亮. 具有执行器饱和的控制系统分析与设计[D]. 上海：上海交通大学, 2010.

[21] 梁家荣, 霍林. 具输入饱和因子的不确定广义系统的鲁棒镇定[J]. 广西科学, 2000, 7 (3): 187-189.

[22] Kapoor N, Teel A R, Daoutidis P. An anti-windup design for linear systems with input saturation[J]. Automatica, 1998, 34 (5): 559-574.

[23] Hu O, Rnagaiah G P. Anti-windup schemes for uncertain nonlinear systems[J]. Control Theory and Applications, 2000, 147 (3): 321-329.

[24] Hindi H, Boyd S. Analysis of linear systems with saturation using convex optimization[C]. Proceedings of the 37th IEEE Conference on Decision and Control, Tampa, 1998: 903-908.

[25] Khalil H K. Nonlinear Systems[M]. 3rd ed. Upper Saddle River: Prentice Hall, 2002.

[26] Pittet C, Tarbouriech S, Burgat C. Stability regions for linear systems with saturating controls via circle and popov criteria[C]. Proceedings of the 36th IEEE Conference on Decision and Control, San Diego, 1997: 4518-4523.

[27] 李元龙. 饱和约束控制系统的吸引域估计与扩展[D]. 上海：上海交通大学, 2015.

[28] 王乃洲. 饱和非线性系统控制研究[D]. 广州：华南理工大学, 2014.

[29] Gomes J M, Joao M, Tarbouriech S. Anti-windup design with guaranteed regions of stability: An LMI-based approach[J]. IEEE Transactions on Automatic Control, 2005, 50 (1): 106-111.

[30] Yan Y, Ma X, Yang C. Stabilization bound of time-delay singularly perturbed systems with actuator saturation[C]. Proceedings of the 35th Chinese Control Conference, Chengdu, 2016: 1426-1431.

[31] Garcia G, Tarbouriech S. Control of singularly perturbed systems by bounded control[C]. Proceedings of the 2003 America Control Conference, Denver, 2003: 4482-4487.

[32] Xin H, Gan D, Huang M, et al. Estimating the stability region of singular perturbation power systems with saturation nonlinearities: A linear matrix inequality based method[J]. IET Control Theory and Applications, 2010, 4 (3): 351-361.

[33] Xin H, Wu D, Gan D, et al. A method for estimating the stability region of singular perturbation systems with saturation nonlinearities[J]. Aata Autamatica Sinica, 2008, 34 (12): 1549-1555.

[34] Gan D, Xin H, Wu D, et al. A reduced-order method for estimating the stability region of power systems with saturated controls[J]. Science in China Series E: Technological Sciences, 2007, 50 (5): 585-605.

[35] Lizarraga I, Tarbouriech S, Garcia G. Control of singularly perturbed systems under actuator saturation[C]. The 16th IFAC World Congress, Prague, 2005: 243-248.

第2章　奇异摄动饱和控制系统稳定性分析

本章重点研究具有执行器饱和的连续奇异摄动系统的稳定性分析。首先，利用 Lyapunov 函数和不变集原理，提出一个不变集条件；然后，基于这个不变集条件，提出一个一维搜索算法，能够在保证吸引域的前提下最大化稳定界的估计；最后，利用所得不变集条件，构造一个凸优化问题，在保证稳定界的前提下，最大化吸引域的估计。所提出的方法不依赖系统的奇异摄动参数，有效避免了病态数值问题。本章提出的吸引域与摄动参数 ε 无关，比现有方法应用范围更广，鲁棒性更强。优化问题的求解过程可以通过 MATLAB 中的 Linear Matrix Inequality-LMI 工具箱实现。最后，两个仿真实例将会证明本章提出的方法的正确性和有效性。

2.1　引　言

在现实工程实践中，执行器饱和是一个普遍存在的现象，并且会严重损害系统的性能，因此执行器饱和引起了广泛的关注并且研究成果丰富。但是，由于奇异摄动系统内在的多时间尺度特性，所以目前已有的关于执行器饱和的研究成果并不能直接用于奇异摄动系统，否则会导致病态数值问题[1]。本章将研究如下的具有执行器饱和的奇异摄动系统：

$$\begin{bmatrix} \dot{x} \\ \varepsilon \dot{z} \end{bmatrix} = \begin{bmatrix} A_{11} & A_{12} \\ A_{21} & A_{22} \end{bmatrix} \begin{bmatrix} x \\ z \end{bmatrix} + \begin{bmatrix} B_1 \\ B_2 \end{bmatrix} \mathrm{sat}(u) \qquad (2.1)$$

其中，$\varepsilon>0$ 是系统的摄动参数；$x \in \mathbb{R}^{n_1}, z \in \mathbb{R}^{n_2}$ 是系统的状态变量；$u(t) \in \mathbb{R}^m$ 是系统的控制输入；A_{11}、A_{12}、A_{21}、A_{22}、B_1、B_2 是适当维数的常数矩阵；$\mathrm{sat}(\cdot)$ 表示饱和，定义如下：

$$\mathrm{sat}(u_j) = \mathrm{sign}(u_j)\min\{1,|u_j|\}, \quad j=1,2,\cdots,m \qquad (2.2)$$

系统（2.1）的稳定性主要包括两个指标。第一个指标是系统的稳定界 ε_0，表示对于任意 $\varepsilon \in (0,\varepsilon_0]$，系统稳定。奇异摄动系统的稳定界可以表示系统稳定性关于摄动参数 ε 的鲁棒性。目前已经有很多关于线性奇异摄动系统稳定界的计算方法。一些学者在没有考虑执行器饱和的情况下，提出设计控制器来增大系统的稳定界[2,3]。

另外，当系统（2.1）开环不稳定时，系统很难实现全局稳定，所以，对于具有执行器饱和的奇异摄动系统，闭环系统的吸引域也是稳定性的一个重要指标[4, 5]。对于没有多时间尺度特性的控制系统的吸引域的估计或者优化,主要研究方法是应用 Lyapunov 稳定性定理及 LaSalle 不变集定理[6-8]。最近,对模型如奇异摄动系统(2.1)的设计和分析引起了广泛的关注[9-13]。Liu 在控制器仅依赖慢变状态、假设快变状态稳定且控制器增益已知的情况下,给出基于系统分解的稳定性条件[9]。Garcia 等将原系统分解成快、慢子系统分别设计了控制器,然后给出组合控制器的设计方法,并给出了一个凸优化问题来估计系统的吸引域[10]。Xin 等在控制器增益已知并忽略执行器饱和的情况下将系统进行分解,引入低维伴随系统,提出奇异摄动饱和系统稳定吸引域的估计方法[11-13]。Lizarraga 等利用广义系统方法,提出不依赖于系统分解的方法,设计了一个全阶控制器并且给出了闭环系统吸引域的估计方法[14]。以上的研究成果更多的是将研究的重点放在了系统的吸引域估计上而不是系统稳定界的优化上。他们仅仅可以保证系统稳定界的存在性,但是却不能确定系统稳定界的数值。因此,在实际中,以上方法设计的控制器的有效性以及对吸引域的估计还需要反复实验。为了处理这个问题,Yang 等提出了一个与摄动参数 ε 相关的控制器设计方法来实现稳定界的估计和吸引域的估计[15]。但是,由于涉及的控制器和估计的吸引域依赖于摄动参数 ε,所以所得结果在摄动参数 ε 未知的时候无法使用。

因此,本章的主要研究目标就是在状态反馈控制器已知的情况下,分析系统(2.1)的稳定性。首先,通过一个与 ε 相关的 Lyapunov 方程确立一个不变集条件,这个不变集条件同时考虑了系统的稳定界和吸引域。研究结果表明,当稳定界增大时,得到的吸引域会减小。为了处理这个问题,本章将给出两个优化问题,分别在固定一个稳定性指标时优化另一个指标。相比已有的研究方法,本章提出的方法有以下几个特点:同时考虑稳定界和吸引域;所得到的吸引域的估计是与摄动参数 ε 无关的;在保证一个稳定性指标的情况下,优化另外一个指标。

本章的结构安排如下:2.2 节提出本章的两个基本问题;2.3 节为本章的主要结果,给出 2.2 节提出的两个问题的解决方法,并且给出推导证明过程。2.4 节通过一个数值算例以及一个单机无穷大系统的实例仿真,说明本章提出方法的有效性和优点。2.5 节给出本章小结。

2.2 问题描述

系统(2.1)可以改写为如下更简化的形式:

$$\dot{\eta} = A_\varepsilon \eta + B_\varepsilon \operatorname{sat}(u) \tag{2.3}$$

其中,$\eta = \begin{bmatrix} x \\ z \end{bmatrix} \in \mathbb{R}^n$;$A_\varepsilon = \begin{bmatrix} A_{11} & A_{12} \\ \dfrac{1}{\varepsilon} A_{21} & \dfrac{1}{\varepsilon} A_{22} \end{bmatrix}$;$B_\varepsilon = \begin{bmatrix} B_1 \\ \dfrac{1}{\varepsilon} B_2 \end{bmatrix}$。

当系统在状态反馈控制器 $u = K\eta$ 作用下时，闭环系统可以描述为

$$\dot{\eta} = A_\varepsilon \eta + B_\varepsilon \text{sat}(K\eta) \quad (2.4)$$

本章的主要目标是分析闭环系统（2.4）的稳定性。本章将确定系统的稳定界 ε_0 以及一个包含在闭环系统内的椭球体 $\Omega(Q)$，当摄动参数 ε 小于等于稳定界 ε_0 时，所有从椭球体 $\Omega(Q)$ 中出发的闭环系统（2.4）的轨迹收敛到原点。为了处理以上任务，本章提出以下两个问题。

问题 2.1 给定一个正定矩阵 $Q \in \mathbb{R}^{r \times r}$，估计系统的稳定界 ε_0（尽可能大），保证对于任意 $\varepsilon \in (0, \varepsilon_0]$，闭环系统（2.4）在原点渐近稳定并且椭球体 $\Omega(Q)$ 包含在闭环系统的吸引域内。

问题 2.2 给定一个正的标量 $\varepsilon_0 > 0$，确定一个椭球体 $\Omega(Q)$（尽可能大），保证对于任意 $\varepsilon \in (0, \varepsilon_0]$，闭环系统（2.4）在原点渐近稳定并且椭球体 $\Omega(Q)$ 包含在闭环系统的吸引域内。

引理 2.1[5] $K, H \in \mathbb{R}^{m \times n}$，若满足对于任意的 $x \in L(H)$，则有饱和项 $\text{sat}(Kx) \in \text{co}\{D_i Kx + D_i^- Hx, i \in [1, 2^m]\}$，其中 co 表示凸组合。

引理 2.2（Schur 补引理） 如果矩阵 $Q \in \mathbb{R}^{r \times r}, S \in \mathbb{R}^{r \times (n-r)}, R \in \mathbb{R}^{(n-r) \times (n-r)}$，且 $\begin{bmatrix} Q & S \\ S^T & R \end{bmatrix} < 0$，则以下两式成立：

（1） $R < 0, Q - SR^{-1}S < 0$；

（2） $Q < 0, R - SQ^{-1}S < 0$。

2.3 主 要 结 果

本节将给出一个不变集条件，利用这个不变集条件解决问题 2.1 和问题 2.2。

2.3.1 不变集条件

以下定理将在保证吸引域的情况下描述一个不变集条件。

定理 2.1 给定一个标量 $\varepsilon_0 > 0$，如果存在矩阵 $W_1 \in \mathbb{R}^{n_1 \times n_1}$，$W_2 \in \mathbb{R}^{n_1 \times n_2}$，$W_3 \in \mathbb{R}^{n_2 \times n_2}$，$G_1 \in \mathbb{R}^{m \times n_1}$ 及 $G_2 \in \mathbb{R}^{m \times n_2}$，满足以下线性矩阵不等式（linear matrix inequality，LMI）：

$$\text{He}(AW(0) + BD_i KW(0) + BD_i^- G(0)) < 0, \quad i \in [1, 2^m] \quad (2.5)$$

$$\text{He}(AW(\varepsilon_0) + BD_i KW(\varepsilon_0) + BD_i^- G(\varepsilon_0)) < 0, \quad i \in [1, 2^m] \quad (2.6)$$

$$\begin{bmatrix} \begin{bmatrix} W_1 & W_2 \\ W_2^T & \dfrac{1}{\varepsilon_0}W_3 \end{bmatrix} & G_{(j)}^T \\ G_{(j)} & 1 \end{bmatrix} > 0, \quad j=1,2,\cdots,m \qquad (2.7)$$

其中，$W(\varepsilon) = \begin{bmatrix} W_1 & \varepsilon W_2 \\ W_2^T & W_3 \end{bmatrix}$；$A = \begin{bmatrix} A_{11} & A_{12} \\ A_{21} & A_{22} \end{bmatrix}$；$B = \begin{bmatrix} B_1 \\ B_2 \end{bmatrix}$；$G(\varepsilon) = \begin{bmatrix} G_1 & \varepsilon G_2 \end{bmatrix}$；$G = \begin{bmatrix} G_1 & G_2 \end{bmatrix}$。则有对于任意的 $\varepsilon \in (0, \varepsilon_0]$，闭环系统（2.4）是渐近稳定的，并且有椭球体 $\Omega(W_\varepsilon^{-1})$ 是闭环系统（2.4）的一个收缩不变集，其中 $W_\varepsilon = \begin{bmatrix} W_1 & W_2 \\ W_2^T & \dfrac{1}{\varepsilon}W_3 \end{bmatrix}$。

证明 由式（2.5）和式（2.6）可以得到：

$$\text{He}(AW(\varepsilon) + BD_iKW(\varepsilon) + BD_i^-G(\varepsilon)) < 0, \quad i \in [1, 2^m], \quad \forall \varepsilon \in (0, \varepsilon_0] \qquad (2.8)$$

对式（2.8）分别左乘、右乘矩阵 $\begin{bmatrix} I & 0 \\ 0 & \dfrac{1}{\varepsilon} \end{bmatrix}$ 及其转置，可得

$$\text{He}(A_\varepsilon W_\varepsilon + B_\varepsilon D_i K W_\varepsilon + B_\varepsilon D_i^- G) < 0, \quad i \in [1, 2^m], \quad \forall \varepsilon \in (0, \varepsilon_0] \qquad (2.9)$$

而式（2.9）等价于

$$\text{He}(A_\varepsilon W_\varepsilon + B_\varepsilon (D_i K + D_i^- H_\varepsilon) W_\varepsilon) < 0, \quad i \in [1, 2^m], \quad \forall \varepsilon \in (0, \varepsilon_0] \qquad (2.10)$$

其中，$H_\varepsilon = GW_\varepsilon^{-1}$。

对式（2.10）分别左乘、右乘 W_ε^{-1} 及其转置，可得

$$\text{He}(W_\varepsilon^{-1} A_\varepsilon + W_\varepsilon^{-1} B_\varepsilon (D_i K + D_i^- H_\varepsilon)) < 0, \quad i \in [1, 2^m], \quad \forall \varepsilon \in (0, \varepsilon_0] \qquad (2.11)$$

令 $P(\varepsilon) = W_\varepsilon^{-1}$，于是可得

$$\prod_i \triangleq \text{He}(P(\varepsilon) A_\varepsilon + P(\varepsilon) B_\varepsilon (D_i K + D_i^- H_\varepsilon)) < 0, \quad i \in [1, 2^m], \quad \forall \varepsilon \in (0, \varepsilon_0] \qquad (2.12)$$

式（2.7）等价于

$$\begin{bmatrix} W_\varepsilon & G_{(j)}^T \\ G_{(j)} & 1 \end{bmatrix} > 0, \quad j = 1, 2, \cdots, m, \quad \forall \varepsilon \in (0, \varepsilon_0] \qquad (2.13)$$

对式（2.13）分别左乘、右乘 W_ε^{-1} 及其转置，可得

$$\begin{bmatrix} W_\varepsilon^{-1} & W_\varepsilon^{-1} G_{(j)}^T \\ G_{(j)} W_\varepsilon^{-1} & 1 \end{bmatrix} > 0, \quad j = 1, 2, \cdots, m, \quad \forall \varepsilon \in (0, \varepsilon_0] \qquad (2.14)$$

即

$$\begin{bmatrix} W_\varepsilon^{-1} & H_{\varepsilon(j)}^T \\ H_{\varepsilon(j)} & 1 \end{bmatrix} > 0, \quad j = 1, 2, \cdots, m, \quad \forall \varepsilon \in (0, \varepsilon_0] \qquad (2.15)$$

由 Schur 补引理（引理 2.2）可得

$$W_\varepsilon^{-1} > H_{\varepsilon(j)}^{\mathrm{T}} H_{\varepsilon(j)}, \quad j=1,2,\cdots,m, \quad \forall \varepsilon \in (0,\varepsilon_0] \tag{2.16}$$

由式（2.16）可得

$$x^{\mathrm{T}} W_\varepsilon^{-1} x > x^{\mathrm{T}} H_{\varepsilon(j)}^{\mathrm{T}} H_{\varepsilon(j)} x, \quad j=1,2,\cdots,m, \quad \forall \varepsilon \in (0,\varepsilon_0]$$

对于任意 $x \in \Omega(W_\varepsilon^{-1})$ 有 $x^{\mathrm{T}} W_\varepsilon^{-1} x < 1$，则可得

$$\Omega(W_\varepsilon^{-1}) \subseteq L(H_\varepsilon), \quad \forall \varepsilon \in (0,\varepsilon_0]$$

所以，根据引理 2.1，可得

$$A_\varepsilon \eta + B_\varepsilon \mathrm{sat}(K\eta) \in \mathrm{co}\{A_\varepsilon \eta + B_\varepsilon (D_i K + D_i^- H_\varepsilon)\eta, i=1,2,\cdots,m\}, \quad \forall \varepsilon \in (0,\varepsilon_0], \quad \eta \in \Omega(W_\varepsilon^{-1}) \tag{2.17}$$

定义一个与摄动参数 ε 相关的 Lyapunov 函数：

$$V(\eta) = \eta^{\mathrm{T}} P(\varepsilon) \eta \tag{2.18}$$

沿着闭环系统（2.4）的轨迹计算 Lyapunov 函数 $V(\eta)$ 的导数，并且考虑式（2.12）和式（2.17）的结论，则可得

$$\begin{aligned}
\dot{V} &= 2\dot{\eta}^{\mathrm{T}} P(\varepsilon) \eta \\
&= 2(A_\varepsilon \eta + B_\varepsilon \mathrm{sat}(K\eta))^{\mathrm{T}} P(\varepsilon) \eta \\
&\leq \max_{i\in[1,2^m]} 2(A_\varepsilon \eta + B_\varepsilon (D_i K \eta + D_i^- H_\varepsilon \eta))^{\mathrm{T}} P(\varepsilon) \eta \\
&= \max_{i\in[1,2^m]} \eta^{\mathrm{T}} \prod_i(\varepsilon) \eta < 0, \quad \forall \varepsilon \in (0,\varepsilon_0], \quad \forall \eta \in \Omega(W_\varepsilon^{-1}), \quad \eta \neq 0
\end{aligned} \tag{2.19}$$

于是，对于任意 $\varepsilon \in (0,\varepsilon_0]$，闭环系统（2.4）在原点都是渐近稳定的，可以得到椭球体 $\Omega(W_\varepsilon^{-1})$ 在闭环系统的吸引域内且是一个收缩不变集。

针对具有执行器饱和的控制器系统，目前已有的估计闭环系统吸引域的方法都是基于 LaSalle 不变集原理的[16]。由定理 2.1 可以得到一个椭球体 $\Omega(W_\varepsilon^{-1})$ 是包含于闭环系统（2.4）的吸引域之内的，但是当奇异摄动系统的摄动参数 ε 未知，或者有一定偏差的时候，这个椭球体是不能确定的。在这种情况下，估计一个与摄动参数 ε 无关的吸引域就是十分有意义的。下面定理将会提出一个在保证系统稳定界的情况下估计闭环系统与摄动参数 ε 无关的吸引域的方法。

定理 2.2 给定一个标量 $\varepsilon_0 > 0$，如果存在矩阵 $W_1 \in \mathbb{R}^{n_1 \times n_1}$，$W_2 \in \mathbb{R}^{n_1 \times n_2}$，$W_3 \in \mathbb{R}^{n_2 \times n_2}$，$G_1 \in \mathbb{R}^{m \times n_1}$，$Y \in \mathbb{R}^{n \times n}$ 且 $Y > 0$，满足定理 2.1 中的条件（2.5）~条件（2.7）并且满足：

$$\begin{bmatrix} W_1 & W_2 \\ W_2^{\mathrm{T}} & \dfrac{1}{\varepsilon_0} W_3 \end{bmatrix} > Y \tag{2.20}$$

则对于任意 $\varepsilon \in (0, \varepsilon_0]$，闭环系统（2.4）是渐近稳定的，并且有椭球体 $\Omega(Y^{-1})$ 是一个收缩不变集并且在闭环系统（2.4）的吸引域内。

证明 由定理 2.1 可得，如果线性矩阵不等式（2.5）~不等式（2.7）成立，则对于任意 $\varepsilon \in (0, \varepsilon_0]$，闭环系统（2.4）是渐近稳定的且有 $\Omega(W_\varepsilon^{-1})$ 是闭环系统吸引域的一个估计。

由不等式（2.20）可以得到：

$$\begin{bmatrix} W_1 & W_2 \\ W_2^T & \dfrac{1}{\varepsilon}W_3 \end{bmatrix} > Y, \quad \forall \varepsilon \in (0, \varepsilon_0]$$

则有

$$\Omega(Y^{-1}) \subseteq \Omega(W_\varepsilon^{-1}), \quad \forall \varepsilon \in (0, \varepsilon_0]$$

于是，对于任意 $\varepsilon \in (0, \varepsilon_0]$，闭环系统（2.4）在原点都是渐近稳定的，并且 $\Omega(Y^{-1})$ 是闭环系统吸引域的一个估计。

2.3.2 稳定界的估计

由定理 2.2，当 $Y = Q^{-1}, Q > 0, Q \in \mathbb{R}^{n \times n}$ 且线性矩阵不等式（2.5）~不等式（2.7）和不等式（2.20）成立时，椭球体 $\Omega(Q)$ 是闭环系统吸引域的一个估计。因此，如下的优化问题可以在保证系统吸引域 $\Omega(Q)$ 的前提下得到系统稳定界的最优估计：

$$\max_{W_1, W_2, W_3, G_1, G_2} \varepsilon_0 \tag{2.21}$$
$$\text{s.t.} \quad \text{式}(2.5) \sim \text{式}(2.7), \text{式}(2.20)$$

这个优化问题可以通过如下的二分查找算法求解。

算法 2.1（表 2.1）

表 2.1 稳定界的估计算法

步骤 1	给定正的标量 ρ、σ、β、δ 及矩阵 $Q > 0$，其中 ρ、σ 充分小，β 非足够大，并且 $\rho < \sigma < \beta$。令 $\bar{\tau} = \underline{\tau} = \sigma$ 并且 $Rt = 0$
步骤 2	令 $\varepsilon_0 = \sigma, Y = Q^{-1}$，检验线性矩阵不等式（2.5）~不等式（2.7）和不等式（2.20）。如果上述四个不等式均可行，则令 $\underline{\tau} = \sigma$ 且 $\sigma := 2\sigma$；否则，令 $\bar{\tau} = \sigma$ 且 $\sigma := 0.5\sigma$
步骤 3	如果 $\bar{\tau} < \rho$，令 $Rt := 1$，并且跳转到步骤 7；如果 $\underline{\tau} > \beta$，令 $Rt := 2$，并且跳转到步骤 7。如果 $\bar{\tau} \leqslant \underline{\tau}$，跳转到步骤 2
步骤 4	令 $\varepsilon^* = 0.5(\bar{\tau} + \underline{\tau})$
步骤 5	令 $\varepsilon_0 = \varepsilon^*, Y = Q^{-1}$，检验线性矩阵不等式（2.5）~不等式（2.7）和不等式（2.20）。如果上述四个不等式均可行，则令 $\underline{\tau} = \varepsilon^*$；否则，令 $\bar{\tau} = \varepsilon^*$

续表

步骤 6	如果 $|\bar{\tau}-\underline{\tau}|>\delta$，跳转到步骤 4；否则跳转到步骤 7
步骤 7	如果 $Rt=1$，那么说明系统的稳定界太小，搜索算法无法得到系统稳定界的一个估计。如果 $Rt=2$，则说明系统的稳定界大于充分大的数 β，所以 $\varepsilon_{\max}=\beta$ 可以作为系统稳定界的一个估计。如果以上两种情况均不成立，则可以得到系统稳定界的最优估计为 $\varepsilon_{\max}=\varepsilon_0$。稳定界估计结束

注释 2.1 在算法 2.1 中，$Rt=1$ 表示算法的返回值。Rt 的不同值表示算法的不同结果。步骤 2 给出了搜索的初始条件及终止条件。步骤 3 和步骤 4 确定了一个区间 $[\underline{\tau},\bar{\tau}]$。步骤 5～步骤 7 用于在 $[\underline{\tau},\bar{\tau}]$ 区间内搜索系统稳定界的最优估计。

注释 2.2 估计奇异摄动系统的稳定界引起了广泛的关注，并且研究成果丰硕[17-20]。相比已有的估计方法，算法 2.1 可以在保证吸引域的前提下得到稳定界的估计。二分查找又称折半查找，这种算法优点是比较的次数少，查找速度快，平均性能好，是一种效率较高的查找方法。

2.3.3 吸引域的估计

算法 2.1 可以得到系统的稳定界最优估计 $\varepsilon_{\max}$，本小节将研究问题 2.2。选择一个期望的稳定界 ε_0，可以通过求解下面的优化问题来最大化对闭环系统吸引域的估计：

$$\max_{W_1,W_2,W_3,G_1,G_2} \alpha$$
$$\text{s.t.} \quad (a)\ \alpha\Omega(Q)\subset\Omega(Y^{-1}) \quad (2.22)$$
$$(b)\ \text{式}(2.5)\sim\text{式}(2.7),\text{式}(2.20)$$

其中，Q 是一个给定的正定矩阵，椭球体 $\Omega(Q)$ 表示一个形状参考集[16]。

定义 $\chi_R\subset\mathbb{R}^n$ 是所需要形状的有界凸集，可以称为参考集。令 $0\in\chi_R$，对于正实数 α，记

$$\alpha\chi_R=\{\alpha x:x\in\chi_R\}$$

期望测量的集合有以下特点：若包含在集合 χ_1 中最大的 $\alpha\chi_1$ 比包含在集合 χ_2 中最大的 $\alpha\chi_2$ 大，那么集合 χ_1 比集合 χ_2 大，下面定义的集合将具有这种特性。

对于一个集合 $S\subset\mathbb{R}^n$，定义 S 关于 χ_R 的尺寸为

$$\alpha_R(S)=\sup\{\alpha>0:\alpha\chi_R\subset S\}$$

如果 $\alpha_R(S)\geqslant 1$，则可以得到 $\chi_R\subset S$，那么可以得到两个典型的形状。

当 $R>0$ 时可以得到一个椭球体：

$$\chi_R=\{x\subset\mathbb{R}^n:x^\mathrm{T}Rx\leqslant 1\}$$

否则，形状为一个多面体：

$$\chi_R = \text{co}\{x_1, x_2, \cdots, x_l\}$$

其中，co{·}是一组向量的凸包组合。

选定参考集为椭球体，则条件（a）可以等价于

$$\alpha^2 Y^{-1} \leqslant Q \tag{2.23}$$

由于条件中 $Y > 0$，那么不等式（2.23）可以等价于

$$\begin{bmatrix} \gamma Q & I \\ I & Y \end{bmatrix} \geqslant 0 \tag{2.24}$$

其中，$\gamma = \dfrac{1}{\alpha^2}$。

那么优化问题（2.22）可以写成以下形式：

$$\begin{aligned} &\min_{W_1, W_s, W_s, G_1, G_s} \gamma \\ &\text{s.t.} \quad 式(2.5) \sim 式(2.7)，式(2.20)，式(2.24) \end{aligned} \tag{2.25}$$

这个凸优化问题可以通过 MATLAB 7.0 中的 LMI 工具箱中的 mincx 求解器求解。

注释 2.3　常用的吸引域优化方法主要有两种，一种是考虑吸引域体积[21]，另一种是考虑吸引域形状。相比较而言，考虑形状的方法保守性更低，也更为直观[22]。

注释 2.4　在文献[10]~[14]中也提出了一些关于具有执行器饱和的奇异摄动系统的吸引域估计方法。这些方法在摄动参数 ε 充分小的时候都是可行的，但是并不能确定奇异摄动系统的稳定界的具体数值。文献[15]给出了具有执行器饱和奇异摄动系统的稳定界和吸引域的估计方法，但是，关于吸引域的估计方法是依赖系统的摄动参数 ε 的，因此这个方法不能适用于摄动参数 ε 未知的情况。相比较而言，通过求解凸优化问题（2.25），可以得到一个保证系统稳定界的不依赖摄动参数 ε 的吸引域估计方法。

2.4　仿　真

本节将给出两个仿真例子，来说明本章提出的方法的有效性和优点。

例 2.1　考虑一个形式如系统（2.4）的奇异摄动系统：

$$\begin{bmatrix} \dot{x} \\ \varepsilon \dot{z} \end{bmatrix} = \begin{bmatrix} 5 & 1 \\ 1 & -1 \end{bmatrix} \begin{bmatrix} x \\ z \end{bmatrix} + \begin{bmatrix} 0 \\ 1 \end{bmatrix} \text{sat}(u) \tag{2.26}$$

根据文献[15]可知，当系统的摄动参数 ε 充分小的时候，可以得到一个如下的

状态反馈控制器。将文献[14]中提出的吸引域估计方法用于系统（2.26）中，可以得到一个闭环系统的吸引域估计 Ω_0：

$$u = \begin{bmatrix} -16.3461 & 0.3771 \end{bmatrix} \begin{bmatrix} x \\ z \end{bmatrix} \quad (2.27)$$

但是，文献[15]中的仿真结果表明，在控制器（2.27）的作用下，闭环系统从初始点 $\eta_0 = [-0.1 \quad 3.9]^T \in \Omega_0$ 出发的轨迹在摄动参数 $\varepsilon = 0.02$ 时可以收敛于原点，但是，当摄动参数 $\varepsilon = 0.06$ 时，系统轨迹发散到无穷大。这个现象进一步说明了计算出系统的稳定界的重要性。

文献[15]中研究过这样的问题，并且提出了一个与摄动参数 ε 相关的状态反馈控制器设计方法，当摄动参数满足 $\forall \varepsilon \in (0, 0.1]$ 时，所得控制器如下所示：

$$u = \begin{bmatrix} -2.2496 & -6.2612 \end{bmatrix} \begin{bmatrix} 0.0071 + 0.8137\varepsilon & -1.0908\varepsilon \\ -1.0908 & 1.4691 - 0.3860\varepsilon^2 \end{bmatrix}^{-1} \begin{bmatrix} x \\ z \end{bmatrix} \quad (2.28)$$

本书估计出的闭环系统吸引域为椭球体 $\Omega(P(\varepsilon))$，其中，

$$P(\varepsilon) = \begin{bmatrix} 0.0071 + 0.8137\varepsilon & -1.0908\varepsilon \\ -1.0908 & 1.4691 - 0.3860\varepsilon^2 \end{bmatrix}^{-1}$$

这个方法可以得到所需的系统稳定界，但是一个新的问题产生了：当不知道系统的摄动参数 ε 具体数值时，所提方法无法再使用。为了证明这个问题，假设在设计阶段 $\varepsilon = 0.02$，但是实际上 $\varepsilon = 0.06$。如图 2.1 所示，所得吸引域估计的椭球体 $\Omega_1 = \Omega(P(0.02))$ 和椭球体 $\Omega_2 = \Omega(P(0.06))$ 有很大的区别：闭环系统从初始点 $\eta_0 = [-0.05 \quad 5.85]^T \in \Omega_1$ 出发的轨迹在摄动参数 $\varepsilon = 0.06$ 时发散到无穷大。

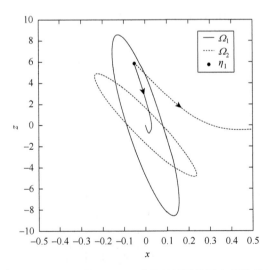

图 2.1　$\varepsilon = 0.02$ 和 $\varepsilon = 0.06$ 时吸引域的估计和系统轨迹

本章提出的方法可以克服以上提出的两个问题，本节将利用本章提出的方法来分析在状态反馈控制器（2.27）作用下的系统（2.26）的稳定性。

对在状态反馈控制器（2.27）作用下的系统（2.26），应用算法2.1，其中，

$$Q = \begin{bmatrix} 453.6 & 12.96 \\ 12.96 & 0.432 \end{bmatrix}$$

可以解出：

$$\varepsilon_{\max} = 0.0316$$

所以，椭球体 $\Omega_3 = \Omega(Q)$ 是摄动参数满足任意 $\varepsilon \in (0, 0.0316]$ 时闭环系统吸引域的一个估计，$\varepsilon_{\max} = 0.0316$ 是系统稳定界的最优估计。这表明当 $\varepsilon \leq 0.0316$ 时，$\eta_0 = [-0.05 \quad 5.85]^T \in \Omega_3$ 在闭环系统的吸引域内，这解释了闭环系统从初始点 η_0 出发的轨迹在 $\varepsilon = 0.02$ 时收敛于原点但是在 $\varepsilon = 0.06$ 时发散到无穷大的原因。

选择 $\Omega_3 = \Omega(Q)$ 作为参考集，利用 MATLAB 7.0 中的 LMI 工具箱，求解凸优化问题（2.25），当 $\varepsilon_0 = 0.02$ 时可以解得

$$W_1 = 0.0277, \quad W_2 = -0.8317, \quad W_3 = 0.7, \quad \gamma = 0.5564$$

$$G_1 = -0.1664, \quad G_2 = 4.8819, \quad Y = \begin{bmatrix} 0.0277 & -0.8319 \\ -0.8319 & 32.0579 \end{bmatrix}$$

则有椭球体 $\Omega_4 = \Omega(Y^{-1})$ 是闭环系统在任意 $\varepsilon \in (0, 0.02]$ 时的吸引域的一个估计。

选择 $\Omega_3 = \Omega(Q)$ 作为参考集，利用 MATLAB 7.0 中的 LMI 工具箱，求解凸优化问题（2.25），当 $\varepsilon_0 = 0.06$ 时可以解得

$$W_1 = 0.0119, \quad W_2 = -0.1301, \quad W_3 = 0.2111, \quad \gamma = 0.47768$$

$$G_1 = -0.1091, \quad G_2 = 1.1637, \quad Y = \begin{bmatrix} 0.075 & -0.1133 \\ -0.1133 & 3.4548 \end{bmatrix}$$

则有椭球体 $\Omega_5 = \Omega(Y^{-1})$ 是闭环系统在任意 $\varepsilon \in (0, 0.06]$ 时的吸引域的一个估计。

图2.2 表示了椭球体 Ω_3、Ω_4 和 Ω_5，从图中可以看出，η_0 在椭球体 Ω_4 中，但是在椭球体 Ω_5 之外，这也可以解释闭环系统从初始点 η_0 出发的轨迹在 $\varepsilon = 0.02$ 时可以收敛于原点，但是在 $\varepsilon = 0.06$ 时发散到无穷大的现象。

例2.2 考虑一个有详细的励磁和电力系统静态稳定器（PSS）控制器的单机无穷大电力系统的稳定性分析问题[12]。由文献[23]可以得到该系统的动态模型可以建立成具有执行器饱和的奇异摄动系统：

$$\begin{cases} \dot{x} = A_{11}x + B_1\text{sat}(y) \\ \varepsilon \dot{y} = A_{21}x + A_{22}y + B_2\text{sat}(z) \\ \varepsilon \dot{z} = A_{31}x + A_{33}z \end{cases} \quad (2.29)$$

其中，

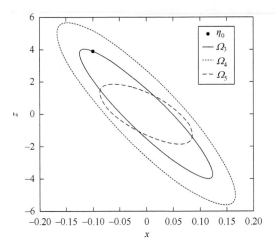

图 2.2　$\varepsilon = 0.02$ 和 $\varepsilon = 0.06$ 时吸引域的估计

$$A_{11} = -\begin{bmatrix} 0 & -1 & 0 & 0 \\ M^{-1}K_1 & M^{-1}D & M^{-1}K_2 & 0 \\ T_{d0}'^{-1}K_4 & 0 & T_{d0}'^{-1}K_3 & 0 \\ M^{-1}K_sK_1 & M^{-1}K_sD & M^{-1}K_sK_2 & T_w^{-1} \end{bmatrix}$$

$$A_{21} = -\varepsilon T_A^{-1} K_A [K_5 \quad 0 \quad K_6 \quad 0]^T$$

$$A_{31} = -\varepsilon T_A^{-2} [K_{TM}K_1 \quad K_{TM}D \quad K_{TM}K_2 \quad T_1 T_w^{-1}]$$

$$A_{22} = -\varepsilon T_A^{-1}, \quad A_{33} = -\varepsilon T_2^{-1}$$

$$B_1 = E_{fd\max}[0 \quad 0 \quad T_{d0}'^{-1} \quad 0]^T$$

$$B_2 = \varepsilon T_A^{-1} K_A \bar{U}_{\text{PSS}}$$

并且定义 $x = [\Delta\delta \quad \Delta\omega \quad \Delta E_q' \quad y_1]^T$，$y_1 = \Delta E_{fd}$，$z = y_2$，$\Delta\delta = \delta - \delta_0$，$\Delta\omega = \omega - \omega_0$，其中 δ 和 ω 分别表示发电机的转子角度及转子角速度，$\omega_0 = 2\pi f_0$，f_0 是同步频率（工作频率为 50Hz），E_q' 表示发电机内电动势。$K_{TM} = T_1 K_s / M$，$K_W = T_\omega K_s / M$，$M = 2H$，具体物理含义和具体的计算表达式详见文献[23]。$E_{fd\max}$ 和 $\bar{U}_{\text{PSS}}$ 分别表示发电机励磁中惯性环节输出电压和 PSS 控制器的上界。

在典型的电力系统中，时间常数励磁参数 T_A 很小但是 K_A 很大，而 PSS 的参数中，T_2 通常远远小于 T_ω。又有 $M = 2H$，其中 H 远远大于 T_2，通过比较时间常数，通常可以将 ΔE_{fd} 和 y_2 看成快变状态变量，y_1、$\Delta E_q'$ 和 $\Delta\delta$ 可以看成慢变状态变量。当 H 不是非常大时，$\Delta\omega$ 可以看成快变状态变量，但是如果 H 比较大，$\Delta\omega$ 及 y_1 都要看成慢变状态变量。为了简化推导过程，本书选取 $\Delta\omega$ 为慢变状态变量处理。

取单机无穷大系统的参数如下：

$H=3.5$，$\bar{U}_{PSS}=2$，$E_{fd\max}=6.2$，$T_\omega=1.4$，$K_s=9$，$T_1=0.154$，$T_2=0.033$，$K_A=10$，$X_d=1.81$，$X_q=1.76$，$X_d'=0.3$，$T_{d0}'=8$，$D=0$，$\varepsilon=T_A=0.02$

将系统（2.29）重新写成系统（2.4）的形式，然后取 $\varepsilon_0=0.02$ 和

$$Q=\begin{bmatrix} 1 & 0 & 0 & 0 & 0 & 0 \\ 0 & 1 & 0 & 0 & 0 & 0 \\ 0 & 0 & 1 & 0 & 0 & 0 \\ 0 & 0 & 0 & 1 & 0 & 0 \\ 0 & 0 & 0 & 0 & 0.1 & 0 \\ 0 & 0 & 0 & 0 & 0 & 0.1 \end{bmatrix}$$

求解优化问题（2.25），得到如下结果：

$$W_1=\begin{bmatrix} 6.8540 & -0.0965 & -4.9008 & -1.3656 \\ * & 0.1383 & 0.0899 & 0.0266 \\ * & * & 4.1324 & 1.1236 \\ * & * & * & 0.4652 \end{bmatrix}$$

$$W_2=\begin{bmatrix} 1.6296 & -1.5881 \\ -0.0601 & 0.0208 \\ -4.4601 & 0.8219 \\ 0.9808 & 0.1777 \end{bmatrix}$$

$$W_3=\begin{bmatrix} 21.7845 & -0.4742 \\ * & 0.0562 \end{bmatrix}$$

$$G_1=\begin{bmatrix} 0.8824 & -0.0678 & -1.1573 & -0.0453 \\ -1.5020 & 0.0222 & 0.9148 & 0.2998 \end{bmatrix}$$

$$G_2=\begin{bmatrix} 5.9726 & 0.0138 \\ -9.1413 & 0.3255 \end{bmatrix}$$

$$Y=\begin{bmatrix} 3.4940 & 0.1363 & 0.0449 & 0.0133 & -0.0297 & 0.0104 \\ -2.4501 & 0.0449 & 2.1328 & 0.5616 & -2.2416 & 0.4118 \\ 0.6827 & 0.0133 & 0.5616 & 0.2953 & 0.4871 & 0.0891 \\ 0.8198 & -0.0297 & -2.2416 & 0.4871 & 545.0684 & 11.8378 \\ -0.7944 & 0.0104 & 0.4118 & 0.0891 & -11.8378 & 2.0756 \end{bmatrix}$$

$$\gamma=7.4417$$

根据以上计算结果，可以求解对单机无穷大系统吸引域的估计，当将所求得的吸引域估计在平面 $\Delta\omega\Delta\delta$ 上投影时，可以得到一个椭圆，如图 2.3 所示。

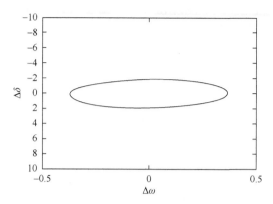

图 2.3 任意 $\varepsilon \in (0, 0.02]$ 时系统吸引域的估计

本章提出的对吸引域的估计方法比文献[23]提出的方法的保守性大，但是在对任意 $\varepsilon \in (0, 0.02]$ 时都是有效的，因此鲁棒性更强，充分体现了本章提出方法的有效性和优点。

2.5 本章小结

本章提出了一个针对具有执行器饱和的奇异摄动系统的不变集条件，基于这个条件，本章提出了一个二分查找算法，通过求解优化问题可以在保证吸引域的情况下得到系统稳定界的最优估计。此外，本章提出一个凸优化问题，通过 MATLAB 7.0 中 LMI 工具箱求解该优化问题，可以在保证系统稳定界的前提下得到一个与摄动参数 ε 无关的系统吸引域最优估计。最后，给出了一个数值算例以及一个单机无穷大系统的仿真实例，说明了本章提出的方法的有效性，通过对比体现了本章提出的方法的优越性。

参 考 文 献

[1] Kokotovie P V, Khalil H K, O'Relliey J. Singular Perturbation Methods in Control Analysis and Design[M]. London: Aeademie Press, 1986.

[2] Yang G H, Dong J X. Control synthesis of singularly perturbed fuzzy systems[J]. IEEE Transactions on Fuzzy Systems, 2008, 16（3）: 615-629.

[3] Yang C, Zhang Q. Multi-objective control for T-S fuzzy singularly perturbed systems[J]. IEEE Transactions on Fuzzy Systems, 2009, 17（1）: 104-115.

[4] Lin Z, Saberi A. Semi-global exponential stabilization of linear systems subject to input saturation via linear feedbacks [J]. Systems and Control Letters, 1993, 21（1）: 225-239.

[5] Hu T, Lin Z, Chen B M. An analysis and design method for linear systems subject to actuator saturation and disturbance[J]. Automatica, 2002, 38（2）: 351-359.

[6] Cao Y Y, Lin Z, Ward D G. An anti-windup approach to enlarging domain of attraction for linear systems subject to actuator saturation[J]. IEEE Transactions on Automatic Control, 2002, 47 (1): 140-145.

[7] Tarbouriech S, Prieur C, da Silva J M G. Stability analysis and stabilization of systems presenting nested saturations[J]. IEEE Transactions on Automatic Control, 2006, 51 (8): 1364-1371.

[8] Zhou B, Gao H, Lin Z, et al. Stabilization of linear systems with distributed input delay and input saturation[J]. Automatica, 2012, 48 (5): 712-724.

[9] Liu P L. Stabilization of singularly perturbed multiple-time-delay systems with a saturating actuator[J]. International Journal of Systems Science, 2001, 32 (8): 1041-1045.

[10] Garcia G, Tarbouriech S. Control of singularly perturbed systems by bounded control[C]. Proceedings of the 2003 America Control Conference, Denver, 2003: 4482-4487.

[11] Xin H, Gan D, Huang M, et al. Estimating the stability region of singular perturbation power systems with saturation nonlinearities: A linear matrix inequality based method [J]. IET Control Theory and Applications, 2010, 4 (3): 351-361.

[12] Xin H, Wu D, Gan D, et al. A method for estimating the stability region of singular perturbation systems with saturation nonlinearities[J]. Aata Autamatica Sinica, 2008, 34 (12): 1549-1555.

[13] Gan D, Xin H, Wu D, et al. A reduced-order method for estimating the stability region of power systems with saturated controls[J]. Science in China Series E: Technological Sciences, 2007, 50 (5): 585-605.

[14] Lizarraga I, Tarbouriech S, Garcia G. Control of singularly perturbed systems under actuator saturation[C]. The 16th IFAC World Congress, Prague, 2005: 243-248.

[15] Yang C Y, Sun J, Ma X P. Stabilization bound of singularly perturbed systems subject to actuator saturation[J]. Automatica, 2013, 49: 457-462.

[16] Hu T, Lin Z. Control Systems with Actuator Saturation: Analysis and Design[M]. Boston: Birkhäuser, 2001.

[17] Cao L, Schwartz H M. Complementary results on the stability bounds of singularly perturbed systems[J]. IEEE Transactions on Automatic Control, 2004, 49 (11): 2017-2021.

[18] Feng W. Characterization and computation for the bound ε^* in linear time-invariant singularly perturbed systems[J]. Systems and Control Letters, 1988, 11 (3): 195-202.

[19] Saydy L. New stability/performance results for singularly perturbed systems[J]. Automatica, 1996, 32 (6): 807-818.

[20] Sen S, Datta K B. Stability bounds of singularly perturbed systems[J]. IEEE Transactions on Automatic Control, 1993, 38 (2): 302-304.

[21] Boyd S, Ghaoui L E, Feron E, et al. Linear Matrix Inequalities in System and Control Theory[M]. Philadelphia: SIAM, 1994.

[22] Wasow W. Asymptotic Expansions for Ordinary Differential Equations[M]. New York: Wiley-Interscience, 1965.

[23] Li T H S, Li J H. Stabilization bound of discrete two-time-scale systems[J]. Systems and Control Letters, 1992, 18 (6): 479-489.

第3章 奇异摄动饱和控制系统设计

3.1 引　　言

在奇异摄动系统中，可以利用奇异摄动参数 ε 将系统分解成快、慢子系统，这种将系统分解的控制方法得到了广泛的应用。奇异摄动系统的稳定性约束基本问题是指：确定稳定界 ε_0 使得系统在 $\varepsilon \in (0, \varepsilon_0]$ 时都是稳定的，奇异摄动系统的稳定性问题已受到很多关注[1-5]。文献[2]和[3]分别提出了求解奇异摄动系统最大稳定界的频域和时域的方法，可以通过设计控制器来得到奇异摄动系统最大的稳定界[6-8]。

在实际系统中输入受限是一个普遍的现象，因此许多学者致力于研究输入受限控制系统。全局/半全局的稳定问题是令人感兴趣的话题之一并且已经进行了深入的讨论[9-11]。由于存在执行器饱和，在开环不稳定的情况下不可能实现系统的全局稳定，针对局部的研究成果得到了发展。在本书中，关键的问题是估计闭环系统的稳定域（估计吸引域）。许多求解闭环系统吸引域的方法是通过构造 Lyapunov 函数，参数设计可利于优化问题来求解闭环系统的最大吸引域[9, 10]。然而，奇异摄动系统相关的 Lyapunov 函数通常与奇异摄动参数有关，这样就很难总结出求解一般奇异摄动系统的方法。

最近，输入受限奇异摄动系统的分析和设计问题受到越来越多的关注。对于一般的奇异摄动系统，应用常规方法通常会导致病态数值问题[12]。传统的避免病态数值问题的方法是将奇异摄动系统分解为快、慢子系统分别进行求解。文献[13]在假设快子系统是稳定的情况下，提出了输入受限奇异摄动系统的控制器设计方法。文献[14]设计了复合稳定控制器，并且通过求解凸优化问题得到了奇异摄动系统的吸引域。在文献[15]和[16]中，通过引入降阶伴随系统提出了估计奇异摄动系统吸引域的方法。这些方法都基于分解原始系统，因而会对分析系统稳定界造成困难。文献[17]提出了独立于系统分解的方法，可以避免病态数值问题。然而，这个方法也没有考虑稳定界的问题。总而言之，对如何求解输入受限奇异摄动系统的稳定界和最大吸引域问题的研究有重要意义。

本章解决输入受限奇异摄动系统的设计问题，提出状态反馈控制器的设计方法来得到给定闭环系统的稳定界。首先，通过考虑奇异摄动系统结构得到的 Lyapunov 函数，设计状态反馈控制器使得闭环系统是渐近稳定的，并且构造吸引域。然后，构造优化问题来估计闭环系统的最大吸引域。最后，给出两个例子来证明所得结果的有效性。本章的主要贡献如下：①本章所提方法利用了奇异摄动系统的结构，而不是将原有系统分解成降阶子系统，因此可以有效地解决输入受限奇异摄动系统稳定界的分析和设计问题；②给定的稳定界是设计目标之一；③提出了新的吸引域的构造方法，即通过求解凸优化问题来得到奇异摄动系统最大吸引域。

注释 3.1 对于矩阵 X，X^{-1} 和 X^T 分别表示 X 的逆和转置。$X>0(X<0)$ 表示 X 是正定（负定）的。矩阵中的对称元素用*表示。sym(X) 表示 $X+X^T$。$X_{(j)}$ 表示 X 的第 j 行。如果没有明确说明，则假设矩阵具有适当的维数。且 diag$\{\cdots\}$ 是分块对角矩阵。

3.2 问题描述

考虑下面的系统：

$$E(\varepsilon)\dot{x}(t) = Ax(t) + B\text{sat}(u(t)) \tag{3.1}$$

其中，$x = \begin{bmatrix} x_1 \\ x_2 \end{bmatrix} \in \mathbb{R}^n$ 是状态变量，$x_1 \in \mathbb{R}^{n_1}, x_2 \in \mathbb{R}^{n_2}$；$u \in \mathbb{R}^m$ 是控制输入；$E(\varepsilon) = \begin{bmatrix} I_{n_1} & 0 \\ 0 & \varepsilon I_{n_2} \end{bmatrix} \in \mathbb{R}^{n \times n}$；$A \in \mathbb{R}^{n \times n}, B \in \mathbb{R}^{n \times m}$ 是常数矩阵。sat($\cdot$): $\mathbb{R}^m \to \mathbb{R}^m$ 为标准的向量饱和函数。定义为

$$\text{sat}(u_i(t)) = \text{sign}(u_i(t))\min\{1, |u_i(t)|\}$$

式（3.2）是系统（3.1）的状态反馈控制器：

$$u = K(\varepsilon)x \tag{3.2}$$

然后，可以得到闭环系统：

$$E(\varepsilon)\dot{x}(t) = Ax(t) + B\text{sat}(K(\varepsilon)x) \tag{3.3}$$

考虑如下问题：

问题 3.1 给定稳定界 $\varepsilon_0 > 0$，确定反馈增益矩阵 $K(\varepsilon)$ 和一个尽可能大的区域 $\Omega(\varepsilon) \subseteq \mathbb{R}^n$，这样，对于任何初始条件 $x_0 \in \Omega(\varepsilon)$，则闭环系统（3.3）对于任何 $\varepsilon \in (0, \varepsilon_0]$ 都是渐近稳定的。

注释 3.2 在许多奇异摄动系统里，奇异摄动参数 ε 可测。在这种情况下，ε 可用于解决相关综合问题，这已经引起了人们的关注[18,19]。在问题 3.1 里，假设在奇异摄动参数 ε 已知的情况下，同时考虑稳定界和系统（3.2）的吸引域的设计问题。

基本上有两种处理非线性饱和的方法：扇形条件法[20]和凸包法[21]。后者相较于前者具有更小的保守性[22]。因而，本书用凸包法。下面回顾一些标准符号和引理。

对一个给定的 $F \in \mathbb{R}^{m \times n}$，定义 $\mathcal{L}(F) = \{x \in \mathbb{R}^n : |F_{(i)}x| \leqslant 1, i \in [1, m]\}$。令 $\mathcal{D}$ 为所设定的 $m \times m$ 对角矩阵，其对角元素为 0 或 1，$\mathcal{D}$ 有 2^m 个元素。假设 $\mathcal{D}$ 的这些元素被标记为 $D_i, i \in [1, 2^m]$。定义 $D_i^- = I - D_i$，显然，若 $D_i \in \mathcal{D}$，有 $D_i^- \in \mathcal{D}$。

需要用到的引理如下：

引理 3.1[21]　令 $F, H \in \mathbb{R}^{m \times n}$。对于任何 $x \in \mathcal{L}(H)$，都有

$$\text{sat}(Fx) \in \text{co}\{D_i F x + D_i^- H x, i \in [1, 2^m]\}$$

其中，co 代表凸包。

引理 3.2[19]　对于正标量 ε_0 和具有适当维数的对称矩阵 S_1、S_2、S_3，若

$$S_1 \geqslant 0$$

$$S_1 + \varepsilon_0 S_2 > 0$$

$$S_1 + \varepsilon_0 S_2 + \varepsilon_0^2 S_3 > 0$$

成立，那么

$$S_1 + \varepsilon S_2 + \varepsilon^2 S_3 > 0, \quad \forall \varepsilon \in (0, \varepsilon_0)$$

引理 3.3[19]　若存在矩阵 $Z_i\ (i = 1, 2, \cdots, 5)$，有 $Z_i = Z_i^T\ (i = 1, 2, 3, 4)$ 满足：

$$Z_1 > 0 \tag{3.4}$$

$$\begin{bmatrix} Z_1 + \varepsilon_0 Z_3 & \varepsilon_0 Z_5^T \\ \varepsilon_0 Z_5 & \varepsilon_0 Z_2 \end{bmatrix} > 0 \tag{3.5}$$

$$\begin{bmatrix} Z_1 + \varepsilon_0 Z_3 & \varepsilon_0 Z_5^T \\ \varepsilon_0 Z_5 & \varepsilon_0 Z_2 + \varepsilon_0^2 Z_4 \end{bmatrix} > 0 \tag{3.6}$$

那么

$$E(\varepsilon)Z(\varepsilon) = Z^T(\varepsilon)E(\varepsilon) > 0, \quad \forall \varepsilon \in (0, \varepsilon_0] \tag{3.7}$$

其中，$Z(\varepsilon) = \begin{bmatrix} Z_1 + \varepsilon Z_3 & \varepsilon Z_5^T \\ Z_5 & Z_2 + \varepsilon Z_4 \end{bmatrix}$。

3.3　主要结果

在这一部分，首先设计状态反馈控制器，然后制定凸优化问题来估计闭环系统的吸引域。

3.3.1 控制器设计

定理 3.1 给定标量 $\varepsilon_0 > 0$，若存在矩阵 $Y \in \mathbb{R}^{m \times n}$，$G_1 \in \mathbb{R}^{m \times n_1}$，$G_2 \in \mathbb{R}^{m \times n_2}$，$Z_1 \in \mathbb{R}^{n_1 \times n_1}$，$Z_2 \in \mathbb{R}^{n_2 \times n_2}$，$Z_3 \in \mathbb{R}^{n_1 \times n_1}$，$Z_4 \in \mathbb{R}^{n_2 \times n_2}$，$Z_5 \in \mathbb{R}^{n_2 \times n_1}$，有 $Z_i = Z_i^{\mathrm{T}} (i = 1, 2, 3, 4)$，使得线性矩阵不等式（3.4）～不等式（3.6）和

$$Z^{\mathrm{T}}(0)A^{\mathrm{T}} + AZ(0) + (D_i Y + D_i^- G(0))^{\mathrm{T}} B^{\mathrm{T}} + B(D_i Y + D_i^- G(0)) < 0, \quad i \in [1, 2^m] \quad (3.8)$$

$$Z^{\mathrm{T}}(\varepsilon_0)A^{\mathrm{T}} + AZ(\varepsilon_0) + (D_i Y + D_i^- G(\varepsilon_0))^{\mathrm{T}} B^{\mathrm{T}} + B(D_i Y + D_i^- G(\varepsilon_0)) < 0, \quad i \in [1, 2^m] \quad (3.9)$$

$$\begin{bmatrix} Z_1 & * \\ G_{1(i)} & 1 \end{bmatrix} \geq 0, \quad i \in [1, m] \quad (3.10)$$

$$\begin{bmatrix} Z_1 + \varepsilon_0 Z_3 & * & * \\ \varepsilon_0 Z_5 & \varepsilon_0 Z_2 & * \\ G_{1(i)} & \varepsilon_0 G_{2(i)} & 1 \end{bmatrix} \geq 0, \quad i \in [1, m] \quad (3.11)$$

$$\begin{bmatrix} Z_1 + \varepsilon_0 Z_3 & * & * \\ \varepsilon_0 Z_5 & \varepsilon_0 Z_2 + \varepsilon_0^2 Z_4 & * \\ G_{1(i)} & \varepsilon_0 G_{2(i)} & 1 \end{bmatrix} \geq 0, \quad i \in [1, m] \quad (3.12)$$

成立，其中，$Z(\varepsilon) = \begin{bmatrix} Z_1 + \varepsilon Z_3 & \varepsilon Z_5^{\mathrm{T}} \\ Z_5 & Z_2 + \varepsilon Z_4 \end{bmatrix}$，$G(\varepsilon) = [G_1 \quad \varepsilon G_2]$。

那么，控制器（3.2）中 $K(\varepsilon) = YZ^{-1}(\varepsilon), Z(\varepsilon) = U_1 + \varepsilon U_2$，使得系统（3.3）对任意 $\varepsilon \in (0, \varepsilon_0]$ 稳定。椭球体 $\Omega(\varepsilon) = \{x \mid x^{\mathrm{T}} Z^{-\mathrm{T}}(\varepsilon) E(\varepsilon) x \leq 1\}$ 是闭环系统吸引域的估计。

证明 由引理 3.2 可得，线性矩阵不等式（3.8）和不等式（3.9）满足

$$Z^{\mathrm{T}}(\varepsilon)A^{\mathrm{T}} + AZ(\varepsilon) + (D_i Y + D_i^- G(\varepsilon))^{\mathrm{T}} B^{\mathrm{T}} + B(D_i Y + D_i^- G(\varepsilon)) < 0, \quad \forall \varepsilon \in (0, \varepsilon_0] \quad (3.13)$$

在式（3.13）前后分别乘以 $Z^{-\mathrm{T}}(\varepsilon)$ 及其转置，可得

$$A^{\mathrm{T}} Z^{-1}(\varepsilon) + Z^{-\mathrm{T}}(\varepsilon)(D_i Y + D_i^- G(\varepsilon))^{\mathrm{T}} B^{\mathrm{T}} Z^{-1}(\varepsilon)$$
$$+ Z^{-\mathrm{T}}(\varepsilon) A + Z^{-\mathrm{T}}(\varepsilon) B(D_i Y + D_i^- G(\varepsilon)) Z^{-1}(\varepsilon) < 0, \quad \forall \varepsilon \in (0, \varepsilon_0]$$

令 $K(\varepsilon) = YZ^{-1}(\varepsilon), P(\varepsilon) = Z^{-1}(\varepsilon)$，可得

$$\Pi_i \triangleq A^{\mathrm{T}} P(\varepsilon) + P^{\mathrm{T}}(\varepsilon) A + (D_i K(\varepsilon) + D_i^- G(\varepsilon) P(\varepsilon))^{\mathrm{T}} B^{\mathrm{T}} P(\varepsilon) \\ + P^{\mathrm{T}}(\varepsilon) B(D_i K(\varepsilon) + D_i^- G(\varepsilon) P(\varepsilon)) < 0, \quad \forall \varepsilon \in (0, \varepsilon_0] \quad (3.14)$$

再次利用引理 3.2，由线性矩阵不等式（3.10）～不等式（3.12）可得

$$\begin{bmatrix} Z^{\mathrm{T}}(\varepsilon) E(\varepsilon) & * \\ G_{(i)}(\varepsilon) & 1 \end{bmatrix} \geq 0, \quad \forall i \in [1, m], \quad \forall \varepsilon \in (0, \varepsilon_0]$$

等价于

$$\begin{bmatrix} E^{-1}(\varepsilon)Z^T(\varepsilon) & * \\ G_{(i)}(\varepsilon)E^{-1}(\varepsilon) & 1 \end{bmatrix} \geq 0, \quad \forall i \in [1,m], \quad \forall \varepsilon \in (0,\varepsilon_0] \tag{3.15}$$

在式（3.15）前后分别乘以 $\mathrm{diag}([E^{-1}(\varepsilon)Z^T(\varepsilon)]^{-1},1)$ 和它的转置，可得

$$\begin{bmatrix} E(\varepsilon)Z^{-1}(\varepsilon) & * \\ G_{(i)}(\varepsilon)Z^{-1}(\varepsilon) & 1 \end{bmatrix} \geq 0, \quad \forall i \in [1,m], \quad \forall \varepsilon \in (0,\varepsilon_0]$$

意味着 $E(\varepsilon)Z^{-1}(\varepsilon) \geq Z^{-T}(\varepsilon)G_{(i)}^T(\varepsilon)G_{(i)}(\varepsilon)Z^{-1}(\varepsilon)$。然后对于任意的 $x \in \Omega(\varepsilon)$，满足 $x^T Z^{-T}(\varepsilon)G_{(i)}^T(\varepsilon)G_{(i)}(\varepsilon)Z^{-1}(\varepsilon)x \leq 1$，$\forall i \in [1,m], \forall \varepsilon \in (0,\varepsilon_0]$。

因此 $\Omega(\varepsilon) \subseteq \mathcal{L}(G(\varepsilon)Z^{-1}(\varepsilon))$，也就是 $\Omega(\varepsilon) \subseteq \mathcal{L}(G(\varepsilon)P(\varepsilon))$。根据引理 3.1，对任意的 $x \in \Omega(\varepsilon)$，可得

$$Ax(t) + B\mathrm{sat}(K(\varepsilon)x) \in \mathrm{co}\{Ax(t) + B(D_i K(\varepsilon)x + D_i^- G(\varepsilon)P(\varepsilon)x), i \in [1,2^m]\} \tag{3.16}$$

通过引理 3.3 可得，线性矩阵不等式（3.4）~不等式（3.6）可以保证式（3.7）的成立，这意味着：

$$E(\varepsilon)P(\varepsilon) = P^T(\varepsilon)E(\varepsilon) > 0, \quad \forall \varepsilon \in (0,\varepsilon_0]$$

定义一个 ε 依赖的 Lyapunov 函数：

$$V(x) = x^T E(\varepsilon)P(\varepsilon)x$$

计算系统（3.3）运动轨迹方向 $V(x)$ 的导数，考虑式（3.14）和式（3.16）可得

$$\begin{aligned}
\dot{V}|_{(4)} &= 2(E(\varepsilon)\dot{x})^T P(\varepsilon)x = 2(Ax(t) + B\mathrm{sat}(K(\varepsilon)x))^T P(\varepsilon)x \\
&\leq \max_{i \in [1,2^m]} 2(Ax(t) + B(D_i K(\varepsilon)x + D_i^- G(\varepsilon)P(\varepsilon)x)^T \times P(\varepsilon)x \\
&= \max_{i \in [1,2^m]} x^T \Pi_i x < 0, \quad \forall \varepsilon \in (0,\varepsilon_0], \quad \forall x \in \Omega(\varepsilon), \quad x \neq 0
\end{aligned}$$

因此，对任意 $x_0 \in \Omega(\varepsilon), \varepsilon \in (0,\varepsilon_0]$，闭环系统是渐近稳定的，并且椭圆体 $\Omega(\varepsilon)$ 是闭环系统吸引域的估计。

注释 3.3 线性矩阵不等式（3.4）和不等式（3.6）表明 $Z_1 > 0$ 和 $Z_2 > 0$。因此，矩阵 $Z(0) = \begin{bmatrix} Z_1 & 0 \\ Z_5 & Z_2 \end{bmatrix}$ 是非奇异的。另外，定理 3.1 的证明表明了对于任意的 $\varepsilon \in (0,\varepsilon_0]$，$Z(\varepsilon)$ 是非奇异的。然后对于任意的 $\varepsilon \in (0,\varepsilon_0]$，$K(\varepsilon) = YZ^{-1}(\varepsilon)$ 具有关于 ε 的鲁棒性。由于 $\lim_{\varepsilon \to 0^+} K(\varepsilon) = YZ^{-1}(0)$，若 ε_0 足够小，控制器（3.2）就与奇异摄动参数 ε 无关。

注释 3.4 之前提出的问题是在假设奇异摄动参数上限 ε_0 已知的情况下得到的。实际上，通过一维搜索算法得到的稳定界 ε_0 是最好的估计方法。

注释 3.5 吸引域通常由 Lyapunov 函数来描述，这样可以转化为求解凸优化问题。对于常规系统已经有一些成熟的方法来求解最大的吸引域[10, 22, 23]。本章是第一次利用已知的 ε 得到奇异摄动系统的吸引域，这种方法与常规系统的求解方法不同，而是充分考虑奇异摄动系统的结构特点进行求解的。这样有利于制定凸优化问题求解闭环系统最大化的吸引域。

3.3.2 吸引域的优化

对于所有满足定理 3.1 条件的线性矩阵不等式，在意的是获得闭环系统的最大吸引域。通常有两种方法来获得闭环系统的最大吸引域。在 1994 年，由 Boyd 提出，一种是根据体积考虑，另一种方法是根据形状考虑[22, 23]。

这里，选取第一种方法，第二种方法可通过类似的方法获得。最大化吸引域的估计 $\Omega(\varepsilon)$ 问题可以简化为下面的优化问题求解：

$$\min_{S,M,Y,U_1,U_2} \lambda$$
$$\text{s.t.} \quad \text{式}(3.4) \sim \text{式}(3.6), \text{式}(3.8) \sim \text{式}(3.12) \tag{3.17}$$
$$\lambda > 0, \ Z^{-\mathrm{T}}(\varepsilon)E(\varepsilon) \leqslant \lambda I$$

其中，$Z^{-\mathrm{T}}(\varepsilon)E(\varepsilon) \leqslant \lambda I$ 且 $\lambda > 0$ 等价于

$$\begin{bmatrix} Z^{\mathrm{T}}(\varepsilon)E(\varepsilon) & * \\ E(\varepsilon) & \lambda I \end{bmatrix} \geqslant 0 \tag{3.18}$$

通过引理 3.2，不等式（3.19）～不等式（3.21）可以确保不等式（3.18）的成立：

$$\begin{bmatrix} Z_1 & * & * & * \\ 0 & 0 & * & * \\ I & 0 & \lambda I & * \\ 0 & 0 & 0 & \lambda I \end{bmatrix} \geqslant 0 \tag{3.19}$$

$$\begin{bmatrix} Z_1 + \varepsilon_0 Z_3 & * & * & * \\ \varepsilon_0 Z_5 & \varepsilon_0 Z_2 & * & * \\ I & 0 & \lambda I & * \\ 0 & \varepsilon_0 I & 0 & \lambda I \end{bmatrix} \geqslant 0 \tag{3.20}$$

$$\begin{bmatrix} Z_1 + \varepsilon_0 Z_3 & * & * & * \\ \varepsilon_0 Z_5 & \varepsilon_0 Z_2 + \varepsilon_0^2 Z_4 & * & * \\ I & 0 & \lambda I & * \\ 0 & \varepsilon_0 I & 0 & \lambda I \end{bmatrix} \geqslant 0 \tag{3.21}$$

显然，不等式（3.19）等价于

$$\begin{bmatrix} Z_1 & * \\ I & \lambda I \end{bmatrix} \geqslant 0 \qquad (3.22)$$

然后，优化问题（3.17）可改写为如下的凸优化问题：

$$\min_{S,M,Y,U_1,U_2} \lambda \\ \text{s.t. 式(3.4)~式(3.6)，式(3.8)~式(3.12)，式(3.20)~式(3.22)} \qquad (3.23)$$

注释 3.6 目前许多研究者关注有关带有执行器饱和奇异摄动系统的分析和综合问题。与现有的方法[13-17]相比。本书提出的方法有如下优点：

（1）得到了设计目标之一的给定的稳定界。
（2）提出了凸优化问题来求解闭环系统的最大吸引域。

3.4 仿　　真

本节将说明所提出的方法的特点，并与现有的实验结果对比来体现这种方法的优越性。

例 3.1 为了证明所提方法的优点，考虑系统（3.1）且

$$E(\varepsilon) = \begin{bmatrix} 1 & 0 \\ 0 & \varepsilon \end{bmatrix}, \quad A = \begin{bmatrix} 5 & 1 \\ 1 & -1 \end{bmatrix}, \quad B = \begin{bmatrix} 0 \\ 1 \end{bmatrix}$$

利用 2005 年 Lizarraga 提出的方法，可得如下控制器：

$$u = \begin{bmatrix} -16.3461 & 0.3371 \end{bmatrix} x \qquad (3.24)$$

根据文献[17]所得结果，如果奇异摄动参数 ε 足够小，由式（3.24）可得该系统是稳定的。图 3.1（实线椭圆）给出了获得的闭环系统吸引域。当 $\varepsilon=0.02$ 时，开始于 $[-0.1 \quad 3.9]^T$ 的轨迹保持在椭圆内并且收敛于系统的平衡点（点线）。然而，当 $\varepsilon=0.06$ 时，开始于 $[-0.1 \quad 3.9]^T$ 的轨迹发散到无穷大（虚线）。同样的问题也存在于其他的现存方法中[13-16]，因为它们都没有对闭环系统的吸引域进行估计。本书得出的结论能克服这个问题。

令 $\varepsilon_0 = 0.1$，求解定理 3.1 中的线性矩阵不等式，可得 $Z_1 = 0.0071$，$Z_2 = 1.4691$，$Z_3 = 0.8137$，$Z_4 = -0.3860$，$Z_5 = -1.0908$，$G_1 = -0.0824$，$G_2 = 0.1714$，以及 $Y = [-2.2496 \quad -6.2612]$。所得结果控制器如下：

$$u = \begin{bmatrix} -2.2496 & -6.2612 \end{bmatrix} Z^{-1}(\varepsilon) x \qquad (3.25)$$

其中，$Z(\varepsilon) = \begin{bmatrix} 0.0071 + 0.8137\varepsilon & -1.0908\varepsilon \\ -1.0908 & 1.4691 - 0.386\varepsilon \end{bmatrix}$。

通过定理 3.1，对于任何 $\varepsilon \in (0, 0.1]$，控制器（3.25）都可以使系统稳定。椭

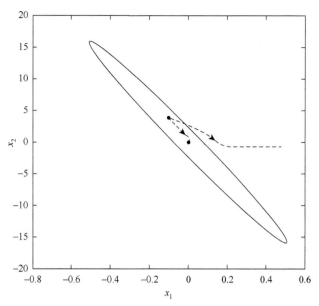

图 3.1 闭环系统的吸引域与开始于$[-0.1 \quad 3.9]^T$且$\varepsilon = 0.02$和$\varepsilon = 0.06$的轨迹

圆体$\Omega(\varepsilon) = \{x \mid x^T Z^{-T}(\varepsilon) E(\varepsilon) x \leqslant 1\}$是闭环系统的吸引域。对于$\varepsilon=0.06$这种情形，在控制器（3.25）的控制下系统的吸引域和开始于$x_0 = [-0.1 \quad 3.9]^T$的轨迹如图 3.2 所示。可以看到，开始于$x_0 = [-0.1 \quad 3.9]^T \in \Omega$的轨迹保持在椭圆体$\Omega$内并且收敛于系统的平衡点。

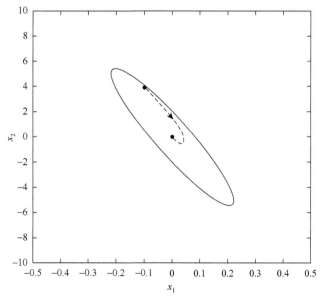

图 3.2 在控制器（3.25）的控制下系统的吸引域和开始于$x_0 = [-0.1 \quad 3.9]^T$的轨迹

例3.2 这个例子提出使用直流电机控制倒立摆系统的方法。这个模型由 Zak 等于1986年首次提出[24]，可由式（3.26）表述：

$$\begin{cases} \dot{x}_1(t) = x_2(t) \\ \dot{x}_2(t) = \dfrac{g}{l}\sin x_1(t) + \dfrac{NK_m}{ml^2}x_3(t) \\ L_a\dot{x}_3(t) = -K_b Nx_2(t) - R_a x_3(t) + u(t) \end{cases} \quad (3.26)$$

其中，$x_1(t) = \theta_p(t)$ 是钟摆角（弧度）从垂直角向上的角度；$x_2(t) = \dot{\theta}_p(t), x_3(t) = I_a(t)$ 是所述电动机的电流；$u(t)$ 是控制输入电压；K_m 是电机转矩常数；K_b 是反电动势常数；N 是齿轮传动比；L_a 通常是一个小正常数的电感。相关参数如下：$g = 9.8\text{m/s}^2$，$N = 10$，$l = 1\text{m}, m = 1\text{kg}$，$K_m = 0.1\text{Nm/A}$，$K_b = 0.1\text{Vs/rad}$，$R_a = 1\Omega$，$L_a = 0.05\text{H}$，输入电压必须满足 $|u| \leq 1$。需要注意的是 L_a 表示系统的奇异摄动参数，将参数代入式（3.26），可得

$$\begin{cases} \dot{x}_1(t) = x_2(t) \\ \dot{x}_2(t) = 9.8\sin x_1(t) + x_3(t) \\ \varepsilon \dot{x}_3(t) = -x_2(t) - x_3(t) + u(t) \end{cases} \quad (3.27)$$

其中，$\varepsilon = L_a$。

系统（3.27）的平衡点，即 $x_e = [0\ 0\ 0]^T$ 对应于倒立摆的直立静止位置。将设计控制器来使倒立摆直立静止位置保持平衡。

线性系统（3.27）可以转化为式（3.1）的形式：

$$E(\varepsilon) = \begin{bmatrix} 1 & 0 & 0 \\ 0 & 1 & 0 \\ 0 & 0 & \varepsilon \end{bmatrix},\ A = \begin{bmatrix} 0 & 1 & 0 \\ 9.8 & 0 & 1 \\ 0 & -1 & -1 \end{bmatrix},\ B = \begin{bmatrix} 0 \\ 0 \\ 1 \end{bmatrix}$$

令 $\varepsilon_0 = 0.1$，解优化问题（3.23），可得 $Z_1 = \begin{bmatrix} 2.8775 & -10.3632 \\ -10.3632 & 37.4051 \end{bmatrix}$，$Z_2 = 6.7152$，$Z_3 = \begin{bmatrix} 6.1643 & -17.0102 \\ -17.0102 & 47.5824 \end{bmatrix}$，$Z_4 = -0.5595, Z_5 = [-3.8177\ \ 8.0017]$，$Y = [-15.2684\ \ 42.548\ \ -66.0277]$。

当 $\varepsilon = 0.05$ 时，可得控制器增益矩阵 $K = [-2.9201\ \ -0.813\ \ -0.0446]\times 10^3$ 和闭环系统的吸引域 $\Omega = \{x \in R^3\,|\,x^T P x \leq 1\}$，其中 $P = \begin{bmatrix} 153.7649 & 42.9750 & 1.8181 \\ 42.9750 & 12.0363 & 0.5066 \\ 1.8181 & 0.5066 & 0.0291 \end{bmatrix}$。

闭环系统的吸引域和开始于 $x_0 = [-0.4\ 1.2\ 9]^T$ 的轨迹如图3.3所示。控制输入如图3.4所示。从图3.3中可以看出，开始于 $x_0 = [-0.4\ 1.2\ 9]^T \in \Omega$ 的轨迹保持在 Ω 内并收敛于系统（3.27）的平衡点，也就是 $x_e = [0\ 0\ 0]^T$。

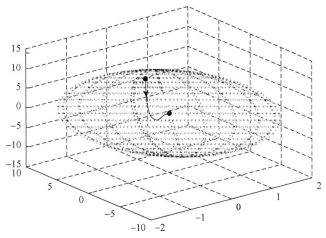

图3.3　闭环系统的吸引域和开始于 $x_0 = [-0.4\ 1.2\ 9]^T$ 的轨迹

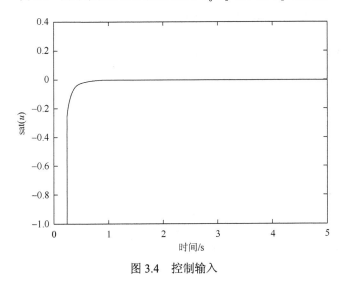

图3.4　控制输入

3.5　本章小结

本章考虑了带有执行器饱和奇异摄动系统的稳定性约束问题。首先提出了一种状态反馈控制器设计方法并且构造了与 ε 相关的吸引域，通过求解凸优化问题得到了闭环系统最大的吸引域。本章所提出的方法概括了现有方法求解一般系统。最后，用两个例子来证明所提出的方法的优点和有效性。

参 考 文 献

[1] Abed E H. A new parameter estimate in singular perturbations[J]. Systems and Control Letters，1985，6（3）：193-198.

[2] Cao L, Schwartz H M. Complementary results on the stability bounds of singularly perturbed systems[J]. IEEE Transactions on Automatic Control, 2004, 49 (11): 2017-2021.

[3] Feng W. Characterization and computation for the bound ε^* in linear time-invariant singularly perturbed systems[J]. Systems and Control Letters, 1988, 11 (3): 195-202.

[4] Saydy L. New stability/performance results for singularly perturbed systems[J]. Automatica, 1996, 32 (6): 807-818.

[5] Sen S, Datta K B. Stability bounds of singularly perturbed systems[J]. IEEE Transactions on Automatic Control, 1993, 38 (2): 302-304.

[6] Chiou J S, Kung F C, Li T H S. An infinite ε-bound stabilization design for a class of singularly perturbed systems[J]. IEEE Transactions on Circuits and Systems I: Fundamental Theory and Applications, 1999, 46 (12): 1507-1510.

[7] Li T H S, Li J H. Stabilization bound of discrete two-time-scale systems[J]. Systems and Control Letters, 1992, 18 (6): 479-489.

[8] Liu W Q, Paskota M, Sreeram V, et al. Improvement on stability bounds for singularly perturbed systems via state feedback[J]. International Journal of Systems Science, 1997, 28 (6): 571-578.

[9] Cao Y Y, Lin Z, Ward D G. An anti-windup approach to enlarging domain of attraction for linear systems subject to actuator saturation[J]. IEEE Transactions on Automatic Control, 2002, 47 (1): 140-145.

[10] Hu T, Teel A R, Zaccarian L. Stability and performance for saturated systems via quadratic and non-quadratic Lyapunov functions[J]. IEEE Transactions on Automatic Control, 2006, 51 (11): 1770-1786.

[11] Lin Z, Saberi A. Semi-global exponential stabilization of linear systems subject to input saturation via linear feedbacks[J]. Systems and Control Letters, 1993, 21 (1): 225-239.

[12] Kokotovic P V, Khalil H K, O'Reilly J. Singular Perturbation Methods in Control: Analysis and Design[M]. New York: Academic, 1986.

[13] Liu P L. Stabilization of singularly perturbed multiple-time-delay systems with a saturating actuator[J]. International Journal of Systems Science, 2001, 32 (8): 1041-1045.

[14] Garcia G, Tarbouriech S. Control of singularly perturbed systems by bounded control[C]. Proceedings of the 2003 America Control Conference, Denver, 2003: 4482-4487.

[15] Xin H, Wu D, Gan D, et al. A method for estimating the stability region of singular perturbation systems with saturation nonlinearities[J]. Aata Automatica Sinica, 2008, 34 (12): 1549-1555.

[16] Xin H, Gan D, Huang M, et al. Estimating the stability region of singular perturbation power systems with saturation nonlinearities: A linear matrix inequality based method[J]. IET Control Theory and Applications, 2010, 4 (3): 351-361.

[17] Lizarraga I, Tarbouriech S, Garcia G. Control of singularly perturbed systems under actuator saturation[C]. The 16th IFAC World Congress, Prague, 2005: 243-248.

[18] Assawinchaichote W, Nguang S K. Fuzzy H_∞ output feedback control design for singularly perturbed systems with pole placement constraints: An LMI approach[J]. IEEE Transactions on Fuzzy Systems, 2006, 14 (3): 361-371.

[19] Yang C Y, Zhang Q L. Multi-objective control for T-S fuzzy singularly perturbed systems[J]. IEEE Transactions on Fuzzy Systems, 2009, 17 (1): 104-115.

[20] Hindi H, Boyd S. Analysis of linear systems with saturating using convex optimization[C]. Proceedings of the 37th IEEE Conference on Decision and Control, Tampa, 1998: 903-908.

[21] Hu T, Lin Z. Control Systems with Actuator Saturation: Analysis and Design[M]. Boston: Birkhäuser, 2001.

[22] Hu T, Lin Z, Chen B M. An analysis and design method for linear systems subject to actuator saturation and disturbance[J]. Automatica, 2002, 38 (2): 351-359.

[23] Boyd S, Ghaoui L E, Feron E, et al. Linear Matrix Inequalities in System and Control Theory[M]. Philadelphia: Society for Industrial and Applied Mathematics, 1994.

[24] Zak S H, Maccarley C A. State-feedback control of non-linear systems[J]. International Journal of Control, 1986, 43 (5): 1497-1514.

第4章 具有 L_2 扰动的奇异摄动饱和系统快采样控制设计

本章将讨论具有 L_2 扰动和执行器饱和的奇异摄动系统快采样控制器设计和分析方法。首先，基于快采样模型，针对给定的 L_2 扰动上界和期望的稳定界，利用 Lyapunov 函数和 LaSalle 不变集原理，提出快采样控制器设计方法，使得闭环系统对于容许的扰动和奇异摄动参数有界稳定。其次，针对期望的稳定界提出一个快采样控制器设计方法，优化系统对干扰的承受度。再次，针对期望的稳定界提出快采样控制器设计方法，优化干扰抑制能力。最后，针对倒立摆系统进行仿真研究，说明设计方法的有效性。

4.1 引　言

随着计算机技术的飞速发展，利用计算机来实现控制算法的采样控制理论和技术在现代控制系统的发展中引起了广泛的关注。由于采样控制相比于传统的模拟控制器的高可靠性和低成本，在实际工业生产中具有极为广泛的应用，所以研究采样控制具有极其重要的意义。

近几十年来，采样控制得到了众多学者的关注和研究，并且取得了丰富的研究成果[1,2]。最初，学者分析采样控制系统的主要方法是利用提升技术，但是，这种方法的缺点显著：没有明确的物理概念并且计算过程烦琐。近年来，随着 LMI 的出现并且被引入采样控制中，通过 MATLAB 中的 LMI 工具箱求解不等式问题，采样控制得到了快速的发展。

目前采样控制的研究方法主要有以下三种。

（1）离散化：将采样控制系统转换为具有不确定性的离散系统，然后通过鲁棒控制理论来分析这个离散系统的稳定性问题。

（2）输入时滞法：利用采样保持器的输入作为具有时滞的控制输入，然后进行控制器设计和稳定性分析。

（3）脉冲系统方法：将采样系统转化为脉冲系统，进行设计。

由于实际被控对象都会有某些不确定因素，所建立的数学模型一般都具有误差，所以，鲁棒控制理论被引入来使设计出的控制器可以让控制对象达到设计预期效果。而鲁棒控制理论中 H_∞ 控制理论可以引入采样控制来处理以上问题。由

于 H_∞ 控制理论的快速发展及广泛应用,近十几年来,奇异摄动系统的 H_∞ 控制问题受到了广泛关注[3, 4]。

但是,目前关于奇异摄动采样系统的 H_∞ 控制的研究成果却十分稀少。Pan 等对混合连续或者离散的奇异摄动系统,利用微分方程推导出了 L_2 增益以及系统稳定的充分条件[5]。Fridman 提出了 LMI 的方法来研究具有不确定性的奇异摄动系统的采样 H_∞ 问题,提出分段常数的控制律为两个采样时刻的时滞控制,基于 LMI 的 L_2 增益和稳定条件可以通过输入输出的方法得到,但是该方法具有较大的保守性[6]。

由于奇异摄动系统固有的多时间尺度特性,其采样模式比一般正常系统复杂,常见的有慢采样、快采样和多速率采样模式。

多速率采样模式,通过将原系统分解为快、慢子系统,然后以一个快采样速率和一个慢采样速率分别对快、慢子系统进行采样。Heidarinejad 等通过将原系统分解为快、慢子系统并且分别对快、慢子系统进行多速率采样,研究了大规模非线性不确定系统的分布式预测控制[7]。Chen 等通过多速率采样研究了复合式控制:分别设计了一个可以镇定快动态的状态反馈控制器和一个可以镇定慢动态的模型预测控制器并且实现了慢子系统的性能指标[8]。

慢采样是在快子系统稳定的前提下选取采样频率的[9, 10]。相比慢采样而言,快采样控制是通过选取一个可以使快子系统稳定的充分快采样频率来设计控制器[11, 12]。具有扰动的奇异摄动系统的采样控制引起了部分学者的注意,并且大部分研究成果主要集中于系统的稳定界和扰动抑制[12-14]。Dong 等设计了一个 H_∞ 控制器,并且考虑了奇异摄动系统稳定界的优化问题[13],随后提出了一个保守性更低的方法[14]。以上这些方法都没有考虑过执行器饱和的问题,但是执行器饱和在工业过程中十分常见,执行器饱和会导致系统在开环情况下运行,严重破坏系统的性能,所以讨论同时具有执行器饱和和扰动的奇异摄动系统是具有实际意义的。但是目前尚未有关于具有执行器饱和和扰动的奇异摄动快采样控制的研究。

本章的主要目标是控制、分析具有执行器饱和和 L_2 扰动的奇异摄动系统。首先,针对给定的 L_2 扰动上界和期望的稳定界,利用 Lyapunov 函数和 LaSalle 不变集原理,给出一个设计状态反馈控制器的充分条件,在这个控制器的作用下,闭环系统对于容许的扰动和奇异摄动参数,所有从一个有界的集合出发的闭环奇异摄动系统的轨迹将始终保持有界,当扰动消失时,闭环系统渐近稳定。然后,本章将针对期望的稳定界提出一个快采样控制器设计方法,在这个状态反馈控制器的作用下可以估计出闭环系统对 L_2 扰动的承受度的最大值。为了减少估计的保守性,本章提出一个优化问题,通过求解优化问题,可以得到系统对干扰的最大承受度。当系统承受容许的扰动时,本章给出一个快采样控制器设计方法,在这个控制器的作用下,系统的轨迹将被抑制在一个有界的集合里(尽可能小的),然后给出一个优化问题减少保守性。为了更好地对奇异摄动系统的稳定性进行分析,本章将同时考虑系统的稳定界。

本章结构安排如下:4.2 节给出本章讨论的基本问题:系统状态有界稳定、系统的干扰承受度估计及系统的干扰抑制;4.3 节给出三个问题的解决方法,提出相应的定理并且给出详细的证明推导过程;4.4 节给出一个倒立摆仿真实例,说明本章提出方法的有效性和正确性;4.5 节为本章小结。

4.2 问题描述

具有 L_2 扰动和执行器饱和的奇异摄动系统快采样模型如下所示:

$$\begin{aligned} x(k+1) &= A_\varepsilon x(k) + B_\varepsilon \text{sat}(u(k)) + E_\varepsilon w(k) \\ z(k) &= Cx(k) \end{aligned} \quad (4.1)$$

其中,$x_1 \in \mathbb{R}^{n_1}, x_2 \in \mathbb{R}^{n_2}$ 是系统的状态变量;$u(k)$ 是系统的控制输入;$z(k)$ 是系统的输出;A_{11}、A_{12}、A_{21}、A_{22}、B_1、B_2、E_1、E_2 都是适当维数的常数矩阵。其中,

$$x(k) = \begin{bmatrix} x_1(k) \\ x_2(k) \end{bmatrix} \in \mathbb{R}^n, \quad A_\varepsilon = \begin{bmatrix} I + \varepsilon A_{11} & \varepsilon A_{12} \\ A_{21} & A_{22} \end{bmatrix}$$

$$B_\varepsilon = \begin{bmatrix} \varepsilon B_1 \\ B_2 \end{bmatrix}, \quad E_\varepsilon = \begin{bmatrix} \varepsilon E_1 \\ E_2 \end{bmatrix}, \quad C = [C_1 \quad C_2]$$

sat(·) 表示饱和,定义同式(2.2),并且,扰动为 L_2 扰动,形式如下:

$$W_\alpha^2 := \left\{ w: \mathbb{R}_+ \to \mathbb{R}^q : \sum_{k=0}^{+\infty} w^{\text{T}}(k)w(k) \leqslant \alpha \right\} \quad (4.2)$$

状态反馈控制器如下形式:

$$u(k) = K_\varepsilon x(k) \quad (4.3)$$

因此,闭环系统可以写成以下形式:

$$\begin{aligned} x(k+1) &= A_\varepsilon x(k) + B_\varepsilon \text{sat}(K_\varepsilon x(k)) + E_\varepsilon w(k) \\ z(k) &= Cx(k) \end{aligned} \quad (4.4)$$

在讨论本章主要内容前,先给出以下将会用到的基本概念、定义。

定义 4.1 系统的干扰承受度 α^*:奇异摄动系统满足所有闭环系统轨迹始终保持有界可以承受的最大扰动,即扰动 $w \in W_{\alpha^*}^2$。

定义 4.2 系统干扰抑制能力 γ:在状态反馈控制器增益 K 作用下,系统的扰动到输出的最大 L_2 范数。

定义 4.3 系统状态有界稳定:在 L_2 扰动下,如果系统从一个有界集出发的所有轨迹仍然有界,则称系统状态有界稳定[15]。

本章将讨论以下几个问题。

问题 4.1 给定一个正的标量 ε_0 和一个已知的扰动能量上界 α^*，设计一个状态反馈控制器增益 K_ε，使得对于任意 $\varepsilon \in (0, \varepsilon_0]$ 和 $w \in W_\alpha^2$，系统所有的从椭球体 $\Omega(P^{-1}(\varepsilon), 1)$ 出发的轨迹都始终保持在椭球体 $\Omega(P^{-1}(\varepsilon), 1 + \alpha^* \eta)$ 之中，其中 $\eta > 0$。

问题 4.2 给定一个正的标量 ε_0，设计一个状态反馈控制器增益 K_ε，并估计一个正的标量 α^*，使得系统对于任意扰动 $w \in W_\alpha^2$ 和 $\varepsilon \in (0, \varepsilon_0]$，系统所有从原点出发的轨迹始终保持有界。

问题 4.3 给定一个正的标量 ε_0 和一个正的标量 α^*，设计一个状态反馈控制器增益 K_ε，并确定一个参数 $\gamma > 0$，使得在零初始条件下，对于任意 $\varepsilon \in (0, \varepsilon_0]$，系统输出到扰动的最大 L_2 范数小于 γ，其中扰动满足 $w \in W_\alpha^2$。

4.3 主要结果

4.3.1 系统状态有界稳定

奇异摄动系统的状态有界稳定定义如定义 4.3 所示。定理 4.1 将给出问题 4.1 的解决方法，具体如下。

定理 4.1 给定一个正的标量 ε_0 和一个正的标量 α^*，如果存在矩阵 $P_{11} \in \mathbb{R}^{n_1 \times n_1}$，$P_{12} \in \mathbb{R}^{n_1 \times n_2}$，$P_{22} \in \mathbb{R}^{n_2 \times n_2}$，$Z_1 \in \mathbb{R}^{m \times n_1}$，$Z_2 \in \mathbb{R}^{m \times n_2}$，$Y_1 \in \mathbb{R}^{m \times n_1}$，$Y_2 \in \mathbb{R}^{m \times n_2}$ 以及一个正的标量 η，满足：

$$\begin{bmatrix} P_{22} & \phi_1^T & \phi_2^T & 0 \\ * & -\phi_3 - \phi_3^T & P_{12} - \phi_4^T & E_1 \\ * & * & P_{22} & E_2 \\ * & * & * & \eta I \end{bmatrix} > 0, \quad i \in [1, 2^m] \quad (4.5)$$

$$\begin{bmatrix} \varepsilon_0 P_{11} & \varepsilon_0 P_{12} & \varepsilon_0 \phi_3^T & \varepsilon_0 \phi_4^T & 0 \\ * & P_{22} & \varepsilon_0 P_{12}^T A_{11}^T + \phi_1^T & \varepsilon_0 P_{12}^T A_{21}^T + \phi_2^T & 0 \\ * & * & -\phi_3 - \phi_3^T & P_{12} - \phi_4^T & E_1 \\ * & * & * & P_{22} & E_2 \\ * & * & * & * & \eta I \end{bmatrix} > 0, \quad i \in [1, 2^m] \quad (4.6)$$

$$\begin{bmatrix} P_{22} & Y_{2(r)}^T \\ * & \dfrac{1}{1+\alpha\eta} \end{bmatrix} > 0, \quad r = 1, 2, \cdots, m \quad (4.7)$$

$$\begin{bmatrix} \varepsilon_0 P_{11} & \varepsilon_0 P_{12} & \varepsilon_0 Y_{1(r)}^{\mathrm{T}} \\ * & P_{22} & Y_{2(r)}^{\mathrm{T}} \\ * & * & \dfrac{1}{1+\alpha\eta} \end{bmatrix} > 0, \quad r = 1, 2, \cdots, m \qquad (4.8)$$

其中，$\phi_1 = A_{12}P_{22} + B_1 D_i Z_2 + B_1 D_i^- Y_2$，$\phi_2 = A_{22}P_{22} + B_2 D_i Z_2 + B_2 D_i^- Y_2$，$\phi_3 = A_{11}P_{11} + A_{12}P_{12}^{\mathrm{T}}$ $+ B_1 D_i Z_1 + B_1 D_i^- Y_1$，$\phi_4 = A_{21}P_{11} + B_2 D_i Z_1 + B_2 D_i^- Y_1 + A_{22}P_{12}^{\mathrm{T}}, i \in [1, 2^m]$。

则有，对于任意 $\varepsilon \in (0, \varepsilon_0]$ 和扰动 $w \in W_\alpha^2$，闭环系统（4.4）的所有从椭球体 $\Omega(P^{-1}(\varepsilon), 1)$ 中出发的系统轨迹始终保持在椭球体 $\Omega(P^{-1}(\varepsilon), 1 + \alpha^* \eta)$ 中，其中，

$$P(\varepsilon) = \begin{bmatrix} \varepsilon P_{11} & \varepsilon P_{12} \\ * & P_{22} \end{bmatrix} > 0$$

并且状态反馈控制器增益如下：

$$K_\varepsilon = [Z_1 \quad Z_2] \begin{bmatrix} P_{11} & \varepsilon P_{12} \\ P_{12}^{\mathrm{T}} & P_{22} \end{bmatrix}^{-1}$$

证明 由式（4.7）和式（4.8）可知，当满足任意 $\varepsilon \in (0, \varepsilon_0]$ 时，有

$$\begin{bmatrix} \varepsilon P_{11} & \varepsilon P_{12} & \varepsilon Y_{1(r)}^{\mathrm{T}} \\ * & P_{22} & Y_{2(r)}^{\mathrm{T}} \\ * & * & \dfrac{1}{1+\alpha\eta} \end{bmatrix} > 0, \quad r = 1, 2, \cdots, m \qquad (4.9)$$

令 $Z_\varepsilon = [\varepsilon Z_1 \quad Z_2] > 0$，$Y_\varepsilon = [\varepsilon Y_1 \quad Y_2] > 0$，则不等式（4.9）等价于

$$\begin{bmatrix} P(\varepsilon) & Y_{\varepsilon(r)}^{\mathrm{T}} \\ * & \dfrac{1}{1+\alpha\eta} \end{bmatrix} > 0, \quad r = 1, 2, \cdots, m \qquad (4.10)$$

对式（4.10）分别左乘、右乘 $\mathrm{diag}(P^{-1}(\varepsilon), I)$ 及其转置，可得

$$\begin{bmatrix} P^{-1}(\varepsilon) & P^{-1}(\varepsilon) Y_\varepsilon^{\mathrm{T}} \\ * & \dfrac{1}{1+\alpha\eta} \end{bmatrix} > 0 \qquad (4.11)$$

令 $H_\varepsilon = Y_\varepsilon P^{-1}(\varepsilon)$，则可以得到式（4.11）等价于

$$\begin{bmatrix} P^{-1}(\varepsilon) & H_\varepsilon^{\mathrm{T}} \\ * & \dfrac{1}{1+\alpha\eta} \end{bmatrix} > 0, \quad r = 1, 2, \cdots, m \qquad (4.12)$$

由 Schur 补引理（引理 2.2），可以得到：

$$P^{-1}(\varepsilon) > H_\varepsilon^{\mathrm{T}} (1 + \alpha\eta) H_\varepsilon, \quad \forall \varepsilon \in (0, \varepsilon_0] \qquad (4.13)$$

由式（4.13）可得

$$x^{\mathrm{T}}P^{-1}(\varepsilon)/(1+\alpha\eta)x > x^{\mathrm{T}}H_\varepsilon^{\mathrm{T}}H_\varepsilon x, \quad \forall \varepsilon \in (0,\varepsilon_0]$$

对于任意 $x \in \Omega(P^{-1}(\varepsilon),1+\alpha\eta)$ 有 $x^{\mathrm{T}}P^{-1}(\varepsilon)x < 1+\alpha\eta$，则可得

$$\Omega(P^{-1}(\varepsilon),1+\alpha\eta) \subseteq L(H_\varepsilon), \quad \forall \varepsilon \in (0,\varepsilon_0] \tag{4.14}$$

由引理 2.1 可得

$$\begin{aligned}&A_\varepsilon x(k) + B_\varepsilon \mathrm{sat}(K_\varepsilon x(k)) \\ &\in \mathrm{co}\{A_\varepsilon x(k) + B_\varepsilon(D_i K_\varepsilon + D_i^- H_\varepsilon)x(k)\}, \quad \forall \varepsilon \in (0,\varepsilon_0], \quad i=[1,2^m]\end{aligned} \tag{4.15}$$

由式（4.5）和式（4.6）可以得到：

$$\begin{bmatrix} \varepsilon P_{11} & \varepsilon P_{12} & \varepsilon \phi_3^{\mathrm{T}} & \varepsilon \phi_4^{\mathrm{T}} & 0 \\ * & P_{22} & \varepsilon P_{12}^{\mathrm{T}}A_{11}^{\mathrm{T}}+\phi_1^{\mathrm{T}} & \varepsilon P_{12}^{\mathrm{T}}A_{21}^{\mathrm{T}}+\phi_2^{\mathrm{T}} & 0 \\ * & * & -\phi_3 - \phi_3^{\mathrm{T}} & P_{12}-\phi_4^{\mathrm{T}} & E_1 \\ * & * & * & P_{22} & E_2 \\ * & * & * & * & \eta I \end{bmatrix} > 0, \quad i \in [1,2^m], \quad \forall \varepsilon \in (0,\varepsilon_0] \tag{4.16}$$

对式（4.16）分别左乘、右乘矩阵

$$\begin{bmatrix} I & 0 & 0 & 0 & 0 \\ * & I & 0 & 0 & 0 \\ * & * & \varepsilon I & 0 & 0 \\ * & * & * & I & 0 \\ * & * & * & * & I \end{bmatrix}$$

及其转置，可以得到：

$$\begin{bmatrix} \varepsilon P_{11} & \varepsilon P_{12} & \varepsilon^2 \phi_3^{\mathrm{T}} & \varepsilon \phi_4^{\mathrm{T}} & 0 \\ * & P_{22} & \varepsilon^2 P_{12}^{\mathrm{T}}A_{11}^{\mathrm{T}}+\varepsilon\phi_1^{\mathrm{T}} & \varepsilon P_{12}^{\mathrm{T}}A_{21}^{\mathrm{T}}+\phi_2^{\mathrm{T}} & 0 \\ * & * & \varepsilon^2(-\phi_3-\phi_3^{\mathrm{T}}) & \varepsilon P_{12}-\varepsilon\phi_4^{\mathrm{T}} & \varepsilon E_1 \\ * & * & * & P_{22} & E_2 \\ * & * & * & * & \eta I \end{bmatrix} > 0, \quad i \in [1,2^m], \quad \forall \varepsilon \in (0,\varepsilon_0] \tag{4.17}$$

对式（4.17）分别左乘、右乘矩阵

$$\begin{bmatrix} I & 0 & 0 & 0 & 0 \\ 0 & I & 0 & 0 & 0 \\ I & 0 & I & 0 & 0 \\ 0 & 0 & 0 & I & 0 \\ 0 & 0 & 0 & 0 & I \end{bmatrix}$$

及其转置，可以得到：

$$\begin{bmatrix} \varepsilon P_{11} & \varepsilon P_{12} & \varepsilon P_{11} + \varepsilon^2 \phi_3^T & \varepsilon \phi_4^T & 0 \\ * & P_{22} & \varepsilon P_{12}^T + \varepsilon^2 P_{12}^T A_{11}^T + \varepsilon \phi_1^T & \varepsilon P_{12}^T A_{21}^T + \phi_2^T & 0 \\ * & * & \varepsilon P_{11} & \varepsilon P_{12} & \varepsilon E_1 \\ * & * & * & P_{22} & E_2 \\ * & * & * & * & \eta I \end{bmatrix} > 0, \quad i \in [1, 2^m], \quad \forall \varepsilon \in (0, \varepsilon_0)$$

(4.18)

式（4.18）等价于

$$\begin{bmatrix} P(\varepsilon) & (A_\varepsilon P(\varepsilon) + B_\varepsilon D_i Z_\varepsilon + B_\varepsilon D_i^- Y_\varepsilon)^T & 0 \\ * & P(\varepsilon) & E_\varepsilon \\ * & * & \eta I \end{bmatrix} > 0, \quad i \in [1, 2^m], \quad \forall \varepsilon \in (0, \varepsilon_0) \quad (4.19)$$

定义

$$K_\varepsilon = Z_\varepsilon P^{-1}(\varepsilon) \tag{4.20}$$

对式（4.19）分别左乘、右乘矩阵

$$\begin{bmatrix} P^{-1}(\varepsilon) & 0 & 0 \\ * & P^{-1}(\varepsilon) & 0 \\ * & * & I \end{bmatrix} > 0$$

及其转置，考虑式（4.20），可以得到：

$$\begin{bmatrix} P^{-1}(\varepsilon) & (A_\varepsilon + B_\varepsilon D_i K_\varepsilon + B_\varepsilon D_i^- H_\varepsilon)^T P^{-1}(\varepsilon) & 0 \\ * & P^{-1}(\varepsilon) & P^{-1}(\varepsilon) E_\varepsilon \\ * & * & \eta I \end{bmatrix} > 0, \quad i \in [1, 2^m], \quad \forall \varepsilon \in (0, \varepsilon_0)$$

(4.21)

对式（4.21）使用 Schur 补引理，可以得到：

$$\begin{bmatrix} \Xi_1 & \Xi_2 \\ * & \Xi_3 - \eta I \end{bmatrix} < 0 \tag{4.22}$$

其中，

$$\Xi_1 = (A_\varepsilon + B_\varepsilon D_i K_\varepsilon + B_\varepsilon D_i^- H_\varepsilon)^T P^{-1}(\varepsilon)(A_\varepsilon + B_\varepsilon D_i K_\varepsilon + B_\varepsilon D_i^- H_\varepsilon) - P^{-1}(\varepsilon)$$

$$\Xi_2 = (A_\varepsilon + B_\varepsilon D_i K_\varepsilon + B_\varepsilon D_i^- H_\varepsilon)^T P^{-1}(\varepsilon) E_\varepsilon$$

$$\Xi_3 = E_\varepsilon^T P^{-1}(\varepsilon) E_\varepsilon, \quad i \in [1, 2^m], \quad \forall \varepsilon \in (0, \varepsilon_0)$$

定义一个与摄动参数 ε 相关的 Lyapunov 方程：

$$V(x) = x^T P^{-1}(\varepsilon) x \tag{4.23}$$

沿着闭环系统（4.4）的系统轨迹计算 $V(x)$ 的差，考虑式（4.15），可以得到：

$$\begin{aligned}
\Delta V(x) &= V(x(k+1)) - V(x(k)) \\
&= (A_\varepsilon x(k) + B_\varepsilon \text{sat}(u) + E_\varepsilon w(k))^\mathrm{T} P^{-1}(\varepsilon)(A_\varepsilon x(k) \\
&\quad + B_\varepsilon \text{sat}(u) + E_\varepsilon w(k)) - x^\mathrm{T}(k) P^{-1}(\varepsilon) x(k) \\
&\leqslant \max_{i \in [1, 2^m]} \{(A_\varepsilon x(k) + B_\varepsilon (D_i K_\varepsilon + D_i^- H_\varepsilon) x(k) \\
&\quad + E_\varepsilon w(k))^\mathrm{T} P^{-1}(\varepsilon)(A_\varepsilon x(k) + B_\varepsilon (D_i K_\varepsilon \\
&\quad + D_i^- H_\varepsilon) x(k) + E_\varepsilon w(k)) - x^\mathrm{T}(k) P^{-1}(\varepsilon) x(k)\} \\
&= \max_{i \in [1, 2^m]} \{x^\mathrm{T}(k) [(A_\varepsilon + B_\varepsilon (D_i K_\varepsilon + D_i^- H_\varepsilon))^\mathrm{T} P^{-1}(\varepsilon) \\
&\quad + (A_\varepsilon + B_\varepsilon (D_i K_\varepsilon + D_i^- H_\varepsilon)) - P^{-1}(\varepsilon)] x(k) \\
&\quad + x^\mathrm{T}(k) [A_\varepsilon + B_\varepsilon (D_i K_\varepsilon + D_i^- H_\varepsilon)]^\mathrm{T} P^{-1}(\varepsilon) E_\varepsilon w(k) \\
&\quad + w^\mathrm{T}(k) E_\varepsilon^\mathrm{T} P^{-1}(\varepsilon) [A_\varepsilon + B_\varepsilon (D_i K_\varepsilon + D_i^- H_\varepsilon)] x(k) \\
&\quad + w^\mathrm{T}(k) E_\varepsilon^\mathrm{T} P^{-1}(\varepsilon) E_\varepsilon w(k)\} \\
&\forall x(k) \in \Omega(P^{-1}(\varepsilon), 1 + \alpha\eta), \quad \forall \varepsilon \in (0, \varepsilon_0], \quad w \in W_\alpha^2.
\end{aligned} \quad (4.24)$$

化简式（4.24）可以得出：

$$\Delta V(x) - \eta w^\mathrm{T}(k) w(k) = \xi^\mathrm{T}(k) \begin{bmatrix} \varXi_1 & \varXi_2 \\ * & \varXi_3 - \eta I \end{bmatrix} \xi(k) < 0 \quad (4.25)$$

$$\forall x(k) \in \Omega(P^{-1}(\varepsilon), 1 + \alpha\eta), \quad \forall \varepsilon \in (0, \varepsilon_0], \quad w \in W_\alpha^2.$$

其中，

$$\xi(k) = \begin{bmatrix} x(k) \\ w(k) \end{bmatrix}$$

所以，由式（4.24）和式（4.25）可以得到：

$$\Delta V(x) < \eta w^\mathrm{T}(k) w(k) \quad (4.26)$$
$$\forall x(k) \in \Omega(P^{-1}(\varepsilon), 1 + \alpha\eta), \quad \forall \varepsilon \in (0, \varepsilon_0], \quad w \in W_\alpha^2.$$

将式（4.26）的两边分别从 0 到 m 相加求和，可以得到：

$$\begin{aligned}
V(x(m+1)) &\leqslant V(x(0)) + \eta \sum_{k=0}^{m} w^\mathrm{T}(k) w(k) \\
&\leqslant V(x(0)) + \alpha\eta
\end{aligned} \quad (4.27)$$

$$\forall x(k) \in \Omega(P^{-1}(\varepsilon), 1 + \alpha\eta), \quad \forall \varepsilon \in (0, \varepsilon_0], \quad w \in W_\alpha^2.$$

所以，由此可以看出，当时，对于任意的 $x(0) \in \Omega(P^{-1}(\varepsilon), 1)$，都可以得到 $V(x(m+1)) \leqslant 1 + \alpha\eta$，也就是 $x(m+1) \in \Omega(P^{-1}(\varepsilon), 1 + \alpha\eta)$。

根据式（4.20），可以得到系统的状态反馈控制器增益为

$$K_\varepsilon = Z_\varepsilon P^{-1}(\varepsilon)$$
$$= [\varepsilon Z_1 \quad Z_2]\begin{bmatrix} \varepsilon P_{11} & \varepsilon P_{12} \\ * & P_{22} \end{bmatrix}^{-1}$$
$$= [Z_1 \quad Z_2]\begin{bmatrix} P_{11} & \varepsilon P_{12} \\ P_{12}^T & P_{22} \end{bmatrix}^{-1}$$

注释 4.1 当 $w(k)=0$ 时，根据式（4.26）可以得到 $\Delta V(x) < 0$，也就意味着，闭环系统（4.4）在当 $w(k)=0$ 时是渐近稳定的，而此时作用的状态反馈控制器增益如下：

$$K_\varepsilon = [Z_1 \quad Z_2]\begin{bmatrix} P_{11} & \varepsilon P_{12} \\ P_{12}^T & P_{22} \end{bmatrix}^{-1}$$

此外，本章还可以得到一个与摄动参数 ε 无关的状态反馈控制器增益如下所示：

$$K = \lim_{\varepsilon \to 0^+} K_\varepsilon$$
$$= \lim_{\varepsilon \to 0^+} [Z_1 \quad Z_2]\begin{bmatrix} P_{11} & \varepsilon P_{12} \\ P_{12}^T & P_{22} \end{bmatrix}^{-1}$$
$$= [Z_1 \quad Z_2]\begin{bmatrix} P_{11} & 0 \\ P_{12}^T & P_{22} \end{bmatrix}^{-1}$$
$$= [(Z_1 - Z_2 P_{22}^{-1} P_{12}^T) P_{11}^{-1} \quad Z_2 P_{22}^{-1}]$$

注释 4.2 由定理 4.1 的证明过程可以得到，当 $w(k) = 0$（即 $\alpha=0$）时，对 $\forall x(k) \in \Omega(P^{-1}(\varepsilon), 1 + \alpha^* \eta)$，则有 $\Delta V(x) < 0$，此时的闭环系统（4.4）是渐近稳定的，这就意味着此时的椭球体 $\Omega(P^{-1}(\varepsilon), 1)$ 是闭环系统（4.4）的吸引域的一个估计。

4.3.2 干扰承受度

闭环系统（4.4）的轨迹保持有界所能应对干扰的承受能力是由最大的 α^* 来衡量的（具体定义详见定义 4.1 中描述）。本节将详细讨论关于问题 4.2 的解决方法。

定理 4.2 给定一个正的标量 ε_0，满足任意 $\varepsilon \in (0, \varepsilon_0]$，如果存在矩阵 $P_{11} \in \mathbb{R}^{n_1 \times n_1}$，$P_{12} \in \mathbb{R}^{n_1 \times n_2}$，$P_{22} \in \mathbb{R}^{n_2 \times n_2}$，$Z_1 \in \mathbb{R}^{m \times n_1}$，$Z_2 \in \mathbb{R}^{m \times n_2}$，$Y_1 \in \mathbb{R}^{m \times n_1}$，$Y_2 \in \mathbb{R}^{m \times n_2}$ 以及一个正的标量 η，满足式（4.5）和式（4.6）以及

$$\begin{bmatrix} P_{22} & Y_{2(r)}^T \\ * & \dfrac{1}{\alpha} \end{bmatrix} > 0, \quad r = 1, 2, \cdots, m \tag{4.28}$$

$$\begin{bmatrix} \varepsilon_0 P_{11} & \varepsilon_0 P_{12} & \varepsilon_0 Y_{1(r)}^{\mathrm{T}} \\ * & P_{22} & Y_{2(r)}^{\mathrm{T}} \\ * & * & \dfrac{1}{\alpha} \end{bmatrix} > 0, \quad r = 1, 2, \cdots, m \tag{4.29}$$

那么，当令常数 $\eta = 1$ 时，所有从原点出发的闭环系统（4.4）的轨迹都会始终保持在椭球体 $\Omega(P^{-1}(\varepsilon), \alpha)$ 之中，其中，

$$P(\varepsilon) = \begin{bmatrix} \varepsilon P_{11} & \varepsilon P_{12} \\ * & P_{22} \end{bmatrix} > 0$$

并且状态反馈控制器增益如下：

$$K_\varepsilon = [Z_1 \quad Z_2] \begin{bmatrix} P_{11} & \varepsilon P_{12} \\ P_{12}^{\mathrm{T}} & P_{22} \end{bmatrix}^{-1}$$

证明 由式（4.28）和式（4.29）可以得到，当满足 $\forall \varepsilon \in (0, \varepsilon_0]$ 时有

$$\begin{bmatrix} \varepsilon P_{11} & \varepsilon P_{12} & \varepsilon Y_{1(r)}^{\mathrm{T}} \\ * & P_{22} & Y_{2(r)}^{\mathrm{T}} \\ * & * & \dfrac{1}{\alpha} \end{bmatrix} > 0, \quad r = 1, 2, \cdots, m \tag{4.30}$$

而式（4.30）等价于

$$\begin{bmatrix} P^{-1}(\varepsilon) & H_{\varepsilon(r)}^{\mathrm{T}} \\ * & \dfrac{1}{\alpha} \end{bmatrix} > 0, \quad r = 1, 2, \cdots, m \tag{4.31}$$

对式（4.31）使用 Schur 引理，可以得到：

$$P^{-1}(\varepsilon) > H_{\varepsilon(r)}^{\mathrm{T}} \alpha H_{\varepsilon(r)}, \quad r = 1, 2, \cdots, m \tag{4.32}$$

则有

$$x^{\mathrm{T}}(k) P^{-1}(\varepsilon) x(k) > x^{\mathrm{T}}(k) H_{\varepsilon(r)}^{\mathrm{T}} \alpha H_{\varepsilon(r)} x(k), \quad r = 1, 2, \cdots, m$$

等价于

$$\Omega(P^{-1}(\varepsilon), \alpha) \subseteq L(H_\varepsilon), \quad \forall \varepsilon \in (0, \varepsilon_0]$$

那么此时可以使用引理 2.1 来处理执行器饱和项。与定理 4.1 的证明过程类似，对于任意从原点出发的系统轨迹有 $x(0) = 0$，那么求和可以得到：

$$\begin{aligned} V(x(m+1)) &\leqslant V(x(0)) + \eta \sum_{k=0}^{m} w^{\mathrm{T}}(k) w(k) \\ &\leqslant V(x(0)) + \alpha \eta \\ &= \alpha \end{aligned} \tag{4.33}$$

$$\forall x(k) \in \Omega(P^{-1}(\varepsilon), \alpha), \quad \forall \varepsilon \in (0, \varepsilon_0], \quad w \in W_{\alpha^*}^2$$

与定理 4.1 的证明过程相似,当令常数 $\eta=1$ 时,所有从原点出发的闭环系统(4.4)的轨迹都会始终保持在椭球体 $\Omega(P^{-1}(\varepsilon),\alpha)$ 之中。

根据式(4.20)可以得到此时的状态反馈控制器为

$$K_\varepsilon = Z_\varepsilon P^{-1}(\varepsilon)$$

$$= [\varepsilon Z_1 \quad Z_2] \begin{bmatrix} \varepsilon P_{11} & \varepsilon P_{12} \\ * & P_{22} \end{bmatrix}^{-1}$$

$$= [Z_1 \quad Z_2] \begin{bmatrix} P_{11} & \varepsilon P_{12} \\ P_{12}^{\mathrm{T}} & P_{22} \end{bmatrix}^{-1}$$

当 $w(k)=0$ 时有 $\Delta V(x)<0$,此时系统在 $\Delta V(x)<0$ 时是渐近稳定的,所以状态反馈控制器增益为

$$K_\varepsilon = [Z_1 \quad Z_2] \begin{bmatrix} P_{11} & \varepsilon P_{12} \\ P_{12}^{\mathrm{T}} & P_{22} \end{bmatrix}^{-1}$$

并且有

$$K = \lim_{\varepsilon \to 0^+} K_\varepsilon$$

$$= \lim_{\varepsilon \to 0^+} [Z_1 \quad Z_2] \begin{bmatrix} P_{11} & \varepsilon P_{12} \\ P_{12}^{\mathrm{T}} & P_{22} \end{bmatrix}^{-1}$$

$$= [Z_1 \quad Z_2] \begin{bmatrix} P_{11} & 0 \\ P_{12}^{\mathrm{T}} & P_{22} \end{bmatrix}^{-1}$$

$$= [(Z_1 - Z_2 P_{22}^{-1} P_{12}^{\mathrm{T}}) P_{11}^{-1} \quad Z_2 P_{22}^{-1}]$$

由此定理 4.2 证明完毕。

注释 4.3 定理 4.2 讨论了闭环系统在零初始状态时系统轨迹的有界性,这个结论将在接下来的证明过程中使用。

为了得到系统的干扰承受度的最优估计,即要求得最大的 α,因此,本节提出如下的优化问题:

$$\max_{P_{11}, P_{12}, P_{22}, \eta} \alpha$$
$$\text{s.t.} \quad (a) \Omega(S,1) \subset \Omega(P^{-1}(\varepsilon),1) \quad (4.34)$$
$$(b) 式(4.5) \sim 式(4.8)$$

其中,$\Omega(S,1)$ 表示初始条件集。

对于一个线性系统,初始条件对系统的影响会随着时间的逐渐增加趋向于无穷而逐渐消失[16]。因此,在接下来的问题讨论中,为了简化计算、方便讨论,本章将只讨论零初始状态的情况。由于考虑零初始状态问题,那么优化问题的条件(a)可以被忽略。

那么，根据定理 4.2，当系统是零初始状态时，定义 $\mu = \dfrac{1}{\alpha}$，那么式（4.7）和式（4.8）可以写成以下形式：

$$\begin{bmatrix} P_{22} & Y_{2(r)}^{\mathrm{T}} \\ * & \mu \end{bmatrix} > 0, \quad r = 1, 2, \cdots, m \qquad (4.35)$$

$$\begin{bmatrix} \varepsilon_0 P_{11} & \varepsilon_0 P_{12} & \varepsilon_0 Y_{1(r)}^{\mathrm{T}} \\ * & P_{22} & Y_{2(r)}^{\mathrm{T}} \\ * & * & \mu \end{bmatrix} > 0, \quad r = 1, 2, \cdots, m \qquad (4.36)$$

所以，优化问题（4.34）可以被转化为以下形式：

$$\begin{aligned} & \max_{P_{11}, P_{12} P_{22}, \eta} \alpha \\ & \text{s.t.} \quad 式(4.5)，式(4.6)，式(4.35)，式(4.36) \end{aligned} \qquad (4.37)$$

所以，通过 MATLAB 7.0 中的 LMI 工具箱，可以通过求解优化问题（4.37）得到 α^*，因此可以估计出闭环系统的干扰承受度。

4.3.3 干扰抑制

干扰抑制可以被描述为：存在一个充分小的原点的邻域，所有从这个邻域出发的系统轨迹（特别是从原点出发的）将会始终保持在这个邻域内。常用的估计系统对干扰抑制能力的方法有两种：一种是找到系统的初始条件集合，包含了系统所有轨迹的集合的差，另外一种是估计系统输出到扰动的最大 L_2 增益。为了更方便地估计系统的干扰抑制能力，本章将讨论在零初始状态情况下系统输出到扰动的最大 L_2 增益。

当系统的干扰承受度 α^* 通过求解优化问题（4.37）得到，考虑在任意扰动满足 $w \in W_\alpha^2$ 且 $\alpha \in (0, \alpha^*]$ 时，估计闭环系统输出到扰动的 L_2 增益的上界。本节将提出一个优化问题来得到系统 L_2 增益的最优估计，减少保守性。

定理 4.3 给定一个正的标量 ε_0 和一个正的标量 α^*，如果存在矩阵 $P_{11} \in \mathbb{R}^{n_1 \times n_1}$，$P_{12} \in \mathbb{R}^{n_1 \times n_2}$，$P_{22} \in \mathbb{R}^{n_2 \times n_2}$，$Z_1 \in \mathbb{R}^{m \times n_1}$，$Z_2 \in \mathbb{R}^{m \times n_2}$，$Y_1 \in \mathbb{R}^{m \times n_1}$，$Y_2 \in \mathbb{R}^{m \times n_2}$ 时满足以下条件：

$$\begin{bmatrix} P_{22} & \phi_1^{\mathrm{T}} & \phi_2^{\mathrm{T}} & 0 & P_{22} C_2^{\mathrm{T}} \\ * & -\phi_3^{\mathrm{T}} - \phi_3^{\mathrm{T}} & P_{12} - \phi_4^{\mathrm{T}} & E_1 & \phi_1^{\mathrm{T}} \\ * & * & P_{22} & E_2 & 0 \\ * & * & * & \gamma^2 & 0 \\ * & * & * & * & I \end{bmatrix} > 0 \qquad (4.38)$$

$$\begin{bmatrix} \varepsilon_0 P_{11} & \varepsilon_0 P_{12} & \varepsilon_0 \phi_3^\mathrm{T} & \varepsilon_0 \phi_4^\mathrm{T} & 0 & \varepsilon_0 \phi_5^\mathrm{T} \\ * & P_{22} & \varepsilon_0 \phi_{12}^\mathrm{T} A_{11}^\mathrm{T} + \phi_1^\mathrm{T} & \varepsilon_0 \phi_{12}^\mathrm{T} A_{21}^\mathrm{T} + \phi_2^\mathrm{T} & 0 & \varepsilon_0 P_{12}^\mathrm{T} C_1^\mathrm{T} + P_{22} C_2^\mathrm{T} \\ * & * & -\phi_3 - \phi_3^\mathrm{T} & P_{22} - \phi_4^\mathrm{T} & E_1 & -\phi_5^\mathrm{T} \\ * & * & * & P_{22} & E_2 & 0 \\ * & * & * & * & \gamma^2 I & 0 \\ * & * & * & * & * & I \end{bmatrix} > 0 \quad (4.39)$$

$$\begin{bmatrix} P_{22} & Y_{2(r)}^\mathrm{T} \\ * & \dfrac{1}{\alpha^*} \end{bmatrix} > 0, \quad r = 1, 2, \cdots, m \quad (4.40)$$

$$\begin{bmatrix} \varepsilon_0 P_{11} & \varepsilon_0 P_{12} & \varepsilon_0 Y_{1(r)}^\mathrm{T} \\ * & P_{22} & Y_{2(r)}^\mathrm{T} \\ * & * & \dfrac{1}{\alpha^*} \end{bmatrix} > 0, \quad r = 1, 2, \cdots, m \quad (4.41)$$

其中，

$$\phi_1 = A_{12} P_{22} + B_1 D_i Z_2 + B_1 D_i^- Y_2$$
$$\phi_2 = A_{22} P_{22} + B_2 D_i Z_2 + B_2 D_i^- Y_2$$
$$\phi_3 = A_{11} P_{11} + A_{12} P_{12}^\mathrm{T} + B_1 D_i Z_1 + B_1 D_i^- Y_1$$
$$\phi_4 = A_{21} P_{11} + B_2 D_i Z_1 + B_2 D_i^- Y_1 + A_{22} P_{12}^\mathrm{T}$$
$$\phi_5 = C_1 P_{11} + C_2 P_{12}, \quad i \in [1, 2^m]$$

则有闭环系统从扰动到输出的最大 L_2 增益在 $x(0) = 0$ 时小于 γ，并且状态反馈控制器增益如下：

$$K_\varepsilon = [Z_1 \quad Z_2] \begin{bmatrix} P_{11} & \varepsilon P_{12} \\ P_{12}^\mathrm{T} & P_{22} \end{bmatrix}^{-1}$$

证明 定义 $P(\varepsilon) = \begin{bmatrix} \varepsilon P_{11} & \varepsilon P_{12} \\ * & P_{22} \end{bmatrix} > 0$，$Z_\varepsilon = [\varepsilon Z_1 \quad Z_2]$，$Y_\varepsilon = [\varepsilon Y_1 \quad Y_2]$，$H_\varepsilon = Y_\varepsilon P^{-1}(\varepsilon)$，$K_\varepsilon = Z_\varepsilon P^{-1}(\varepsilon)$，则根据式（4.38）和式（4.39），参考定理 4.1 的证明过程，可以得到：

$$\begin{bmatrix} P(\varepsilon) & (A_\varepsilon P(\varepsilon) + B_\varepsilon D_i Z_\varepsilon + B_\varepsilon D_i^- Y_\varepsilon)^\mathrm{T} & 0 & P(\varepsilon) C^\mathrm{T} \\ * & P(\varepsilon) & E_\varepsilon & 0 \\ * & * & \gamma^2 I & 0 \\ * & * & * & I \end{bmatrix} > 0, \quad \forall \varepsilon \in (0, \varepsilon_0], \quad i \in [1, 2^m]$$

(4.42)

对式（4.42）使用 Schur 补引理，可以得到：

$$\begin{bmatrix} \Xi_1 + C^\mathrm{T} C & \Xi_2 \\ * & \Xi_3 - \gamma^2 I \end{bmatrix} < 0 \tag{4.43}$$

其中，
$$\Xi_1 = (A_\varepsilon + B_\varepsilon D_i K_\varepsilon + B_\varepsilon D_i^- H_\varepsilon)^\mathrm{T} P^{-1}(\varepsilon)(A_\varepsilon + B_\varepsilon D_i K_\varepsilon + B_\varepsilon D_i^- H_\varepsilon) - P^{-1}(\varepsilon)$$
$$\Xi_2 = (A_\varepsilon + B_\varepsilon D_i K_\varepsilon + B_\varepsilon D_i^- H_\varepsilon)^\mathrm{T} P^{-1}(\varepsilon) E_\varepsilon$$
$$\Xi_3 = E_\varepsilon^\mathrm{T} P^{-1}(\varepsilon) E_\varepsilon, \quad i \in [1, 2^m], \quad \forall \varepsilon \in (0, \varepsilon_0]$$

由式（4.40）和式（4.41）可以得到，对于任意 $\alpha \in (0, \alpha^*]$ 有

$$\begin{bmatrix} \varepsilon P_{11} & \varepsilon P_{12} & \varepsilon Y_{1(r)}^\mathrm{T} \\ * & P_{22} & Y_{2(r)}^\mathrm{T} \\ * & * & \dfrac{1}{\alpha} \end{bmatrix} > 0, \quad r = 1, 2, \cdots, m \tag{4.44}$$

利用定理 4.2 关于零初始状态的结论，可以得到：

$$P^{-1}(\varepsilon) > H_{\varepsilon(r)}^\mathrm{T} \alpha H_{\varepsilon(r)}, \quad r = 1, 2, \cdots, m \tag{4.45}$$

因此可以得到 $\Omega(P^{-1}(\varepsilon), \alpha) \subseteq L(H_\varepsilon), \forall \varepsilon \in (0, \varepsilon_0], \quad \alpha \in (0, \alpha^*]$。

定义一个闭环系统与摄动参数 ε 相关的 Lyapunov 方程如下：

$$V(x) = x^\mathrm{T} P^{-1}(\varepsilon) x \tag{4.46}$$

根据式（4.43），参考定理 4.2 的证明过程，可以得到：

$$\Delta V(x) + z^\mathrm{T}(k) z(k) - \gamma^2 w^\mathrm{T}(k) w(k) < 0$$
$$\forall x(k) \in \Omega(P^{-1}(\varepsilon), \alpha), \quad \forall \varepsilon \in (0, \varepsilon_0], \quad w \in W_{\alpha^*}^2 \tag{4.47}$$

将式（4.47）左、右两边分别相加求和，当 $x(0) = 0$ 时，可以得到：

$$V(x(m+1)) - V(x(0)) + \sum_{k=0}^{m} (z^\mathrm{T}(k) z(k) - \gamma^2 w^\mathrm{T}(k) w(k)) < 0$$
$$\forall x(k) \in \Omega(P^{-1}(\varepsilon), \alpha), \quad \forall \varepsilon \in (0, \varepsilon_0], \quad w \in W_{\alpha^*}^2 \tag{4.48}$$

由于 $V(x(m+1)) \geqslant 0$，所以，式（4.48）表明：

$$\sum_{k=0}^{m} z^\mathrm{T}(k) z(k) < \sum_{k=0}^{m} \gamma^2 w^\mathrm{T}(k) w(k)$$
$$\forall x(k) \in \Omega(P^{-1}(\varepsilon), \alpha), \quad \forall \varepsilon \in (0, \varepsilon_0], \quad w \in W_{\alpha^*}^2 \tag{4.49}$$

由此可得闭环系统在零初始状态，即 $x(0) = 0$ 时，扰动到输出的最大 L_2 增益小于 γ。

由定理 4.3，可以得到系统的最大 L_2 增益的估计，为了减少估计的保守性，本节提出以下优化问题，可以得到对闭环系统干扰抑制的最优估计：

$$\inf_{P_{11}, P_{12}, P_{22}} \gamma^2 \tag{4.50}$$
$$\text{s.t.} \quad 式(4.38) \sim 式(4.41)$$

由 $K_\varepsilon = Z_\varepsilon P^{-1}(\varepsilon)$ 可以得到：

$$K_\varepsilon = [\varepsilon Z_1 \quad Z_2]\begin{bmatrix} \varepsilon P_{11} & \varepsilon P_{12} \\ * & P_{22} \end{bmatrix}^{-1}$$

$$= [Z_1 \quad Z_2]\begin{bmatrix} P_{11} & \varepsilon P_{12} \\ P_{12}^T & P_{22} \end{bmatrix}^{-1}$$

由此，可以得到一个与摄动参数 ε 无关的控制器增益如下：

$$K = \lim_{\varepsilon \to 0^+} K_\varepsilon$$

$$= \lim_{\varepsilon \to 0^+}[Z_1 \quad Z_2]\begin{bmatrix} P_{11} & \varepsilon P_{12} \\ P_{12}^T & P_{22} \end{bmatrix}^{-1}$$

$$= [Z_1 \quad Z_2]\begin{bmatrix} P_{11} & 0 \\ P_{12}^T & P_{22} \end{bmatrix}^{-1}$$

$$= [(Z_1 - Z_2 P_{22}^{-1} P_{12}^T)P_{11}^{-1} \quad Z_2 P_{22}^T]$$

注释 4.4 关于扰动是附加于输入并且发生在执行器饱和影响到系统之前的问题引起了很多关注，并且有较多研究成果。这种情况实际上可以把扰动作为输入的一部分和饱和一起处理[17]。与本章讨论情况相同，扰动发生在执行器饱和之外也引起了广泛关注，Hu 等[17]提出了分析具有执行器饱和及扰动的系统的稳定性的方法。Wada 等提出了离散系统的扰动抑制的估计方法[18]。Song 等研究了具有执行器饱和的离散随机系统的干扰承受度估计和干扰抑制问题[19]。但是目前还没有关于具有执行器饱和和扰动的奇异摄动系统采样模型的研究。

4.4 仿　　真

例 4.1 考虑一个由直流电机齿轮传动控制的倒立摆系统，这个模型最先由 Zak 等在文献[20]中提出，具体描述如下：

$$\begin{cases} \dot{x}_1(t) = x_2(t) \\ \dot{x}_2(t) = \dfrac{q}{l}\sin x_1(t) + \dfrac{NK_m}{ml^2}x_3(t) \\ L_a\dot{x}_3(t) = -K_b B x_2(t) - R_a x_3(t) + u(t) + w(t) \end{cases} \quad (4.51)$$

其中，$x_1(t) = \theta_p(t)$ 是倒立摆与垂直方向的夹角，(°)；$x_2(t) = \dot{\theta}_p(t)$ 是角速度；$x_3(t) = I_a(t)$ 是电机的电流；$u(t)$ 是系统的控制输入电压；$w(t)$ 是符合式（4.2）所示的扰动信号；K_m 是电机的转矩系数；K_b 是电机的反向电动势常数；N 是传动齿轮的传动比；L_a 是自感系数，通常为一个很小的正的常数。具体的倒立摆系统的内部参数如下：

$$g = 9.8\text{m/s}^2, \quad N = 10, \quad l = 1\text{m}, \quad m = 1\text{kg}$$

$$K_m = 0.1\text{Nm/A}, \quad K_b = 0.1\text{Vs/rad}, \quad R_a = 1\Omega, \quad L_a = 0.05\text{H}$$

给定输入电压满足限定条件：

$$|u(t)| \leqslant 1$$

取小的正常数 L_a 为奇异摄动系统的摄动参数，替换式（4.51）中的参数，线性化可以得到：

$$\begin{cases} \dot{x}_1(t) = x_2(t) \\ \dot{x}_2(t) = 9.8x_1(t) + x_3(t) \\ \varepsilon \dot{x}_3(t) = -x_2(t) - x_3(t) + u(t) + w(t) \end{cases} \quad (4.52)$$

其中，$\varepsilon = L_a$。

由式（4.52）可以得到该倒立摆系统的平衡点为 $x_e = [0 \ 0 \ 0]^T$ 表示倒立摆系统在垂直方向的平衡位置，本节将设计一个控制器使倒立摆在垂直方向的平衡位置平衡。

选择快采样的采样周期为 $T_f = \alpha_f \varepsilon$，其中 $\alpha_f > 0$ 是一个标量。所以，本节选择 $\alpha_f = 0.1, \varepsilon = 0.05$，此时可以得到快采样模型的采样周期为 $T_f = 0.005\text{s}$，按照该采样周期对系统（4.52）进行采样，则系统可以转化为如模型（4.1）所示的形式，其中，

$$A_{11} = \begin{bmatrix} 0 & 0.1 \\ 0.98 & -0.0048 \end{bmatrix}, \quad A_{12} = \begin{bmatrix} 0 \\ 0.0952 \end{bmatrix}, \quad A_{22} = 0.9048$$

$$B_1 = \begin{bmatrix} 0 \\ 0.0048 \end{bmatrix}, \quad B_2 = 0.0952, \quad E_1 = \begin{bmatrix} 0 \\ 0.0048 \end{bmatrix}, \quad E_2 = 0.0952$$

选择系统的输出方程 $z(x(k)) = Cx(k)$，其中，

$$C_1 = [1 \ 1], \quad C_2 = 1$$

选择系统稳定界 $\varepsilon_0 = 0.05$，求解定理 4.1 中的 LMIs 可以得到：

$$P_{11} = \begin{bmatrix} 23.4260 & -52.6506 \\ * & 157.2814 \end{bmatrix}, \quad P_{12} = \begin{bmatrix} -92.2040 \\ 68.0912 \end{bmatrix}, \quad P_{22} = 92.9218$$

$$Z_1 = [-152.3819 \ 187.0950], \quad Z_2 = -491.8613$$

$$Y_1 = [0.1739 \ -0.1772], \quad Y_2 = -0.1620$$

选择 $\varepsilon = 0.05 \in (0, \varepsilon_0]$，求解可以得到：

$$P(\varepsilon) = \begin{bmatrix} 1.1713 & -2.6325 & -4.6102 \\ * & 7.8641 & 3.4046 \\ * & * & 92.9218 \end{bmatrix}$$

$$Z_\varepsilon = [-7.6191 \quad 9.3548 \quad -491.8613]$$

$$Y_\varepsilon = [0.0087 \quad -0.0089 \quad -0.1620]$$

通过计算 $K_\varepsilon = Z_\varepsilon P^{-1}(\varepsilon)$，可以得到状态反馈控制器增益为

$$K_\varepsilon = [-147.2017 \quad -43.3206 \quad -11.0093]$$

当考虑零初始状态时，令 $\eta=1$，求解优化问题（4.37）的 LMIs，可以得到：

$$P_{11} = \begin{bmatrix} 0.0097 & -0.0277 \\ * & 0.1043 \end{bmatrix}, \quad P_{12} = \begin{bmatrix} -0.0122 \\ -0.0551 \end{bmatrix}, \quad P_{22} = 0.0710$$

$$Z_1 = [-0.0748 \quad 0.0910], \quad Z_2 = -0.0492$$

$$Y_1 = [-0.0442 \quad -0.0299], \quad Y_2 = 0.0133$$

选择 $\varepsilon = 0.05 \in (0, \varepsilon_0]$，得到：

$$P(\varepsilon) = \begin{bmatrix} 0.0005 & -0.0014 & -0.0006 \\ * & 0.0052 & -0.0028 \\ * & * & 0.0710 \end{bmatrix}$$

$$Z_\varepsilon = [-0.0037 \quad 0.0045 \quad -0.0492]$$

$$Y_\varepsilon = [-0.0022 \quad -0.0015 \quad 0.0133]$$

通过计算 $K_\varepsilon = Z_\varepsilon P^{-1}(\varepsilon)$，可以得到状态反馈控制器增益为

$$K_\varepsilon = [-37.7656 \quad -9.9051 \quad -1.4045]$$

以及 $\mu = 0.0641$，则可以得到 $\alpha^* = 15.5997$，也就是闭环系统对干扰的承受度为 15.5997。

当干扰在闭环系统的干扰承受度之内时，也就是 $\alpha \in (0, \alpha^*]$，由上述计算可以得到系统的 $\alpha^* = 15.5997$，则选择 $\alpha = 15$，通过求解优化问题（4.50），可以得到：

$$P_{11} = \begin{bmatrix} 0.0045 & -0.0133 \\ * & 0.0522 \end{bmatrix}, \quad P_{12} = \begin{bmatrix} -0.0338 \\ 0.0513 \end{bmatrix}, \quad P_{22} = 0.0888$$

$$Z_1 = [-0.0479 \quad 0.0363], \quad Z_2 = -0.6921$$

$$Y_1 = [-0.0238 \quad -0.0405], \quad Y_2 = -0.0004$$

选择 $\varepsilon = 0.05 \in (0, \varepsilon_0]$，求解可以得到：

$$P(\varepsilon) = \begin{bmatrix} 0.0002 & -0.0007 & -0.0017 \\ * & 0.0026 & 0.0026 \\ * & * & 0.0088 \end{bmatrix}$$

$$Z_\varepsilon = [-0.0024 \quad 0.0018 \quad -0.6921]$$

$$Y_\varepsilon = [-0.0012 \quad -0.0020 \quad -0.0004]$$

通过计算 $K_\varepsilon = Z_\varepsilon P^{-1}(\varepsilon)$，可以得到状态反馈控制器增益为

$$K_\varepsilon = [-234.9799 \quad -48.4215 \quad -10.8701]$$

并且可以得到闭环系统的干扰抑制为 $\gamma = 1.0369$，也就是系统在零初始状态的情况下，从扰动到输出的最大 L_2 增益小于 1.0369。

由上述计算求解出闭环系统对干扰的承受度为 $\alpha^* = 15.5997$，所以选取系统干扰信号 $\alpha = 15$ 来验证本章提出方法对干扰的抑制。实验仿真选取干扰作用 100 个周期，即作用时间为 $T = 100T_f = 0.5\text{s}$，之后消失。

图 4.1 为当干扰 $\alpha = 15$ 且摄动参数 $\varepsilon = 0.05$ 时，闭环系统在零初始状态时椭球体 $\Omega(P^{-1}(\varepsilon), \alpha)$ 以及系统轨迹在 $x_1 x_2$ 平面的投影。

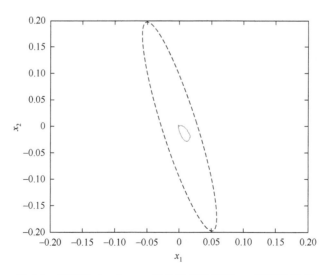

图 4.1 椭球体 $\Omega(P^{-1}(\varepsilon), \alpha)$ 以及系统轨迹在 $x_1 x_2$ 平面的投影

图 4.2 为当干扰 $\alpha = 15$ 且摄动参数 $\varepsilon = 0.05$ 时，闭环系统在零初始状态时椭球体 $\Omega(P^{-1}(\varepsilon), \alpha)$ 以及系统轨迹在 $x_1 x_3$ 平面的投影。

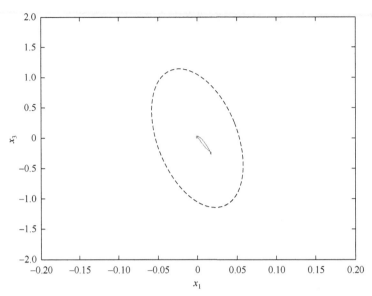

图 4.2 椭球体 $\Omega(P^{-1}(\varepsilon),\alpha)$ 以及系统轨迹在 x_1x_3 平面的投影

图 4.3 为当干扰 $\alpha=15$ 且摄动参数 $\varepsilon=0.05$ 时,闭环系统在零初始状态的时候椭球体 $\Omega(P^{-1}(\varepsilon),\alpha)$ 以及系统轨迹在 x_2x_3 平面的投影。

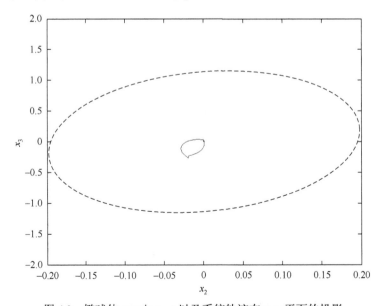

图 4.3 椭球体 $\Omega(P^{-1}(\varepsilon),\alpha)$ 以及系统轨迹在 x_2x_3 平面的投影

图 4.4 为当干扰 $\alpha=15$ 且摄动参数 $\varepsilon=0.05$ 时,闭环系统在零初始状态的时候椭球体 $\Omega(P^{-1}(\varepsilon),\alpha)$ 的三维图形以及系统轨迹。

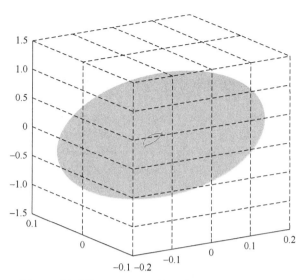

图 4.4　椭球体 $\Omega(P^{-1}(\varepsilon),\alpha)$ 的三维图形以及系统轨迹

由图 4.1～图 4.4 可以看出,当系统受到的干扰 $\alpha=15$ 且作用时间为 500 个采样周期,即 $T=500\,T_f=2.5\mathrm{s}$ 时,在本章设计的状态反馈控制器作用下,闭环系统在零初始状态时所有系统轨迹可以保持有界,且可以将干扰抑制在 $\gamma=1.0369$ 之内。当干扰作用消失时,系统的轨迹在状态反馈控制器的作用下可以收敛于原点。由此,证明了本章提出方法的有效性和正确性。

4.5　本章小结

针对具有执行器饱和和 L_2 扰动的奇异摄动系统,首先,本章提出了一个状态反馈控制器的设计方法,在这个状态反馈控制器的作用下,系统从一个有界的集内出发的所有闭环轨迹均可以始终保持有界,当扰动消失时,闭环系统渐近稳定。然后,本章提出了一个凸优化问题,通过求解这个凸优化问题,可以得到一个状态反馈控制器设计方法,并且估计出了系统对干扰的承受度。此外,当系统受到的扰动的 L_2 范数在系统的干扰承受度之内时,本章提出一个优化问题,设计了状态反馈控制器,并且可以将系统最大的扰动到输出的 L_2 增益抑制在 γ 以内,这也可以体现出在设计的控制器作用下系统对扰动的抑制能力。最后,本章给出了一个倒立摆的仿真算例,进一步证明了提出方法的正确性和有效性。

参 考 文 献

[1]　肖建. 多采样率数字控制系统[M]. 北京:科学出版社,2003.
[2]　Chen T,Francis B A. Optimal Sampled-Data Control Systems[M]. London:Springer,1995.

[3] Khalil H K, Chen F C. H_∞ control of two-time-scale systems[J]. Systems and Control Letters, 1992, 19: 35-42.

[4] Luse D W, Ball J A. Frequency-scale decomposition of H_∞ disk problems[J]. SIAM Journal Control Optim, 1989, 27: 814-835.

[5] Pan Z G, Basar T. H_∞-optimal control for singularly perturbed systems. Part I: Perfect state measurements[J]. Automatica, 1993, 29(2): 401-423.

[6] Fridman E. Robust sampled-data control of linear singularly perturbed systems[J]. IEEE Transactions on Automatic Control, 2006, 51(3): 470-475.

[7] Heidarinejad M, Liu J, de la Penac D M, et al. Multi rate Lyapunov-based distributed model predictive control of nonlinear uncertain systems[J]. Journal of Process Control, 2011, 21(9): 1231-1242.

[8] Chen X, Heidarinejad M, Liu J, et al. Model predictive control of nonlinear singularly perturbed systems: Application to a large-scale process network[J]. Journal of Process Control, 2011, 21: 1296-1305.

[9] Rao A K, Naidu D S. Singular perturbation method applied to the open-loop discrete optimal control problem[J]. Optimal Control Applications and Methods, 1982, 3(2): 121-131.

[10] Kando H, Iwazumi T. Sub-optimal control of discrete regulation problems via time-scale decomposition[J]. International Journal of Control, 1983, 37(6): 1323-1347.

[11] Blankenship G. Singularly perturbed deference equations in optimal control problems[J]. IEEE Transaction on Automatic Control, 1981, 26(4): 911-917.

[12] Litkouhi B, Khalil H. Infinite time regulations for singularly perturbed deference equations[J]. International Journal of Control, 1984, 39(3): 587-598.

[13] Dong J, Yang G H. H_∞ control design for fuzzy discrete-time singularly perturbed systems via slow state variables feedback: An LMI-based approach[J]. Information Sciences, 2009, 179: 3041-3058.

[14] Xu S, Feng G. New results on H_∞ control of discrete-time singularly perturbed systems[J]. Automatica, 2009, 45(10): 2339-2343.

[15] 吕亮. 具有执行器饱和的控制系统分析与设计[D]. 上海: 上海交通大学, 2010.

[16] Fang H, Lin Z L, Hu T. Analysis of linear systems in the presence of actuator saturation and L_2 disturbances[J]. Automatica, 2004, 40: 1229-1238.

[17] Hu T, Lin Z. Control Systems with Actuator Saturation: Analysis and Design[M]. Boston: Birkhäuser, 2001.

[18] Wada N, Chen Q W, Xu S Y. L_2 performance analysis of feedback systems with saturation nonlinearities: An approach based on polytypic representation[C]. Proceedings of the 2005 American Control Conference, Portland, 2005: 3403-3408.

[19] Song G, Chen F, Xu S, et al. Disturbance tolerance and rejection of discrete-time stochastic systems with saturating actuators[J]. Journal of the Franklin Institute, 2013, 350: 1488-1499.

[20] Zak S H, Maccarley C A. State-feedback control of non-linear systems[J]. International Journal of Control, 1986, 43(5): 1497-1514.

第5章 具有 L_2 扰动的奇异摄动饱和系统慢采样控制设计

本章将讨论具有执行器饱和和 L_2 扰动的奇异摄动系统慢采样控制器设计与分析方法。首先，针对给定的 L_2 扰动上界和期望的稳定界，利用 Lyapunov 函数和不变集原理，提出慢采样控制器设计方法，使得闭环系统对于容许的扰动和奇异摄动参数有界稳定。其次，针对期望的稳定界提出一个慢采样控制器设计方法，优化系统对干扰的承受度（由扰动的 L_2 范数衡量）。再次，针对期望的稳定界提出慢采样控制器设计方法，优化干扰抑制能力（由扰动到输出的 L_2 增益衡量）。最后给出一个倒立摆的例子证明设计方法的有效性。

5.1 引　　言

本章主要研究奇异摄动系统的慢采样控制问题。慢采样是在快子系统稳定的前提下选取采样频率的[1, 2]。相比较慢采样而言，快采样控制是通过选取一个可以使快子系统稳定的充分快采样频率来设计控制器，其采样周期是 $T_f = \alpha_f \varepsilon$，其中 α_f 是一个正的标量，可以看出这个采样频率很高，这样会导致采样和计算的数据量非常大，对系统设备的要求较高。而当系统传输的数据量很大时，会出现延迟、丢包等问题，这样反而会影响系统的稳定性和控制的精度[3-5]。因此，奇异摄动系统的慢采样控制具有实际研究价值，具有扰动的奇异摄动系统的慢采样控制引起了部分学者的注意，并且大部分研究成果主要集中于系统的稳定界和扰动抑制[6-8]。Dong 等提出了两个 H_∞ 控制器设计方法，并且考虑了模糊奇异摄动系统稳定界的优化问题[6]。随后提出了两个关于具有多面体不确定性的奇异摄动系统的慢采样控制器设计方法，并且考虑了稳定界的估计[7]。在文献[7]的基础上，Dong 等又提出了一个在给定 H_∞ 的前提下估计系统稳定界的方法。但是这些方法都没有考虑过执行器饱和的问题，在解决实际工程的问题中不可避免要遇到执行器饱和，执行器饱和会导致系统在开环情况下运行，导致系统性能下降，严重时则会导致系统不稳定，所以讨论同时具有执行器饱和和扰动的奇异摄动系统的慢采样是具有实际意义的。

本章的主要目标是研究具有执行器饱和和 L_2 扰动的奇异摄动系统的慢采样

控制方法。首先基于 Lyapunov 函数和不变集原理,设计出一个慢采样控制器,使得当系统受到容许的 L_2 扰动时,所有从一个有界的集合出发的闭环奇异摄动系统的轨迹将始终保持有界,当扰动消失时,闭环系统渐近稳定。在这个基础上,本章将针对期望的稳定界,提出一个慢采样控制器设计方法,优化系统对干扰的承受度。如果作用于系统的扰动在系统的干扰承受度容许范围之内,将针对期望的稳定界,提出一个慢采样控制器设计方法,保证系统的轨迹被抑制在一个有界的集合里(尽可能小的),然后提出一个优化问题来优化干扰抑制能力。为了更好地对奇异摄动系统的稳定性进行分析,本章将同时考虑系统的稳定界。同时,为了讨论奇异摄动系统的采样控制问题,本章将对具有 L_2 扰动和执行器饱和的奇异摄动系统的快采样和慢采样控制进行对比分析。

本章结构安排如下:5.2 节给出本章将讨论的 3 个关于具有执行器饱和和 L_2 扰动的奇异摄动系统慢采样的问题:系统状态有界稳定条件、系统的干扰承受度估计及系统的干扰抑制;5.3 节给出针对 5.2 节提出的三个问题的解决方法,提出相应的定理并且给出详细的证明推导过程;5.4 节给出一个倒立摆仿真实例,通过与第 3 章的快采样模式对比,证明本章提出方法的有效性和正确性;5.5 节为本章小结。

5.2 问 题 描 述

具有执行器饱和和 L_2 扰动的奇异摄动系统慢采样模型如下所示:

$$\begin{aligned} x(k+1) &= A_\varepsilon x(k) + B\mathrm{sat}(u(k)) + Ew(k) \\ z(k) &= Cx(k) \end{aligned} \quad (5.1)$$

其中, $x_1 \in \mathbb{R}^{n_1}, x_2 \in \mathbb{R}^{n_2}$ 是系统的状态变量; $u(k)$ 是系统的控制输入; $z(k)$ 是系统的输出; A_{11}、A_{12}、A_{21}、A_{22}、B_1、B_2、E_1、E_2 都是适当维数的常数矩阵。其中,

$$x(k) = \begin{bmatrix} x_1(k) \\ x_2(k) \end{bmatrix} \in \mathbb{R}^n, \quad A_\varepsilon = \begin{bmatrix} A_{11} & \varepsilon A_{12} \\ A_{21} & \varepsilon A_{22} \end{bmatrix}$$

$$B = \begin{bmatrix} B_1 \\ B_2 \end{bmatrix}, \quad E = \begin{bmatrix} E_1 \\ E_2 \end{bmatrix}, \quad C = [C_1 \quad C_2]$$

$\mathrm{sat}(\cdot)$ 表示饱和,扰动为 L_2 扰动,形式如下:

$$W_\alpha^2 := \left\{ w: \mathbb{R}_+ \to \mathbb{R}^q : \sum_{k=0}^{+\infty} w^\mathrm{T}(k)w(k) \leqslant \alpha \right\} \quad (5.2)$$

状态反馈控制器写成如下形式:

$$u(k) = Kx(k) \quad (5.3)$$

因此,闭环系统可以写成以下形式:

第5章 具有 L_2 扰动的奇异摄动饱和系统慢采样控制设计

$$\begin{aligned}x(k+1) &= A_\varepsilon x(k) + B\mathrm{sat}(Kx(k)) + Ew(k) \\ z(k) &= Cx(k)\end{aligned} \quad (5.4)$$

本章将使用的关于系统的状态有界稳定、干扰承受度及干扰抑制的定义和概念同本书第 4 章中的定义 4.1、定义 4.2 和定义 4.3，在本章中不再赘述。

本章将讨论以下几个问题。

问题 5.1 给定一个正的标量 ε_0 和一个已知的扰动能量上界 α^*，设计一个状态反馈控制器增益 K 使得对任意 $\varepsilon \in (0, \varepsilon_0]$ 且扰动的形式满足式 (5.2)，系统所有从椭球体 $\Omega(P^{-1}, 1)$ 出发的轨迹，都会始终保持在椭球体 $\Omega(P^{-1}, 1 + \alpha^* \eta)$ 之中，其中 $\eta > 0$。

问题 5.2 对于零初始条件下的系统 (5.4)，给定一个正的标量 ε_0，设计一个状态反馈控制器增益 K，并估计一个正的标量 α^*，使得当扰动满足 $w \in W_\alpha^2$ 且 $\varepsilon \in (0, \varepsilon_0]$ 时，从有界集中出发的闭环系统轨迹可以始终保持有界。

问题 5.3 对于零初始条件的系统 (5.4)，给定一个正的标量 ε_0 和一个正的标量 α^*，设计一个状态反馈控制器增益 K，并确定一个参数 $\gamma > 0$，使得当扰动满足 $w \in W_\alpha^2$ 且 $\varepsilon \in (0, \varepsilon_0]$ 时，系统输出到扰动的最大 L_2 范数小于 γ。

5.3 主要结果

5.3.1 系统状态有界稳定

奇异摄动系统的状态有界稳定定义如定义 4.3 所示。定理 5.1 将给出问题 5.1 的解决方法，具体如下：

定理 5.1 给定一个正的标量 ε_0 和一个正的标量 α^*，如果存在矩阵 $P_{11} \in \mathbb{R}^{n_1 \times n_1}$，$P_{12} \in \mathbb{R}^{n_1 \times n_2}$，$P_{22} \in \mathbb{R}^{n_2 \times n_2}$，$Z_1 \in \mathbb{R}^{m \times n_1}$，$Z_2 \in \mathbb{R}^{m \times n_2}$，$Y_1 \in \mathbb{R}^{m \times n_1}$，$Y_2 \in \mathbb{R}^{m \times n_2}$ 及一个正的标量 η，满足：

$$\begin{bmatrix} P_{11} & P_{12} & \phi_1 & \phi_2 & E_1 \\ * & P_{22} & \phi_3 & \phi_4 & E_2 \\ * & * & P_{11} & P_{12} & 0 \\ * & * & * & P_{22} & 0 \\ * & * & * & * & \eta I \end{bmatrix} > 0, \quad i \in [1, 2^m] \quad (5.5)$$

$$\begin{bmatrix} P_{11} & P_{12} & \phi_1 + \varepsilon_0 A_{12} P_{12}^T & \phi_2 + \varepsilon_0 A_{12} P_{22} & E_1 \\ * & P_{22} & \phi_3 + \varepsilon_0 A_{22} P_{12}^T & \phi_4 + \varepsilon_0 A_{22} P_{22} & E_2 \\ * & * & P_{11} & P_{12} & 0 \\ * & * & * & P_{22} & 0 \\ * & * & * & * & \eta I \end{bmatrix} > 0, \quad i \in [1, 2^m] \quad (5.6)$$

$$\begin{bmatrix} P & Y_{(r)}^T \\ * & \dfrac{1}{1+\alpha\eta} \end{bmatrix} > 0, \quad r = 1, 2, \cdots, m \tag{5.7}$$

其中，$\phi_1 = A_{11}P_{11} + B_1D_iZ_1 + B_1D_i^-Y_1$，$\phi_2 = A_{11}P_{12} + B_1D_iZ_2 + B_1D_i^-Y_2$，$\phi_3 = A_{21}P_{11} + B_2D_iZ_1 + B_2D_i^-Y_1$，$\phi_4 = A_{21}P_{12} + B_2D_iZ_2 + B_2D_i^-Y_2, i \in [1, 2^m]$。则有，对于任意 $\varepsilon \in (0, \varepsilon_0)$ 且扰动满足 $w \in W_\alpha^2$，闭环系统（5.4）的所有从椭球体 $\Omega(P^{-1}, 1)$ 中出发的系统轨迹始终保持在椭球体 $\Omega(P^{-1}, 1 + \alpha^*\eta)$ 中，其中，

$$P = \begin{bmatrix} P_{11} & P_{12} \\ * & P_{22} \end{bmatrix} > 0$$

并且状态反馈控制器增益如下：

$$K = [Z_1 \quad Z_2] \begin{bmatrix} P_{11} & P_{12} \\ P_{12}^T & P_{22} \end{bmatrix}^{-1}$$

证明 对式（5.7）分别左乘、右乘 $\mathrm{diag}(P^{-1}, I)$ 及其转置，可得

$$\begin{bmatrix} P^{-1} & P^{-1}Y^T \\ * & \dfrac{1}{1+\alpha\eta} \end{bmatrix} > 0 \tag{5.8}$$

定义 $Z = [Z_1 \quad Z_2] > 0$，$Y = [Y_1 \quad Y_2] > 0$，令 $H = YP^{-1}$，则可以得到式（5.8）等价于

$$\begin{bmatrix} P^{-1} & H^T \\ * & \dfrac{1}{1+\alpha\eta} \end{bmatrix} > 0, \quad r = 1, 2, \cdots, m \tag{5.9}$$

由 Schur 补引理（引理 2.2），可以得到：

$$P^{-1} > H^T(1+\alpha\eta)H \tag{5.10}$$

由式（5.10）可得

$$x^T P^{-1}/(1+\alpha\eta)x > x^T H^T H x$$

对于任意 $x \in \Omega(P^{-1}, 1+\alpha\eta)$ 有 $x^T P^{-1} x < 1+\alpha\eta$，则可得

$$\Omega(P^{-1}, 1+\alpha\eta) \subseteq L(H) \tag{5.11}$$

由引理 2.1 可得

$$\begin{aligned} & A_\varepsilon x(k) + B\mathrm{sat}(Kx(k)) \\ & \in \mathrm{co}\{A_\varepsilon x(k) + B(D_iK + D_i^-H)x(k)\}, \quad \forall \varepsilon \in (0, \varepsilon_0), \quad i = [1, 2^m] \end{aligned} \tag{5.12}$$

由式（5.5）和式（5.6）可以得到：

$$\begin{bmatrix} P_{11} & P_{12} & \phi_1 + \varepsilon A_{12} P_{12}^{\mathrm{T}} & \phi_2 + \varepsilon A_{12} P_{22} & E_1 \\ * & P_{22} & \phi_3 + \varepsilon A_{22} P_{12}^{\mathrm{T}} & \phi_4 + \varepsilon A_{22} P_{22} & E_2 \\ * & * & P_{11} & P_{12} & 0 \\ * & * & * & P_{22} & 0 \\ * & * & * & * & \eta I \end{bmatrix} > 0, \quad i \in [1, 2^m] \quad (5.13)$$

式（5.13）等价于

$$\begin{bmatrix} P & A_\varepsilon P + BD_i Z + BD_i^- Y & E \\ * & P & 0 \\ * & * & \eta I \end{bmatrix} > 0, \quad i \in [1, 2^m], \quad \forall \varepsilon \in (0, \varepsilon_0) \quad (5.14)$$

定义

$$K = ZP^{-1} \quad (5.15)$$

对式（5.14）分别左乘、右乘矩阵

$$\begin{bmatrix} P^{-1}(\varepsilon) & 0 & 0 \\ * & P^{-1}(\varepsilon) & 0 \\ * & * & I \end{bmatrix} > 0$$

及其转置，考虑式（5.15），可得

$$\begin{bmatrix} P^{-1} & P(A_\varepsilon + B(D_i K + D_i^- H)) & P^{-1} E \\ * & P^{-1} & 0 \\ * & * & \eta I \end{bmatrix} > 0, \quad i \in [1, 2^m], \quad \forall \varepsilon \in (0, \varepsilon_0) \quad (5.16)$$

对式（5.16）使用 Schur 补引理，可以得到：

$$\begin{bmatrix} \Xi_1 & \Xi_2 \\ * & \Xi_3 - \eta I \end{bmatrix} < 0 \quad (5.17)$$

其中，

$$\Xi_1 = (A_\varepsilon + BD_i K + BD_i^- H)^{\mathrm{T}} P^{-1} (A_\varepsilon + BD_i K + BD_i^- H) - P^{-1}$$

$$\Xi_2 = (A_\varepsilon + BD_i K + BD_i^- H)^{\mathrm{T}} P^{-1} E$$

$$\Xi_3 = E^{\mathrm{T}} P^{-1} E, \quad i \in [1, 2^m], \quad \forall \varepsilon \in (0, \varepsilon_0)$$

定义一个与摄动参数 ε 无关的 Lyapunov 方程：

$$V(x) = x^{\mathrm{T}} P^{-1} x \quad (5.18)$$

沿着闭环系统（5.4）的系统轨迹计算 $V(x)$ 的差，考虑式（5.18），可以得到：

$$\begin{aligned}
\Delta V(x) &= V(x(k+1)) - V(x(k)) \\
&= (A_\varepsilon x(k) + B\mathrm{sat}(u) + Ew(k))^\mathrm{T} P^{-1}(A_\varepsilon x(k) \\
&\quad + B\mathrm{sat}(u) + Ew(k)) - x^\mathrm{T}(k)P^{-1}x(k) \\
&\leqslant \max_{i \in [1,2^m]} \{(A_\varepsilon x(k) + B(D_i K + D_i^- H)x(k) \\
&\quad + Ew(k))^\mathrm{T} P^{-1}(A_\varepsilon x(k) + B(D_i K \\
&\quad + D_i^- H)x(k) + Ew(k)) - x^\mathrm{T}(k)P^{-1}x(k)\} \\
&= \max_{i \in [1,2^m]} \{x^\mathrm{T}(k)[(A_\varepsilon + B(D_i K + D_i^- H))^\mathrm{T} P^{-1} \\
&\quad + (A_\varepsilon + B(D_i K + D_i^- H)) - P^{-1}]x(k) \\
&\quad + x^\mathrm{T}(k)[A_\varepsilon + B(D_i K + D_i^- H)]^\mathrm{T} P^{-1} Ew(k) \\
&\quad + w^\mathrm{T}(k)E^\mathrm{T} P^{-1}[A_\varepsilon + B(D_i K + D_i^- H)]x(k) \\
&\quad + w^\mathrm{T}(k)E^\mathrm{T} P^{-1}(\varepsilon)Ew(k)\} \\
&\forall x(k) \in \Omega(P^{-1}, 1+\alpha\eta), \quad \forall \varepsilon \in (0, \varepsilon_0], \quad w \in W_\alpha^2.
\end{aligned} \tag{5.19}$$

化简式（5.19）可以得

$$\Delta V(x) - \eta w^\mathrm{T}(k)w(k) = \xi^\mathrm{T}(k) \begin{bmatrix} \Xi_1 & \Xi_2 \\ * & \Xi_3 - \eta I \end{bmatrix} \xi(k) < 0 \tag{5.20}$$

$$\forall x(k) \in \Omega(P^{-1}, 1+\alpha\eta), \quad \forall \varepsilon \in (0, \varepsilon_0], \quad w \in W_\alpha^2.$$

其中，

$$\xi(k) = \begin{bmatrix} x(k) \\ w(k) \end{bmatrix}$$

所以，由式（5.19）和式（5.20）可以得到：

$$\begin{aligned}
&\Delta V(x) < \eta w^\mathrm{T}(k)w(k) \\
&\forall x(k) \in \Omega(P^{-1}, 1+\alpha\eta), \quad \forall \varepsilon \in (0, \varepsilon_0], \quad w \in W_\alpha^2.
\end{aligned} \tag{5.21}$$

将式（5.21）的两边分别从 0 到 m 相加求和，可以得到：

$$\begin{aligned}
V(x(m+1)) &\leqslant V(x(0)) + \eta \sum_{k=0}^{m} w^\mathrm{T}(k)w(k) \\
&\leqslant V(x(0)) + \alpha\eta \\
&\forall x(k) \in \Omega(P^{-1}, 1+\alpha\eta), \quad \forall \varepsilon \in (0, \varepsilon_0], \quad w \in W_\alpha^2.
\end{aligned} \tag{5.22}$$

所以，由此可以看出，当 $w \in W_\alpha^2$ 时，对于任意的 $x(0) \in \Omega(P^{-1}, 1)$，都可以得到 $V(x(m+1)) \leqslant 1+\alpha\eta$，也就是 $x(m+1) \in \Omega(P^{-1}, 1+\alpha\eta)$。

根据式（5.15），可以得到系统的状态反馈控制器增益为

$$K = ZP^{-1} = [Z_1 \quad Z_2]\begin{bmatrix} P_{11} & P_{12} \\ P_{12}^{\mathrm{T}} & P_{22} \end{bmatrix}^{-1}$$

注释 5.1 当 $w(k)=0$ 的时候，根据式（5.21）可以得到 $\Delta V(x)<0$，也就意味着，闭环系统（5.4）当 $w(k)=0$ 时是渐近稳定的，而此时状态反馈控制器增益如下：

$$K = [Z_1 \quad Z_2]\begin{bmatrix} P_{11} & P_{12} \\ P_{12}^{\mathrm{T}} & P_{22} \end{bmatrix}^{-1}$$

由于此状态反馈控制器与摄动参数 ε 无关，可以适用于系统的摄动参数未知或者不确定的情况。

注释 5.2 由定理 5.1 的证明过程可以得到，当 $w(k)=0$（即 $\alpha=0$）时，对 $\forall x(k) \in \Omega(P^{-1}, 1+\alpha^*\eta)$，则有 $\Delta V(x)<0$，此时的闭环系统（5.4）是渐近稳定的，这就意味着此时的椭球体 $\Omega(P^{-1},1)$ 是闭环系统（5.4）的吸引域的一个估计。

5.3.2 干扰承受度

本节的主要目标是估计闭环系统（5.4）的干扰承受度（具体定义详见定义 4.1 中描述）。以下将详细讨论关于问题 5.2 的解决方法。

定理 5.2 给定一个正的标量 ε_0，满足任意 $\varepsilon \in (0, \varepsilon_0]$，如果存在矩阵 $P_{11} \in \mathbb{R}^{n_1 \times n_1}$，$P_{12} \in \mathbb{R}^{n_1 \times n_2}$，$P_{22} \in \mathbb{R}^{n_2 \times n_2}$，$Z_1 \in \mathbb{R}^{m \times n_1}$，$Z_2 \in \mathbb{R}^{m \times n_2}$，$Y_1 \in \mathbb{R}^{m \times n_1}$，$Y_2 \in \mathbb{R}^{m \times n_2}$ 及一个正的标量 η，满足式（5.5）和式（5.6）以及

$$\begin{bmatrix} P & Y_{(r)}^{\mathrm{T}} \\ * & \dfrac{1}{\alpha} \end{bmatrix} > 0, \quad r = 1, 2, \cdots, m \tag{5.23}$$

那么，当令常数 $\eta=1$ 时，所有从原点出发的闭环系统（5.4）的轨迹都会始终保持在椭球体 $\Omega(P^{-1}(\varepsilon), \alpha)$ 之中，并且状态反馈控制器增益如下：

$$K = [Z_1 \quad Z_2]\begin{bmatrix} P_{11} & P_{12} \\ P_{12}^{\mathrm{T}} & P_{22} \end{bmatrix}^{-1}$$

证明 同式（5.15）定义

$$K = ZP^{-1}$$

对式（5.23）分别左乘、右乘矩阵

$$\begin{bmatrix} P^{-1} & 0 \\ * & I \end{bmatrix} > 0$$

及其转置，可得

$$\begin{bmatrix} P^{-1} & H_{(r)}^{\mathrm{T}} \\ * & \dfrac{1}{\alpha} \end{bmatrix} > 0, \quad r = 1, 2, \cdots, m \tag{5.24}$$

对式（5.24）使用 Schur 引理，可以得到：

$$P^{-1} > H_{(r)}^{\mathrm{T}} \alpha H_{(r)}, \quad r = 1, 2, \cdots, m \tag{5.25}$$

等价于

$$\Omega(P^{-1}, \alpha) \subseteq L(H)$$

那么此时可以使用引理 2.1 来处理执行器饱和项。与定理 5.1 的证明过程类似，对于任意从原点出发的系统轨迹有 $x(0) = 0$，那么求和可以得到：

$$\begin{aligned} V(x(m+1)) &\leqslant V(x(0)) + \eta \sum_{k=0}^{m} w^{\mathrm{T}}(k)w(k) \\ &\leqslant V(x(0)) + \alpha\eta \\ &= \alpha \end{aligned} \tag{5.26}$$

$$\forall x(k) \in \Omega(P^{-1}, \alpha), \quad \forall \varepsilon \in (0, \varepsilon_0], \quad w \in W_\alpha^2$$

同定理 5.1 的证明过程，当令常数 $\eta = 1$ 时，所有从原点出发的闭环系统（5.4）的轨迹都会始终保持在椭球体 $\Omega(P^{-1}(\varepsilon), \alpha)$ 之中。

由 $K = ZP^{-1}$ 可以得到控制器增益如下：

$$K = [Z_1 \quad Z_2] \begin{bmatrix} P_{11} & P_{12} \\ P_{12}^{\mathrm{T}} & P_{22} \end{bmatrix}^{-1}$$

由此可以得到定理 5.2。证明完毕。

注释 5.3 定理 5.2 讨论了闭环系统在零初始状态时系统轨迹的有界性，这个结论将在接下来的证明过程中使用。

为了减少 α 估计的保守性，因此提出如下的优化问题：

$$\begin{aligned} &\max_{P_{11}, P_{12}, P_{22}, \eta} \alpha \\ &\text{s.t.} \quad (\mathrm{a}) \Omega(S, 1) \subset \Omega(P^{-1}, 1) \\ &\qquad (\mathrm{b}) \text{式}(5.5) \sim \text{式}(5.7) \end{aligned} \tag{5.27}$$

其中，$\Omega(S, 1)$ 是初始条件集。

对于线性系统，初始条件对系统的影响会随着时间的逐渐增加趋向于无穷而逐渐消失。本章接下来将只讨论零初始状态的情况，则优化问题的条件（a）可以被忽略。

根据定理 5.2，当系统是零初始状态的时候，定义 $\mu = \dfrac{1}{\alpha}$，那么可以得到：

$$\begin{bmatrix} P & Y_{(r)}^{\mathrm{T}} \\ * & \mu \end{bmatrix} > 0, \quad r = 1, 2, \cdots, m \tag{5.28}$$

所以，优化问题（5.27）可以被转化为以下形式：

$$\max_{P_{11},P_{12},P_{22},\eta} \alpha \qquad (5.29)$$
$$\text{s.t.} \quad \text{式}(5.5),\ \text{式}(5.6),\ \text{式}(5.28)$$

所以，通过求解优化问题（5.29）得到 α^*，因此可以估计出闭环系统的干扰承受度。

5.3.3 干扰抑制

干扰抑制的定义与第 4 章中的相同，当系统的干扰承受度 α^* 通过求解优化问题（5.29）得到，考虑在任意扰动满足 $w \in W_\alpha^2$ 且 $\alpha \in (0, \alpha^*]$ 时，估计闭环系统输出到扰动的 L_2 增益的上界。本节将提出一个优化问题来得到系统 L_2 增益的最优估计。

定理 5.3 给定一个正的标量 ε_0 和一个正的标量 α^*，如果存在矩阵 $P_{11} \in \mathbb{R}^{n_1 \times n_1}$，$P_{12} \in \mathbb{R}^{n_1 \times n_2}$，$P_{22} \in \mathbb{R}^{n_2 \times n_2}$，$Z_1 \in \mathbb{R}^{m \times n_1}$，$Z_2 \in \mathbb{R}^{m \times n_2}$，$Y_1 \in \mathbb{R}^{m \times n_1}$，$Y_2 \in \mathbb{R}^{m \times n_2}$ 时满足以下条件：

$$\begin{bmatrix} P_{11} & P_{12} & \psi_1 & \psi_2 & E_1 & 0 \\ * & P_{22} & \psi_3 & \psi_4 & E_2 & 0 \\ * & * & P_{11} & P_{12} & 0 & \psi_5 \\ * & * & * & P_{22} & 0 & \psi_6 \\ * & * & * & * & \gamma^2 I & 0 \\ * & * & * & * & * & I \end{bmatrix} > 0,\ i \in [1, 2^m] \qquad (5.30)$$

$$\begin{bmatrix} P_{11} & P_{12} & \psi_1 + \varepsilon_0 A_{12} P_{12}^{\mathrm{T}} & \psi_2 + \varepsilon_0 A_{12} P_{22} & E_1 & 0 \\ * & P_{22} & \psi_3 + \varepsilon_0 A_{22} P_{12}^{\mathrm{T}} & \psi_4 + \varepsilon_0 A_{22} P_{22} & E_2 & 0 \\ * & * & P_{11} & P_{12} & 0 & \psi_5 \\ * & * & * & P_{22} & 0 & \psi_6 \\ * & * & * & * & \gamma^2 I & 0 \\ * & * & * & * & * & I \end{bmatrix} > 0,\ i \in [1, 2^m] \quad (5.31)$$

$$\begin{bmatrix} P & Y_{(r)}^{\mathrm{T}} \\ * & \dfrac{1}{\alpha^*} \end{bmatrix} > 0,\ r = 1, 2, \cdots, m \qquad (5.32)$$

其中，

$$\psi_1 = A_{11} P_{11} + B_1 D_i Z_1 + B_1 D_i^- Y_1$$
$$\psi_2 = A_{11} P_{12} + B_1 D_i Z_2 + B_1 D_i^- Y_2$$
$$\psi_3 = A_{21} P_{11} + B_2 D_i Z_1 + B_2 D_i^- Y_1$$

$$\psi_4 = A_{21}P_{12} + B_2 D_i Z_2 + B_2 D_i^- Y_2$$
$$\psi_5 = P_{11}C_1^T + P_{12}C_2$$
$$\psi_6 = P_{12}C_1^T + P_{22}C_2, \quad i \in [1, 2^m]$$

则有闭环系统从扰动到输出的最大 L_2 增益在 $x(0)=0$ 时小于 γ，并且此时的状态反馈控制器增益如下：

$$K = [Z_1 \quad Z_2]\begin{bmatrix} P_{11} & P_{12} \\ P_{12}^T & P_{22} \end{bmatrix}^{-1}$$

证明 定义 $P = \begin{bmatrix} P_{11} & P_{12} \\ * & P_{22} \end{bmatrix} > 0$，$Z = [Z_1 \quad Z_2]$，$Y = [Y_1 \quad Y_2]$，$H = YP^{-1}$，$K = ZP^{-1}$，则根据式（5.30）和式（5.31），参考定理 5.1 的证明过程，可以得到：

$$\begin{bmatrix} P & A_\varepsilon P + BDZ + BD_i^- Y & E & 0 \\ * & P & 0 & PC^T \\ * & * & \gamma^2 I & 0 \\ * & * & * & I \end{bmatrix} > 0, \quad \forall \varepsilon \in (0, \varepsilon_0], \quad i \in [1, 2^m] \quad (5.33)$$

参考定理 5.1 的证明过程，可以得到：

$$\begin{bmatrix} \Xi_1 + C^T C & \Xi_2 \\ * & \Xi_3 - \gamma^2 I \end{bmatrix} < 0 \quad (5.34)$$

由式（5.32），利用定理 5.2 关于零初始状态的结论，可以得到：

$$P^{-1} > H_{(r)}^T \alpha H_{(r)}, \quad r = 1, 2, \cdots, m \quad (5.35)$$

因此，可以得到 $\Omega(P^{-1}, \alpha) \subseteq L(H), \forall \varepsilon \in (0, \varepsilon_0], \alpha \in (0, \alpha^*]$。

定义一个闭环系统与摄动参数 ε 无关的 Lyapunov 方程如下：

$$V(x) = x^T P^{-1} x \quad (5.36)$$

参考定理 5.2 的证明过程，可以得到：

$$\Delta V(x) + z^T(k)z(k) - \gamma^2 w^T(k)w(k) < 0$$
$$\forall x(k) \in \Omega(P^{-1}, \alpha), \quad \forall \varepsilon \in (0, \varepsilon_0], \quad w \in W_{\alpha^*}^2 \quad (5.37)$$

式（5.37）左、右两边分别相加求和，当 $x(0)=0$ 时，可以得到：

$$V(x(m+1)) - V(x(0)) + \sum_{k=0}^{m}(z^T(k)z(k) - \gamma^2 w^T(k)w(k)) < 0$$
$$\forall x(k) \in \Omega(P^{-1}, \alpha), \quad \forall \varepsilon \in (0, \varepsilon_0], \quad w \in W_{\alpha^*}^2 \quad (5.38)$$

由于 $V(x(m+1)) \geq 0$，所以式（5.38）表明：

$$\sum_{k=0}^{m} z^T(k)z(k) < \sum_{k=0}^{m} \gamma^2 w^T(k)w(k)$$
$$\forall x(k) \in \Omega(P^{-1}, \alpha), \quad \forall \varepsilon \in (0, \varepsilon_0], \quad w \in W_{\alpha^*}^2 \quad (5.39)$$

由此可得闭环系统在零初始状态，即 $x(0)=0$ 时，扰动到输出的最大 L_2 增益小于 γ。

为了减少估计的保守性，本节提出以下优化问题，可以得到对闭环系统干扰抑制的最优估计：

$$\inf_{P_{11},P_{12},P_{22}} \gamma^2 \tag{5.40}$$
$$\text{s.t.} \quad 式(5.30)\sim 式(5.32)$$

由定义 $K=ZP^{-1}$ 可以得到状态反馈控制器增益为

$$K=\begin{bmatrix} Z_1 & Z_2 \end{bmatrix}\begin{bmatrix} P_{11} & P_{12} \\ P_{12}^T & P_{22} \end{bmatrix}^{-1}$$

5.4 仿　　真

为了证明本章给出理论方法的正确性和有效性，本节将给出仿真例子证明，为了可以与第 4 章的快采样控制进行对比，本章将仍然使用例 4.1 的倒立摆模型进行仿真，倒立摆的模型如式（4.51）以及线性化之后的式（4.52）所示。

第 4 章中的快采样控制中，选取的采样周期 $T_f=0.005\text{s}$，选取慢采样周期为 $T_s=[1/\varepsilon]\alpha_s T_f \approx \alpha_s \alpha_f$，其中 $\alpha_s>0$ 是一个标量，$[1/\varepsilon]$ 为小于 $1/\varepsilon$ 的最大整数[9]。那么，本节将选取采样周期为 $T_s=0.1\text{s}=20T_f$。对系统（4.52）离散化，可以得到：

$$A_{11}=\begin{bmatrix} 1.0488 & 0.0995 \\ 0.9748 & 0.9923 \end{bmatrix}, \quad A_{12}=\begin{bmatrix} 0.0560 \\ 0.8580 \end{bmatrix}, \quad A_{21}=[-0.5540 \quad -0.8588], \quad A_{21}=2.1660$$

$$B_1=[0.0022 \quad 0.0565], \quad B_2=0.8377$$

$$E_1=[0.0022 \quad 0.0565], \quad E_2=0.8377, \quad C_1=[1 \quad 1], \quad C_2=1$$

选择 $\varepsilon_0=0.05$，求解定理 5.1 中的 LMI，可以得到：

$$P_{11}=\begin{bmatrix} 2.3169 & -7.9759 \\ * & 27.5714 \end{bmatrix}, \quad P_{12}=\begin{bmatrix} 0.4097 \\ -2.2896 \end{bmatrix}, \quad P_{22}=38.2921$$

$$Z_1=[-2.1026 \quad 5.9703], \quad Z_2=0.6778$$

$$Y_1=[-0.6229 \quad 1.4466], \quad Y_2=1.1390$$

则有

$$P=\begin{bmatrix} 2.3169 & -7.9759 & 0.4097 \\ * & 27.5714 & -2.2896 \\ * & * & 38.2921 \end{bmatrix}$$

$$Z=[-2.1026 \quad 5.9703 \quad 0.6778], \quad Y=[-0.6229 \quad 1.4466 \quad 1.1390]$$

由 $K=ZP^{-1}$ 可以求得状态反馈控制器为

$$K = [-46.2962 \quad -13.1990 \quad -0.2762]$$

考虑零初始状态，令 $\eta=1$，$\varepsilon=0.05 \in (0, \varepsilon_0]$，求解优化问题（5.29）的LMIs，可以得到：

$$P_{11} = \begin{bmatrix} 0.0076 & -0.0237 \\ * & 0.0878 \end{bmatrix}, \quad P_{12} = \begin{bmatrix} -0.0201 \\ 0.0363 \end{bmatrix}, \quad P_{22} = 1.5632$$

$$Z_1 = [-0.0314 \quad -0.0134], \quad Z_2 = -0.0023$$

$$Y_1 = [-0.0194 \quad -0.0499], \quad Y_2 = 0.0200$$

则有

$$P = \begin{bmatrix} 0.0076 & -0.0237 & -0.0201 \\ * & 0.0878 & 0.0363 \\ * & * & 1.5632 \end{bmatrix}$$

$$Z = [-0.0314 \quad -0.0134 \quad -0.0023], \quad Y = [-0.0194 \quad -0.0499 \quad 0.0200]$$

通过计算 $K = ZP^{-1}$，可以得到状态反馈控制器增益为

$$K = [-29.0759 \quad -7.9088 \quad -0.1923]$$

及 $\mu=0.9113$，则可以得到 $\alpha^*=1.0973$，也就是闭环系统对干扰的承受度为 1.0973。

当干扰在闭环系统的干扰承受度之内时，也就是 $\alpha \in (0, \alpha^*]$，其中由上述计算可以得到系统的 $\alpha^*=1.0973$，则选择 $\alpha=1$，$\varepsilon=0.05 \in (0, \varepsilon_0]$，通过求解优化问题（5.40），可以得到：

$$P_{11} = \begin{bmatrix} 0.1616 & -0.5379 \\ * & 1.7969 \end{bmatrix}, \quad P_{12} = \begin{bmatrix} 0.2533 \\ -0.8583 \end{bmatrix}, \quad P_{22} = 1.0956$$

$$Z_1 = [-0.2506 \quad 0.7816], \quad Z_2 = -0.4120$$

$$Y_1 = [-0.2504 \quad 0.7811], \quad Y_2 = -0.4118$$

则有

$$P = \begin{bmatrix} 0.1616 & -0.5379 & 0.2533 \\ * & 1.7969 & -0.8583 \\ * & * & 1.0956 \end{bmatrix}$$

$$Z = [-0.2506 \quad 0.7816 \quad -0.4120], \quad Y = [-0.2504 \quad 0.7811 \quad -0.4118]$$

通过计算 $K = ZP^{-1}$，可以得到状态反馈控制器增益为

$$K = [-31.7549 \quad -9.1782 \quad -0.2254]$$

并且可以得到闭环系统的干扰抑制为 $\gamma=1.6564$，也就是系统在零初始状态的情况下，从扰动到输出的最大 L_2 增益小于 1.6564。

由上述计算求解出闭环系统对干扰的承受度为 $\alpha^*=1.0973$，所以选取系统干扰 $\alpha=1$ 来验证本章提出方法对干扰的抑制。为了与第4章的快采样控制进行对比，

本节实验仿真例子干扰作用时间为 5 个周期,即干扰作用时间为 $T = 5T_s$ =0.5s,之后消失。

图 5.1 为当干扰 $\alpha = 1$ 且摄动参数 ε=0.05 时,闭环系统在零初始状态时的椭球体 $\Omega(P^{-1}(\varepsilon),\alpha)$ 以及系统轨迹在 x_1x_2 平面的投影。

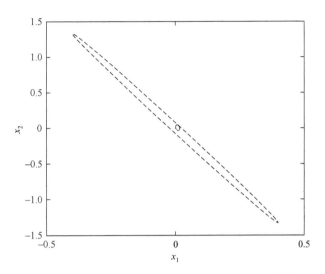

图 5.1　椭球体 $\Omega(P^{-1}(\varepsilon),\alpha)$ 以及系统轨迹在 x_1x_2 平面的投影

图 5.2 为当干扰 $\alpha = 1$ 且摄动参数 ε=0.05 时,闭环系统在零初始状态时的椭球体 $\Omega(P^{-1}(\varepsilon),\alpha)$ 以及系统轨迹在 x_1x_3 平面的投影。

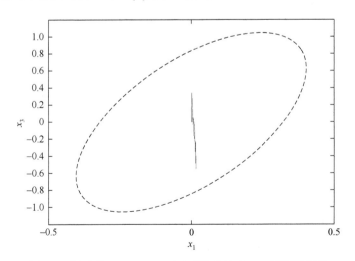

图 5.2　椭球体 $\Omega(P^{-1}(\varepsilon),\alpha)$ 以及系统轨迹在 x_1x_3 平面的投影

图 5.3 为当干扰 $\alpha=1$ 且摄动参数 $\varepsilon=0.05$ 时，闭环系统在零初始状态时的椭球体 $\Omega(P^{-1}(\varepsilon),\alpha)$ 以及系统轨迹在 x_2x_3 平面的投影。

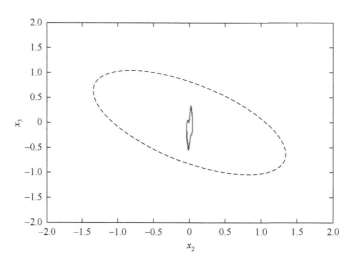

图 5.3　椭球体 $\Omega(P^{-1}(\varepsilon),\alpha)$ 以及系统轨迹在 x_2x_3 平面的投影

图 5.4 为当干扰 $\alpha=1$ 且摄动参数 $\varepsilon=0.05$ 时，闭环系统在零初始状态时的椭球体 $\Omega(P^{-1}(\varepsilon),\alpha)$ 的三维图形以及系统轨迹。

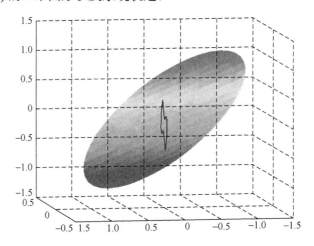

图 5.4　椭球体 $\Omega(P^{-1}(\varepsilon),\alpha)$ 的三维图形以及系统轨迹

由图 5.1～图 5.4 可以看出，当系统受到的干扰 $\alpha=1$ 且作用时间为 100 个采样周期，即 $T=100T_s=0.5\text{s}$ 时，在本章设计的状态反馈控制器作用下，闭环系统在零初始状态时所有系统轨迹可以保持有界，且可以将干扰抑制在 $\gamma=1.6564$ 之内。

当干扰作用消失时，系统的轨迹在状态反馈控制器的作用下可以收敛于原点。

由此，证明了本章提出方法的有效性和正确性。

对比第 4 章的结论，由于采用同一个研究对象（同一倒立摆系统），区别为不同的采样模式：快采样（第 4 章）和慢采样（本章），所得的状态反馈控制器均可以保证系统的状态有界稳定、估计系统的干扰承受度和进行干扰抑制，因此均可以保证两种采样模式方法的正确性。但是，由于采样速率不同，快采样控制设计的状态反馈控制器使得系统对干扰的承受度明显是大于慢采样控制的干扰承受度：快采样 $\alpha^*=15.5997$ 而慢采样 $\alpha^*=1.0973$；在干扰抑制方面，因为考虑零初始状态情况，所以希望设计状态反馈控制器，将系统从原点出发的轨迹抑制在一个尽可能小的椭球体之内，而快采样控制的干扰抑制也要明显地好于慢采样控制：快采样 $\gamma=1.0369$ 而慢采样 $\gamma=1.6564$。造成这种结果的重要原因是因为快采样控制的采样速度足够快，采样频率大，得到的数据更多更为精确，并且充分考虑了快变状态，而慢采样的采样频率比较低，在快子系统稳定的前提下按照慢变状态的情况进行采样，也造成了控制精度和控制效果受到一定的影响。但是，快采样控制采样速度快，获得了大量的采样数据，需要更好的采样模块以及对处理器的要求也更高，当数据过多时，会造成数据传输的延迟和丢包，在满足系统设计要求的前提下，慢采样控制也有自己的优点。

此外，本章的慢采样控制选取了与摄动参数 ε 无关的 Lyapunov 函数，获得了与摄动参数 ε 无关的控制器，类似于第 2 章的情况，这样的优点使该方法在系统的摄动参数 ε 未知或者不能准确知道的情况下，仍然可以使用。

5.5 本章小结

考虑具有执行器饱和和 L_2 扰动的奇异摄动系统，基于奇异摄动系统的慢采样模型，首先，本章提出了一个与摄动参数 ε 无关的状态反馈控制器的设计方法，在这个状态反馈控制器的作用下，系统从一个有界集内出发的所有闭环轨迹均可以始终保持有界，当扰动消失时，闭环系统渐近稳定。然后，本章提出了一个优化问题，通过求解这个优化问题，得到一个与摄动参数 ε 无关的状态反馈控制器设计方法，并且估计系统对干扰的承受度。此外，当系统受到的扰动的 L_2 范数在系统的干扰承受度之内时，本章提出一个优化问题，设计了与摄动参数 ε 无关的状态反馈控制器，可以将系统最大的扰动到输出的 L_2 增益抑制在 γ 以内，这也可以体现出在设计的控制器作用下系统对扰动的抑制能力。最后，本章给出了一个倒立摆的仿真算例，进一步证明了提出方法的正确性和有效性，与第 4 章相同的倒立摆实验，进行了快采样和慢采样两种不同的采样控制模式的对比分析。

参 考 文 献

[1] Rao A K, Naidu D S. Singular perturbation method applied to the open-loop discrete optimal control problem [J]. Optimal Control Applications and Tethods, 1982, 3 (2): 121-131.

[2] Kando H, Iwazumi T. Sub-optimal control of discrete regulation problems via time-scale decomposition [J]. International Journal of Control, 1983, 37 (6): 1323-1347.

[3] Yu H, Lu G, Zheng Y. On the model-based networked control for singularly perturbed systems with nonlinear uncertainties [J]. Systems and Control Letters, 2011, 60 (9): 739-746.

[4] Yu H, Zheng Y. On model-based networked control for singularly perturbed systems[C]. IEEE International Conference on Control and Automation, Guangzhou, 2007: 1548-1552.

[5] Yu H, Wang Z, Zheng Y. On the model-based networked control for singularly perturbed systems[J]. Journal of Control Theory and Applications, 2008, 6 (2): 153-162.

[6] Dong J, Yang G H. H_∞ control design for fuzzy discrete-time singularly perturbed systems via slow state variables feedback: An LMI-based approach [J]. Information Sciences, 2009, 179: 3041-3058.

[7] Dong J X, Yang G H. H_∞ controller design via state feedback for uncertain discrete-time singularly perturbed systems [C]. Proceedings of the 2007 American Control Conference, New York, 2007: 5595-5600.

[8] Dong J, Yang G H. Robust H_∞ control for standard discrete-time singularly perturbed systems [J]. IET Control Theory and Applications, 2007, 1 (4): 1141-1148.

[9] Zak S H, Maccarley C A. State-feedback control of non-linear systems [J]. International Journal of Control, 1986, 43 (5): 1497-1514.

第6章 奇异摄动切换饱和控制系统设计

本章讨论具有执行器饱和的奇异摄动切换系统的控制器分析与设计问题。在任意切换律下,对于任意小的奇异摄动参数,提出状态反馈控制器存在的充分条件,保证闭环切换系统是局部渐近稳定的。对于已经得出的控制器,可以将求解闭环系统稳定界和吸引域的问题转化成求解凸优化问题。最后用数值例子和液压伺服系统来说明所得结果的有效性。

6.1 引　　言

由于具有执行器饱和的控制系统在工程上有广泛的应用,所以引起了许多学者和工程师的广泛关注。主要有两种方法设计具有执行器饱和的控制系统。一种是直接法,即在开始设计控制器时就考虑控制约束的限制[1,2]。另一种是分两步设计的方法。先不考虑执行器饱和,设计控制器,然后设计抗饱和补偿器来减弱饱和的影响[3-7]。近来,具有执行器饱和控制系统的分析和设计方法已经推广到切换系统和奇异摄动系统。在容许切换律下,基于公共或多 Lyapunov 函数,提出了具有执行器饱和切换系统的分析和设计方法,保证了闭环系统的局部渐近稳定性[8-12]。对于具有执行器饱和的奇异摄动系统,文献[13]~[16]提出了一些控制器设计和稳定性分析的方法。然而,据作者所知,带有执行器饱和的奇异摄动切换系统的分析和设计问题仍有待解决。

奇异摄动系统广泛地应用于电力系统,生化系统及核反应堆系统[17,18]。奇异摄动系统的稳定性分析问题与普通系统相比有很大的不同。奇异摄动系统的稳定性问题可以描述为得到稳定界 ε_0,使得对于任意的 $\varepsilon \in (0, \varepsilon_{max}]$,奇异摄动系统都是稳定的,其中 ε 为奇异摄动参数。在稳定性分析和控制设计问题上,奇异摄动参数可能导致病态数值问题。在过去的二十年里,许多研究成果提出了估计奇异摄动系统稳定界的方法[19-21]。然而,这些方法并不能直接推广到奇异摄动切换系统中,因为系统中同时存在切换和多时间尺度特性。但奇异摄动切换系统中快、慢子系统的稳定性无法保证原切换系统的稳定性。在任意切换律下,需要快、慢子系统耦合的附加约束和最小驻留时间[22-24]。在文献[25]中,将带钢热轧机的工作过程建模成一个奇异摄动切换系统,通过求解线性矩阵不等式,设计一个 H_2 鲁棒控制器。但是在文献[22]~[25]中,并没有解决稳定界的估计问题。为了解决这小问题。在文献[26]中，针对一个特殊的奇异摄动切换系统利用凸优化方法给出估计系统稳定界的方法。

在本章中，主要考虑具有执行器饱和的奇异摄动切换系统，提出一个具有执行器饱和的系统的线性表示方法，并得到状态反馈控制器的存在条件。在任意切换律下，对于任意小的奇异摄动参数，该控制器可以保证闭环系统是局部渐近稳定的。在该控制器作用下，一个凸优化问题被提出来估计闭环系统的稳定界和吸引域。最后，将得到的结果应用到数值例子和液压伺服系统上，来说明结果的可行性和有效性。

本章的其他部分结构如下：6.2 节提出问题和预备知识；6.3 节提出控制器的设计方法；6.4 节在所得控制器的基础上，估计闭环系统的稳定界和吸引域；6.5 节给出例子来说明所得方法的可行性；6.6 节为本章小结。

6.2 问题描述

考虑如下具有执行器饱和的奇异摄动切换系统：

$$\dot{x}(t) = A_\sigma(\varepsilon)x(t) + B_\sigma(\varepsilon)\text{sat}(u(t)) \tag{6.1}$$

其中，$\sigma: \mathbb{R}^+ \to [1, 2, \cdots, N]$ 是切换信号，是与时间有关的正的连续分段常函数，N 是独立子系统的数量；$x(t) \in \mathbb{R}^n$ 是状态变量；$u(t) \in \mathbb{R}^m$ 是控制输入；ε 是正参数代表的奇异摄动参数，并且

$$A_i(\varepsilon) = \begin{bmatrix} A_{i11} & A_{i12} \\ \varepsilon^{-1}A_{i21} & \varepsilon^{-1}A_{i22} \end{bmatrix}, \quad B_i(\varepsilon) = \begin{bmatrix} B_{i1} \\ \varepsilon^{-1}B_{i2} \end{bmatrix}, \quad i = 1, 2, \cdots, N \tag{6.2}$$

函数 $\text{sat}(\cdot): \mathbb{R}^m \mapsto \mathbb{R}^m$ 是标准向量饱和函数，定义为

$$\text{sat}(u_k(t)) = \begin{cases} \rho, & u_k(t) > \rho \\ u_k(t), & |u_k(t)| \leqslant \rho \\ -\rho, & u_k(t) < -\rho \end{cases}$$

其中，$\rho > 0$ 作为饱和水平，$k = 1, 2, \cdots, m$。

注释 6.1 在式（6.1）中，奇异摄动参数 ε 是个小的正标量，用来决定快、慢子系统的分离程度。例如，在永磁同步电动机的数学模型中，电感可视为一个奇异摄动参数[27]。

如下的状态反馈控制器可以使切换系统（6.1）保持稳定：

$$u(t) = F_\sigma x(t) \tag{6.3}$$

闭环切换系统可以描述为

$$\dot{x}(t) = A_\sigma(\varepsilon)x(t) + B_\sigma(\varepsilon)\text{sat}(F_\sigma x(t)) \tag{6.4}$$

用 $x(t; x_0)$ 来表示系统（6.4）从初始位置 $x_0 \in \mathbb{R}^n$ 出发的状态轨迹。闭环系统（6.4）

吸引域的初始条件集为

$$I_0 = \{x_0 \in \mathbb{R}^n : \lim_{t \to \infty} x(t; x_0) = 0\}$$

为了估计吸引域 I_0，定义椭球体：

$$\Omega(P) = \{x \in \mathbb{R}^n : x^T P x \leqslant 1\}$$

其中，$P \in \mathbb{R}^{n \times n}$ 是正定矩阵。

需要考虑的问题如下：

问题 6.1　确定状态反馈控制器（6.3），使得在任意切换律下，对任何足够小的参数 ε，闭环系统（6.4）在平衡点 $x = 0$ 是局部渐近稳定的。

问题 6.2　对于给定的控制器和需要的稳定界 $\varepsilon_{\max} > 0$，确定尽可能大的椭球体 $\Omega(P) \subseteq \mathbb{R}^n$，使得在任意切换律下，对任意的 $\varepsilon \in (0, \varepsilon_{\max}]$，闭环系统（6.4）是渐近稳定的且 $\Omega(P)$ 是吸引域的一个估计。

下面提出了一些假设，也就是常见的奇异摄动系统的控制问题。

假设 6.1　矩阵 $A_{i22}, i = 1, 2, \cdots, N$ 非奇异。

现在回顾文献[1]中的标准符号和预备知识来解决饱和非线性。

对于矩阵 $H \in \mathbb{R}^{m \times n}$，令

$$\Gamma(H) = \{x \in \mathbb{R}^n : |h_{(i)} x| \leqslant \rho, i = 1, 2, \cdots, m\}$$

其中，$h_{(i)}$ 是矩阵 H 的第 i 行；ρ 是饱和程度。

令 Ξ 为 $m \times m$ 的对角矩阵，其对角元素为 1 或 0。有 2^m 个元素在矩阵 Ξ 中。将 Ξ 中的元素标记为 $E_j, j \in [1, 2^m]$。令 $E_j^- = I - E_j$，若 $E_j \in \Xi$ 则有 $E_j^- \in \Xi$。下面的引理将应用在后续的证明中。

引理 6.1[1]　令 $F, H \in \mathbb{R}^{m \times n}$，则对于任意的 $x \in \Gamma(H)$，满足下列公式：

$$\text{sat}(Fx) \in \text{co}\{E_j Fx + E_j^- Hx, \quad j \in [1, 2^m]\}$$

其中，co 是凸包。

6.3　主要结果

6.3.1　控制器设计

由引理 6.1，可以得到下面的引理，提出了系统（6.4）的线性表示方法。

引理 6.2　给定椭球体 $\Omega(P)$，如果存在 $H_i(\varepsilon) \in \mathbb{R}^{m \times n}, i = 1, 2, \cdots, N$，使得 $\Omega(P) \subseteq \Gamma(H_i(\varepsilon))$，则对于任意的 $x \in \Omega(P)$，系统（6.4）可用式（6.5）表示

$$\dot{x}(t) = \sum_{i=1}^{N} \sum_{j=1}^{2^m} \theta_i(t) \eta_j(t) [A_i(\varepsilon) + B_i(\varepsilon)(E_{ij} F_i + E_{ij}^- H_i(\varepsilon))] x(t) \qquad (6.5)$$

其中，$E_{ij}, E_{ij}^- \in \Xi$；$\eta_j(t)$ 是参数方程满足 $\eta_j(t) \geqslant 0, \sum_{j=1}^{2^m} \eta_j(t) = 1$；$\theta_i(t)$ 的取值为 0 或 1，这意味着当 $\theta_i(t) = 1$ 时切换系统在模式 i 状态，当 $\theta_i(t) = 0$ 时，系统在不同的模式工作。

证明 假设切换系统在模式 i 时，$\theta_i(t) = 1$，在其他模式时 $\theta_i(t) = 0$。系统（6.4）可以写成：

$$\dot{x}(t) = \sum_{i=1}^N \theta_i(t)[A_i(\varepsilon)x(t) + B_i(\varepsilon)\mathrm{sat}(F_i x(t))] \tag{6.6}$$

根据引理条件，对于任意的 $x \in \Omega(P)$，满足 $x \in \Gamma(H_i(\varepsilon))$。由引理 6.1 可得

$$\mathrm{sat}(F_i x) \in \mathrm{co}\{E_{ij} F_i x + E_{ij}^- H_i(\varepsilon) x, j \in [1, 2^m]\}$$

表明：

$$\mathrm{sat}(F_i x) = \sum_{j=1}^{2^m} \eta_j(t)[(E_{ij} F_i + E_{ij}^- H_i(\varepsilon))]x(t)$$

其中，$\eta_j(t) \geqslant 0, \sum_{j=1}^{2^m} \eta_j(t) = 1$。

用式（6.6）代替上面的等式，可得式（6.5），证明完毕。

下面提出状态反馈控制器的设计方法。

定理 6.1 假设存在下列矩阵 $P_s = (P_s)^\mathrm{T} > 0$，$P_f = (P_f)^\mathrm{T} > 0$，$Q_{is}^j = (Q_{is}^j)^\mathrm{T} > 0$，$Q_{if}^j = (Q_{if}^j)^\mathrm{T} > 0$，$Z_{is}$、$Z_{if}$、$W_{is}$ 是适当维数的矩阵满足下列线性矩阵不等式：

$$\begin{bmatrix} P_s & * \\ W_{is(k)} & \rho^2 \end{bmatrix} \geqslant 0 \tag{6.7}$$

$$\mathrm{He}\{A_{is} P_s + B_{is} E_{ij} Z_{is} + B_{is} E_{ij}^- W_{is}\} + Q_{is}^j < 0 \tag{6.8}$$

$$\mathrm{He}\{A_{is} P_s + B_{is} E_{ij} Z_{is} + B_{is} E_{ij} Z_{if}\} + Q_{if}^j < 0 \tag{6.9}$$

$$\begin{bmatrix} Q_{is}^j - A_{i12} Y_i^j - (A_{i12} Y_i^j)^\mathrm{T} - A_{i12} R_i^j - (A_{i12} R_i^j)^\mathrm{T} & * \\ -(A_{i22} Y_i^j + P_f A_{i12}^\mathrm{T} + Z_{if}^\mathrm{T}(B_{i1} E_{ij})^\mathrm{T} + A_{i22} R_i^j) & Q_{if}^j \end{bmatrix} > 0 \tag{6.10}$$

其中，$i = 1, 2, \cdots, N, j = 1, 2, \cdots, 2^m, k = 1, 2, \cdots, m$，$A_{is} = A_{i11} - A_{i12} A_{i22}^{-1} A_{i21}$，$E_{ij}, E_{ij}^- \in \Xi$，$B_{is} = B_{i1} - A_{i12} A_{i22}^{-1} B_{i2}$，$Y_i^j = -\sum_{l=1}^N \sum_{k=1}^{2^m} (A_{i22})^{-1}(A_{l21} P_s + B_{l2} E_{lk} Z_{ls})|(l,k) \neq (i,j)$，$R_i^j = (A_{i22})^{-1} B_{i2} E_{ij}^- W_{is}$，符号 $\mathrm{He}\{\}$ 定义为 $\mathrm{He}\{M\} = M + M^\mathrm{T}$，$M$ 为方阵。

那么，存在正参数 $\varepsilon_{\max}$，在任意切换律下，对所有 $\varepsilon \in (0, \varepsilon_{\max}]$，闭环系统（6.4）都是局部渐近稳定的，控制器的增益矩阵为 $F_i = [F_{is} - F_{if} P_2 P_s^{-1} \quad F_{if}]$，其中 $F_{is} = Z_{is} P_s^{-1}, F_{if} = Z_{if} P_f^{-1}$。

证明 包括两个部分。首先应用引理 6.2 将系统（6.4）写成线性表达式（6.5）。

然后构造 Lyapunov 函数，证明其导数沿系统（6.5）的方向是负定的，由 Lyapunov 稳定性定理可得闭环系统是稳定的。

第 1 部分：由于 $P_f > 0$，由线性矩阵不等式（6.7）可得，存在足够小的 $\varepsilon_0 > 0$，使得

$$\begin{bmatrix} P_s & * & * \\ \varepsilon P_2 & \varepsilon P_f & * \\ W_{is(k)} & 0 & \rho^2 \end{bmatrix} \geq 0, \quad \forall \varepsilon \in (0, \varepsilon_0], \quad i=1,2,\cdots,N, \quad k=1,2,\cdots,m \quad (6.11)$$

在这个阶段 P_2 可以是任意适当维数的常数矩阵，为了下面的证明更加方便，将 P_2 定义为

$$P_2 = -\sum_{l=1}^{N}\sum_{k=1}^{2^m}(A_{l22})^{-1}(A_{l21}P_s + B_{l2}E_{lk}Z_{ls}) \quad (6.12)$$

在式（6.11）的前后分别乘以 $\begin{bmatrix} I & * & * \\ 0 & \varepsilon^{-1}I & * \\ 0 & 0 & 1 \end{bmatrix}$ 和它的转置，可得

$$\begin{bmatrix} P_s & * & * \\ P_2 & \varepsilon^{-1}P_f & * \\ W_{is(k)} & 0 & \rho^2 \end{bmatrix} \geq 0, \quad \forall \varepsilon \in (0, \varepsilon_0], \quad i=1,2,\cdots,N, \quad k=1,2,\cdots,m \quad (6.13)$$

也可以写成：

$$\begin{bmatrix} P(\varepsilon) & * \\ W_{i(k)} & \rho^2 \end{bmatrix} \geq 0, \quad \forall \varepsilon \in (0, \varepsilon_0], \quad i=1,2,\cdots,N, \quad k=1,2,\cdots,m \quad (6.14)$$

其中，

$$P(\varepsilon) = \begin{bmatrix} P_s & * \\ P_2 & \varepsilon^{-1}P_f \end{bmatrix}, \quad W_{i(k)} = [W_{is(k)} \quad 0] \quad (6.15)$$

在式（6.14）前后分别乘 $\begin{bmatrix} P^{-1}(\varepsilon) & 0 \\ 0 & 1 \end{bmatrix}$ 和它的转置，得

$$\begin{bmatrix} P^{-1}(\varepsilon) & * \\ W_{i(k)}P^{-1}(\varepsilon) & \rho^2 \end{bmatrix} \geq 0, \quad \forall \varepsilon \in (0, \varepsilon_0], \quad i=1,2,\cdots,N, \quad k=1,2,\cdots,m \quad (6.16)$$

定义

$$W_{i(k)}P^{-1}(\varepsilon) = H_{i(k)}(\varepsilon), \quad \forall \varepsilon \in (0, \varepsilon_0], \quad i=1,2,\cdots,N, \quad k=1,2,\cdots,m \quad (6.17)$$

然后式（6.16）可以写成：

$$\begin{bmatrix} P^{-1}(\varepsilon) & * \\ H_{i(k)}(\varepsilon) & \rho^2 \end{bmatrix} \geq 0, \quad \forall \varepsilon \in (0, \varepsilon_0], \quad i=1,2,\cdots,N, \quad k=1,2,\cdots,m \quad (6.18)$$

表明 $P^{-1}(\varepsilon) \geqslant \rho^{-2} H_{i(k)}^{\mathrm{T}}(\varepsilon) H_{i(k)}(\varepsilon), \forall \varepsilon \in (0, \varepsilon_0], i = 1, 2, \cdots, N, k = 1, 2, \cdots, m$。

容易验证对于任意的 $x \in \Omega(P^{-1}(\varepsilon)), \forall \varepsilon \in (0, \varepsilon_0]$，满足 $x^{\mathrm{T}} H_{i(k)}^{\mathrm{T}}(\varepsilon) H_{i(k)}(\varepsilon) x \leqslant \rho^2$，即 $x \in \Gamma(H_i(\varepsilon)), i = 1, 2, \cdots, N$。

因此，由引理 6.2，对于任意的 $x \in \Omega(P^{-1}(\varepsilon)), \forall \varepsilon \in (0, \varepsilon_0]$，系统（6.4）可以写成式（6.5）。

第 2 部分：定义一个 Lyapunov 函数：
$$V(x(t)) = x^{\mathrm{T}}(t) P^{-1}(\varepsilon) x(t)$$

由式（6.16）可得对任意的 $\varepsilon \in (0, \varepsilon_0]$，$P^{-1}(\varepsilon)$ 是正定的。因此可以得到对任意的 $\varepsilon \in (0, \varepsilon_0]$，$V(x(t))$ 都是正定的 Lyapunov 函数。

计算 $V(x(t))$ 中 t 沿系统（6.5）方向的导数，可得

$$\begin{aligned}
\dot{V}(x(t)) &= 2x^{\mathrm{T}}(t) P^{-1}(\varepsilon) \dot{x}(t) \\
&= 2x^{\mathrm{T}}(t) P^{-1}(\varepsilon) \sum_{i=1}^{N} \sum_{j=1}^{2^m} \theta_i \eta_j (A_i(\varepsilon) + B_i(\varepsilon)(E_{ij} F_i + E_{ij}^- H_i(\varepsilon))) x(t) \\
&= 2 \sum_{i=1}^{N} \sum_{j=1}^{2^m} \theta_i \eta_j x^{\mathrm{T}}(t) P^{-1}(\varepsilon)(A_i(\varepsilon) + B_i(\varepsilon)(E_{ij} F_i + E_{ij}^- H_i(\varepsilon))) x(t) \\
&= \sum_{i=1}^{N} \sum_{j=1}^{2^m} \theta_i \eta_j x^{\mathrm{T}}(t) \Pi_i^j(\varepsilon) x(t), \quad \forall x(t) \in \Omega(P^{-1}(\varepsilon)), \quad \varepsilon \in (0, \varepsilon_0]
\end{aligned} \quad (6.19)$$

其中，
$$\begin{aligned}
\Pi_i^j(\varepsilon) &= \mathrm{He}\{P^{-1}(\varepsilon)(A_i(\varepsilon) + B_i(\varepsilon)(E_{ij} F_i + E_{ij}^- H_i(\varepsilon)))\}, \quad \forall \varepsilon \in (0, \varepsilon_0], \\
&\quad i = 1, 2, \cdots, N, \quad j = 1, 2, \cdots, 2^m
\end{aligned} \quad (6.20)$$

下面证明 $\Pi_i^j(\varepsilon) < 0, i = 1, 2, \cdots, N, j = 1, 2, \cdots, 2^m$。

由 $i = 1, 2, \cdots, N, j = 1, 2, \cdots, 2^m$ 定义

$$Z_i(\varepsilon) = [Z_{is} \quad \varepsilon^{-1} Z_{if}] \quad (6.21)$$

$$\tilde{\Pi}_i^j(\varepsilon) = \mathrm{He}\{A_i(\varepsilon) P(\varepsilon) + B_i(\varepsilon)(E_{ij} Z_i(\varepsilon) + E_{ij}^- W_i)\} \quad (6.22)$$

$$Q_i^j(\varepsilon) = \begin{bmatrix} Q_{is}^j - A_{i12} Y_i^j - (A_{i12} Y_i^j)^{\mathrm{T}} - A_{i12} R_i^j - (A_{i12} R_i^j)^{\mathrm{T}} & * \\ -\varepsilon^{-1}(A_{i22} Y_i^j + P_f A_{i12}^{\mathrm{T}} + Z_{if}^{\mathrm{T}}(B_{i1} E_{ij})^{\mathrm{T}} + A_{i22} R_i^j) & \varepsilon^{-2} Q_{if}^j \end{bmatrix} \quad (6.23)$$

在式（6.22）中将 $A_i(\varepsilon)$、$B_i(\varepsilon)$、$Z_i(\varepsilon)$、W_i 表示为矩阵块（式（6.2），式（6.15）和式（6.21）），将 Y_i^j、R_i^j 代入式（6.23），并且考虑到 $A_{is} = A_{i11} - A_{i12} A_{i22}^{-1} A_{i21}$，$B_{is} = B_{i1} - A_{i12} A_{i22}^{-1} B_{i2}$，可得

$$\tilde{\Pi}_i^j(\varepsilon) + Q_i^j(\varepsilon) = \begin{bmatrix} X_{is}^j & * \\ X_{i2}^j & \varepsilon^{-2}(X_{if}^j + O(\varepsilon)) \end{bmatrix}, \quad \forall \varepsilon \in (0, \varepsilon_0] \quad (6.24)$$

其中,

$$X_{is}^j = \mathrm{He}\{A_{is}P_s + B_{is}E_{ij}Z_{is} + B_{is}E_{ij}^-W_{is}\} + Q_{is}^j$$

$$X_{i2}^j = P_2 A_{i11}^{\mathrm{T}}$$

$$X_{if}^j = \mathrm{He}\{A_{i22}P_f + B_{i2}E_{ij}Z_{if}\} + Q_{if}^j$$

$$O(\varepsilon) = \varepsilon \mathrm{He}\{A_{i21}P_2^{\mathrm{T}}\}$$

由线性矩阵不等式(6.8)和不等式(6.9)可得

$$\begin{bmatrix} X_{is}^j & * \\ 0 & X_{if}^j \end{bmatrix} < 0$$

表明对于足够小的正参数 ε,

$$\begin{bmatrix} X_{is}^j & * \\ \varepsilon X_{i2}^j & X_{if}^j \end{bmatrix} < 0$$

等价于

$$\begin{bmatrix} X_{is}^j & * \\ X_{i2}^j & \varepsilon^{-2} X_{if}^j \end{bmatrix} < 0$$

存在正参数 $\varepsilon_1 < \varepsilon_0$,满足

$$\tilde{\Pi}_i^j(\varepsilon) + Q_i^j(\varepsilon) = \begin{bmatrix} X_{is}^j & * \\ X_{i2}^j & \varepsilon^{-2}(X_{if}^j + O(\varepsilon)) \end{bmatrix} < 0, \quad \forall \varepsilon \in (0, \varepsilon_1] \quad (6.25)$$

在式(6.10)前后分别乘

$$\begin{bmatrix} I & 0 \\ 0 & \varepsilon^{-1}I \end{bmatrix}$$

和它的转置可得

$$\begin{bmatrix} Q_{is}^j - A_{i12}Y_i^j - (A_{i12}Y_i^j)^{\mathrm{T}} - A_{i12}R_i^j - (A_{i12}R_i^j)^{\mathrm{T}} & * \\ -\varepsilon^{-1}(A_{i22}Y_i^j + P_f A_{i12}^{\mathrm{T}} + Z_{if}^{\mathrm{T}}(B_{i1}E_{ij})^{\mathrm{T}} + A_{i22}R_i^j) & \varepsilon^{-2}Q_{if}^j \end{bmatrix} > 0, \quad \forall \varepsilon \in (0, \varepsilon_1] \quad (6.26)$$

表明

$$Q_i^j(\varepsilon) > 0, \quad \forall \varepsilon \in (0, \varepsilon_1] \quad (6.27)$$

由式(6.25)和式(6.27)可得

$$\tilde{\Pi}_i^j(\varepsilon) < 0, \quad \forall \varepsilon \in (0, \varepsilon_1] \quad (6.28)$$

然后由式(6.22)和式(6.28)可得

$$P^{-1}(\varepsilon)\tilde{\Pi}_i^j(\varepsilon)P^{-1}(\varepsilon) = \mathrm{He}\{P^{-1}(\varepsilon)(A_i(\varepsilon) + B_i(\varepsilon)(E_{ij}Z_i(\varepsilon)P^{-1}(\varepsilon) + E_{ij}^-W_iP^{-1}(\varepsilon)))\}$$

$$< 0, \quad \forall \varepsilon \in (0, \varepsilon_1], \quad i = 1, 2, \cdots, N, \quad j = 1, 2, \cdots, 2^m \quad (6.29)$$

令 $F_i(\varepsilon) = Z_i(\varepsilon)P^{-1}(\varepsilon)$,$H_i(\varepsilon) = W_i P^{-1}(\varepsilon)$,可得

$$F_i(\varepsilon) = Z_i(\varepsilon)P^{-1}(\varepsilon)$$

$$= [Z_{is} \quad \varepsilon^{-1}Z_{if}]\begin{bmatrix} P_s & P_2^{\mathrm{T}} \\ P_2 & \varepsilon^{-1}P_f \end{bmatrix}^{-1}$$

$$= [Z_{is} \quad \varepsilon^{-1}Z_{if}]\begin{bmatrix} I & 0 \\ 0 & \varepsilon I \end{bmatrix}\begin{bmatrix} I & 0 \\ 0 & \varepsilon I \end{bmatrix}^{-1}\begin{bmatrix} P_s & P_2^{\mathrm{T}} \\ P_2 & \varepsilon^{-1}P_f \end{bmatrix}^{-1}$$

$$= [Z_{is} \quad Z_{if}]\begin{bmatrix} P_s & \varepsilon P_2^{\mathrm{T}} \\ P_2 & P_f \end{bmatrix}^{-1}$$

$$\to [Z_{is} \quad Z_{if}]\begin{bmatrix} P_s & 0 \\ P_2 & P_f \end{bmatrix}^{-1} \quad (\text{as } \varepsilon \to 0)$$

$$= [F_{is} - F_{if}P_2 P_s^{-1} \quad F_{if}] \tag{6.30}$$

其中，$F_{is} = Z_{is}P_s^{-1}$，$F_{if} = Z_{if}P_f^{-1}$。

因此，存在足够小的正参数 $\varepsilon_{\max} < \varepsilon_1$，使得对于任意的 $\varepsilon \in (0, \varepsilon_{\max}]$，控制器增益 $F_i(\varepsilon)$ 可以不依赖 ε：

$$F_i = [F_{is} - F_{if}P_2 P_s^{-1} \quad F_{if}], \quad i = 1, 2, \cdots, N \tag{6.31}$$

在式（6.29）中分别将 $Z_i(\varepsilon)P^{-1}(\varepsilon)$、$W_i P^{-1}(\varepsilon)$ 替换为 F_i、$H_i(\varepsilon)$ 可得

$$\mathrm{He}\{P^{-1}(\varepsilon)(A_i(\varepsilon) + B_i(\varepsilon)(E_{ij}F_i + E_{ij}^- H_i(\varepsilon)))\} < 0, \quad \forall \varepsilon \in (0, \varepsilon_{\max}],$$

$$i = 1, 2, \cdots, N, \quad j = 1, 2, \cdots, 2^m \tag{6.32}$$

不等式（6.32）等价于

$$\Pi_i^j(\varepsilon) < 0, \quad \forall \varepsilon \in (0, \varepsilon_{\max}], \quad i = 1, 2, \cdots, N, \quad j = 1, 2, \cdots, 2^m \tag{6.33}$$

这意味着：

$$\dot{V}(x(t)) < 0, \quad \forall x(t) \in \Omega(P^{-1}(\varepsilon)), \quad x \neq 0, \quad \varepsilon \in (0, \varepsilon_{\max}] \tag{6.34}$$

因此，在任意切换律下，对于 $\varepsilon \in (0, \varepsilon_{\max}]$，闭环系统（6.4）是局部渐近稳定的，证明完毕。

注释 6.2 线性矩阵不等式（6.7）～不等式（6.10）不依赖奇异摄动参数 ε，线性矩阵不等式的解可以通过现有的算法得到[28]。如果线性矩阵不等式可行，当 ε 足够小时可以得到不依赖 ε 的控制器。

6.3.2 稳定性分析

闭环系统（6.4）的稳定性分析问题包含两个指标：稳定界和吸引域。这部分主要是通过定理 6.1 得到的控制器增益来估计闭环系统（6.4）的稳定界和吸引域。

引理 6.3 给定椭球体 $\Omega(P)$ 和控制器增益 $F_i = [F_{i1} \; F_{i2}]$，如果存在 $H_i(\varepsilon) \in \mathbb{R}^{m \times n}$，

$i=1,2,\cdots,N$，使得 $\Omega(P) \subseteq \Gamma(H_i(\varepsilon))$，则对于任意的 $x \in \Omega(P)$，系统（6.4）可用式（6.35）表示：

$$\dot{x}(t) = \sum_{i=1}^{N} \sum_{j=1}^{2^m} \theta_i(t)\eta_j(t)[(\tilde{A}_i^j(\varepsilon) + \tilde{B}_i(\varepsilon)E_{ij}^- H_i(\varepsilon))]x(t) \qquad (6.35)$$

其中，

$$\tilde{A}_i^j(\varepsilon) = \begin{bmatrix} \tilde{A}_{i11}^j & \tilde{A}_{i12}^j \\ \varepsilon^{-1}\tilde{A}_{i12}^j & \varepsilon^{-1}\tilde{A}_{i22}^j \end{bmatrix}, \quad \tilde{B}_i(\varepsilon) = \begin{bmatrix} B_{i1} \\ \varepsilon^{-1}B_{i2} \end{bmatrix} \qquad (6.36)$$

即 $\tilde{A}_{i11}^j = A_{i11} + B_{i1}E_{ij}F_{i1}$，$\tilde{A}_{i12}^j = A_{i12} + B_{i1}E_{ij}F_{i2}$，$\tilde{A}_{i21}^j = A_{i21} + B_{i2}E_{ij}F_{i1}$，$\tilde{A}_{i22}^j = A_{i22} + B_{i2}E_{ij}F_{i2}$，$E_{ij}, E_{ij}^- \in \Xi$；$\eta_j(t)$ 满足 $\eta_j(t) \geq 0, \sum_{j=1}^{2^m} \eta_j(t) = 1$；$\theta_i(t)$ 的取值为 0 或者 1，表明当 $\theta_i(t) = 1$ 时，切换系统在模式 i，当 $\theta_i(t) = 0$ 时，切换系统在不同的模式。

证明 由引理 6.2，对任意的 $x \in \Omega(P)$，系统（6.4）可写为式（6.5），假设控制器的增益给定为 $F_i = [F_{i1} \ F_{i2}]$。将 $F_i = [F_{i1} \ F_{i2}]$ 代入式（6.5），可把系统矩阵（6.2）线性表示为式（6.35），证明完毕。

下面的定理是证明问题 6.2 的关键。

定理 6.2 给定控制器增益 $F_i = [F_{i1} \ F_{i2}]$ 和期望的稳定界 $\varepsilon_{\max} > 0$，假设存在矩阵 $P_s = (P_s)^T > 0$，$P_f = (P_f)^T > 0$，$\tilde{Q}_{is}^j = (\tilde{Q}_{is}^j)^T > 0$，$\tilde{Q}_{if}^j = (\tilde{Q}_{if}^j)^T > 0$，$\tilde{W}_{is}$、$\tilde{W}_{if}$ 为适当维数的矩阵，满足下列线性矩阵不等式：

$$\begin{bmatrix} P_s & * & * \\ P_2 & \varepsilon_{\max}^{-1} P_f & * \\ \tilde{W}_{is(k)} & \tilde{W}_{if(k)} & \rho^2 \end{bmatrix} \geq 0 \qquad (6.37)$$

$$X_{is}^j < 0 \qquad (6.38)$$

$$X_{if}^j < 0 \qquad (6.39)$$

$$\begin{bmatrix} X_{is}^j & * \\ \varepsilon_{\max} X_{i2}^j & X_{if}^j + \varepsilon_{\max} M \end{bmatrix} < 0 \qquad (6.40)$$

$$\begin{bmatrix} \tilde{Q}_{is}^j - \tilde{A}_{i12}^j \tilde{Y}_i^j - (\tilde{A}_{i12}^j \tilde{Y}_i^j)^T + \Theta & * \\ -(\tilde{A}_{i22}^j \tilde{Y}_i^j)^T + P_f(\tilde{A}_{i12}^j)^T + B_{i2}E_{ij}^{-1}\tilde{W}_{is} & \tilde{Q}_{if}^j \end{bmatrix} > 0 \qquad (6.41)$$

其中，$i = 1, 2, \cdots, N, j = 1, 2, \cdots, 2^m, k = 1, 2, \cdots, m, \tilde{A}_{is}^j = \tilde{A}_{i11}^j - \tilde{A}_{i12}^j(\tilde{A}_{i22}^j)^{-1}\tilde{A}_{i21}^j, \tilde{B}_{is} = B_{i1} - \tilde{A}_{i12}^j(\tilde{A}_{i22}^j)^{-1}B_{i2}, X_{is}^j = \text{He}\{\tilde{A}_{is}^j P_s + \tilde{B}_{is}E_{ij}^{-1}\tilde{W}_{is}\} + \tilde{Q}_{is}^j, \quad X_{if}^j = \text{He}\{\tilde{A}_{i22}^j P_f\} + \tilde{Q}_{if}^j, \quad P_2 = -\sum_{l=1}^{N}\sum_{k=1}^{2^m}(\tilde{A}_{i22}^j)^{-1}\tilde{A}_{i21}^j P_s, \quad M = \text{He}\{P_2(\tilde{A}_{i21}^j)^T + B_{i2}E_{ij}^{-1}\tilde{W}_{if}\}, \quad \tilde{Y}_i^j = -\sum_{l=1}^{N}\sum_{k=1}^{2^m}(\tilde{A}_{i22}^k)^{-1}\tilde{A}_{i21}^k P_s | (l,k) \neq (i,j), \quad \Theta = -\text{He}\{\tilde{A}_{i12}^j(\tilde{A}_{i22}^j)^{-1}B_{i2}E_{ij}^{-1}\tilde{W}_{is}\}$。

然后，在切换律下，对于 $\forall \varepsilon \in (0, \varepsilon_{\max}]$ 闭环系统（6.4）局部渐近稳定，并且椭球体 $\Omega(P^{-1})$ 是闭环切换系统的吸引域，其中 $P = \begin{bmatrix} P_s & * \\ P_2 & \varepsilon_{\max}^{-1} P_f \end{bmatrix}$。

证明 分成三个部分。首先，证明系统（6.4）可写成线性表达式（6.35）。然后，构造 Lyapunov 函数，并证明沿系统（6.35）方向的导数是负定的。最后，证明估计系统的吸引域。

第 1 部分：由线性矩阵不等式（6.37）可得

$$\begin{bmatrix} P_s & * & * \\ P_2 & \varepsilon^{-1} P_f & * \\ \tilde{W}_{is(k)} & \tilde{W}_{if(k)} & \rho^2 \end{bmatrix} \geq 0, \quad \forall \varepsilon \in (0, \varepsilon_{\max}], \quad i = 1, 2, \cdots, N, \quad k = 1, 2, \cdots, m$$

表明：

$$\begin{bmatrix} P(\varepsilon) & * \\ \tilde{W}_{i(k)} & \rho^2 \end{bmatrix} \geq 0, \quad \forall \varepsilon \in (0, \varepsilon_{\max}], \quad i = 1, 2, \cdots, N, \quad k = 1, 2, \cdots, m \quad (6.42)$$

其中，

$$P(\varepsilon) = \begin{bmatrix} P_s & * \\ P_2 & \varepsilon^{-1} P_f \end{bmatrix}, \quad \tilde{W}_{i(k)} = [\tilde{W}_{is(k)} \quad \tilde{W}_{if(k)}] \quad (6.43)$$

在式（6.42）前后分别乘 $\begin{bmatrix} P^{-1}(\varepsilon) & 0 \\ 0 & 1 \end{bmatrix}$ 及它的转置，可得

$$\begin{bmatrix} P^{-1}(\varepsilon) & P^{-1}(\varepsilon) \tilde{W}_{i(k)}^{\mathrm{T}} \\ \tilde{W}_{i(k)} P^{-1}(\varepsilon) & \rho^2 \end{bmatrix} \geq 0, \quad \forall \varepsilon \in (0, \varepsilon_{\max}], \quad i = 1, 2, \cdots, N, \quad k = 1, 2, \cdots, m \quad (6.44)$$

也就是

$$\begin{bmatrix} P^{-1}(\varepsilon) & * \\ \tilde{H}_{i(k)}(\varepsilon) & \rho^2 \end{bmatrix} \geq 0, \quad \forall \varepsilon \in (0, \varepsilon_{\max}], \quad i = 1, 2, \cdots, N, \quad k = 1, 2, \cdots, m \quad (6.45)$$

其中，

$$\tilde{H}_{i(k)}(\varepsilon) = \tilde{W}_{i(k)} P^{-1}(\varepsilon) \quad (6.46)$$

式（6.45）表明 $P^{-1}(\varepsilon) \geq \rho^{-2} \tilde{H}_{i(k)}^{\mathrm{T}}(\varepsilon) \tilde{H}_{i(k)}(\varepsilon), \forall \varepsilon \in (0, \varepsilon_{\max}], i = 1, 2, \cdots, N, k = 1, 2, \cdots, m$。然后，对于任意的 $x \in \Omega(P^{-1}(\varepsilon)), \forall \varepsilon \in (0, \varepsilon_{\max}]$，满足 $x \in \Omega(P^{-1}(\varepsilon)), \forall \varepsilon \in (0, \varepsilon_{\max}]$，$i = 1, 2, \cdots, N, k = 1, 2, \cdots, m$。

因此，由引理 6.3，对于任意的 $x \in \Omega(P^{-1}(\varepsilon)), \forall \varepsilon \in (0, \varepsilon_{\max}]$，闭环系统（6.4）可写成式（6.35）。

第 2 部分：这部分与定理 6.1 的第 2 部分证明类似。在这只写出主要想法。定义 Lyapunov 函数：

第 6 章 奇异摄动切换饱和控制系统设计

$$V(x(t)) = x^{\mathrm{T}}(t)P^{-1}(\varepsilon)x(t)$$

由于矩阵 $P^{-1}(\varepsilon)$ 是正定的，因此对任意 $\varepsilon \in (0, \varepsilon_0]$，$V(x(t))$ 是正定的。

计算 $V(x(t))$ 沿系统（6.35）方向的导数，可得

$$\dot{V}(x(t)) = 2x^{\mathrm{T}}(t)P^{-1}(\varepsilon)\dot{x}(t)$$
$$= \sum_{i=1}^{N}\sum_{j=1}^{2^m}\theta_i\eta_j\, x^{\mathrm{T}}(t)\Gamma_i^j(\varepsilon)x(t), \quad \forall x(t) \in \Omega(P^{-1}(\varepsilon)),\ \varepsilon \in (0, \varepsilon_{\max}] \quad (6.47)$$

其中，

$$\Gamma_i^j(\varepsilon) = \mathrm{He}\{P^{-1}(\varepsilon)(\tilde{A}_i^j(\varepsilon) + \tilde{B}_i(\varepsilon)E_{ij}^-\tilde{H}_i(\varepsilon))\} \quad (6.48)$$

与定理 6.1 的第 2 部分证明类似，由线性矩阵不等式（6.38）~不等式（6.41）可得 $\Gamma_i^j(\varepsilon) < 0, \forall \varepsilon \in (0, \varepsilon_{\max}], i = 1,2,\cdots,N, j = 1,2,\cdots,2^m$，使得

$$\dot{V}(x(t)) < 0, \quad \forall x(t) \in \Omega(P^{-1}(\varepsilon)), \quad x(t) \neq 0, \quad \varepsilon \in (0, \varepsilon_{\max}] \quad (6.49)$$

因此，在任意切换律下，对于 $\forall \varepsilon \in (0, \varepsilon_{\max}]$，闭环系统是局部渐近稳定的，$\Omega(P^{-1}(\varepsilon))$ 是收缩不变集。

第 3 部分：考虑

$$P(\varepsilon) = \begin{bmatrix} P_s & * \\ P_2 & \varepsilon^{-1}P_f \end{bmatrix}, \quad P = \begin{bmatrix} P_s & * \\ P_2 & \varepsilon_{\max}^{-1}P_f \end{bmatrix}$$

可得

$$P(\varepsilon) \geqslant P, \quad \forall \varepsilon \in (0, \varepsilon_{\max}]$$

这表明 $\Omega(P^{-1}) \subseteq \Omega(P^{-1}(\varepsilon)), \forall \varepsilon \in (0, \varepsilon_{\max}]$。

因此，对于任意的 $\varepsilon \in (0, \varepsilon_{\max}]$，椭球体 $\Omega(P^{-1})$ 是闭环系统（6.4）的吸引域，证明完毕。

定理 6.2 同时考虑了稳定界和吸引域。最佳的稳定界可由求解下面凸优化问题得到：

$$\max_{P_s>0, P_f>0, \tilde{Q}_{is}^j>0, \tilde{Q}_{if}^j>0, \tilde{W}_{is}, \tilde{W}_{if}} \varepsilon_{\max}$$
$$\mathrm{s.t.} \quad 式(6.37)\sim式(6.41) \quad (6.50)$$

选择期望的稳定界 $\varepsilon_{\max}$，$\varepsilon_{\max}$ 小于通过凸优化问题（6.50）求解出来的最佳稳定界，可以通过求解下面凸优化问题来估计系统的最大吸引域：

$$\max_{P_s>0, P_f>0, \tilde{Q}_{is}^j>0, \tilde{Q}_{if}^j>0, \tilde{W}_{is}, \tilde{W}_{if}} \alpha$$
$$\mathrm{s.t.} \quad (a)\ \alpha\Omega(S) \subset \Omega(P^{-1})$$
$$\quad\quad (b)\ 式(6.37)\sim式(6.41) \quad (6.51)$$

其中，S 是给定的正定矩阵；$\Omega(S)$ 是不变参考集[1]；P 的定义已经在定理 6.2 中给出。

条件（a）凸优化问题等价于

$$\alpha^2 P^{-1} \leqslant S \tag{6.52}$$

由Schur引理，不等式（6.52）改写为

$$\begin{bmatrix} \eta S & * \\ I & P \end{bmatrix} \geqslant 0 \tag{6.53}$$

其中，$\eta = \alpha^{-2}$。然后，凸优化问题（6.51）可转换成：

$$\min_{P_s>0, P_f>0, \tilde{Q}_{is}^l>0, \tilde{Q}_{if}^l>0, \bar{W}_{is}, \bar{W}_{if}} \eta$$

s.t. 式(6.37)~式(6.41)，式(6.53) (6.54)

凸优化问题（6.50）和问题（6.54）可以用MATLAB中的LMI工具箱求解。

通过定理6.2可得如下推论，解决了求解不带有饱和执行器的奇异摄动切换系统稳定界的问题。

推论6.1 对于系统（6.1），令$u(t)=0$并给定$\varepsilon_{\max}>0$，如果存在矩阵$P_s=(P_s)^T>0$，$P_f=(P_f)^T>0$，$Q_{is}=(Q_{is})^T>0$，$Q_{if}=(Q_{if})^T>0$为适当维数的矩阵，可得线性矩阵不等式：

$$X_{is} < 0 \tag{6.55}$$

$$X_{if} < 0 \tag{6.56}$$

$$\begin{bmatrix} X_{is} & * \\ \varepsilon_{\max} X_{i2} & X_{if} + \varepsilon_{\max}\overline{M} \end{bmatrix} < 0 \tag{6.57}$$

和

$$\begin{bmatrix} Q_{is} - A_{i12}\overline{Y}_i - (A_{i12}\overline{Y}_i)^T & * \\ -(A_{i22}\overline{Y}_i + P_f(A_{i12})^T) & Q_{if} \end{bmatrix} > 0 \tag{6.58}$$

已证明对于$i=1,2,\cdots,N$，成立，其中$X_{is}=\mathrm{He}\{A_{is}P_s\}+Q_{is}$，$X_{if}=\mathrm{He}\{A_{i22}P_f\}+Q_{if}$，$X_{i2}=P_2 A_{i11}^T$，$\overline{Y}_i = -\sum_{l=1}^{N}(A_{l22})^{-1}A_{l21}P_s \mid (l \neq i)$，$P_2 = -\sum_{l=1}^{N}(A_{l22})^{-1}A_{l21}P_s$，$\overline{M}=\mathrm{He}\{A_{l21}P_2^T\}$。然后可以得出在任意切换律下，对$\forall \varepsilon \in (0, \varepsilon_{\max}]$，$u(t)=0$时的系统（6.1）是渐近稳定的。

注释6.3 如文献[22]所示，关于求解奇异摄动切换系统的稳定界问题具有挑战性。文献[26]中给出了基于线性矩阵不等式计算奇异摄动切换系统稳定界的方法。但是这个方法需要满足在切换过程中快子系统保持不变。推论6.1不需要这样的条件，因此可以适用范围更广。

6.4 仿　　真

本节通过数值和液压伺服位置系统的例子，说明了所提出的方法相比较于现有方法的优点和有效性。

例 6.1　考虑系统（6.1）具有两种模式。

模式 1：

$$A_1(\varepsilon) = \begin{bmatrix} 0 & 2.1 & 0 & 0 \\ 1 & 0 & -0.6 & -0.5 \\ 0 & 0 & 0 & \varepsilon^{-1} \\ 1.5\varepsilon^{-1} & 0 & -\varepsilon^{-1} & -2\varepsilon^{-1} \end{bmatrix}, \quad B_1(\varepsilon) = \begin{bmatrix} 0 \\ 0 \\ 0 \\ \varepsilon^{-1} \end{bmatrix}$$

模式 2：

$$A_2(\varepsilon) = \begin{bmatrix} 0 & 0.7 & 0 & 0 \\ 0 & 0 & -0.3 & -0.2 \\ 0 & 0 & 0 & \varepsilon^{-1} \\ 0 & 0 & -3\varepsilon^{-1} & -5\varepsilon^{-1} \end{bmatrix}, \quad B_2(\varepsilon) = \begin{bmatrix} 0 \\ 0 \\ 0 \\ \varepsilon^{-1} \end{bmatrix}$$

这个例子是从文献[22]中借鉴来的，其中考虑了不带有执行器饱和奇异摄动切换系统稳定控制器的设计问题。文献[22]中给出的控制器增益为

$$F_1 = [-65.3601 \quad -60.3074 \quad 0.1511 \quad 0.4040]$$

$$F_2 = [-147.6057 \quad -137.0206 \quad -0.5931 \quad -0.4110]$$

通过这些控制器，由推论 6.1 得到了闭环系统的稳定界 $\varepsilon_{\max 1} = 0.0218$。由于独立切换的子系统不同于快子系统，因此文献[22]中提出的方法不能应用到这个例子中。

当控制器存在饱和时 $\rho = 1$，可以由定理 6.2 得到估计的稳定界 $\varepsilon_{\max 2} = 0.0112$。可以看出，当执行器饱和时稳定界明显地减小了。

由定理 6.1，可得如下控制器增益：

$$\tilde{F}_1 = [-263.74508 \quad -300.5915 \quad 43.4276 \quad 48.7446]$$

$$\tilde{F}_2 = [-262.9097 \quad -304.9291 \quad 43.1043 \quad 49.0308]$$

由一维搜索算法计算得出的控制器和凸优化问题（6.50），可以得到稳定界 $\varepsilon_{\max 3} = 0.1543$，比 $\varepsilon_{\max 2}$ 要大很多。得到这样结果的原因是设计时充分考虑了执行器饱和。

选取 $\varepsilon_{\max} = 0.1$ 作为期望的稳定界，求解凸优化问题（6.54），可以得到吸引域椭球体 $\Omega(P^{-1})$，其中，

$$P^{-1} = \begin{bmatrix} 32680.9774 & * & * & * \\ 17394.9443 & 20298.8462 & * & * \\ -219.5679 & -223.0181 & 16.6683 & * \\ -80.7780 & -82.0474 & 6.1322 & 8.3788 \end{bmatrix}$$

然后，由定理 6.1 可得，在任意切换律下，对任意的 $\varepsilon \in (0, 0.1]$，闭环系统是局部渐近稳定的。

例 6.2 此示例将所提出的方法应用到轧机液压伺服系统。根据文献[29]，可以建模成如下形式：

$$Q_l = A_p \dot{x}_p + C_t P_l + \frac{V_t}{4\beta_e} \dot{P}_l \tag{6.59}$$

$$A_p P_l = M_t \ddot{x}_p + B_p \dot{x}_p + k x_p + F_l \tag{6.60}$$

$$Q_l = k_q x_v - k_c P_l \tag{6.61}$$

其中，Q_l 是负载流量；A_p 是活塞有效面积；C_t 是气缸总泄漏系数；P_l 是负载压力；V_t 是总压缩量；β_e 是液压油的有效体积弹性模量；M_t 是有效的系统的质量；B_p 是黏性摩擦系数；k 是弹性负载刚度；F_l 是外部干扰；k_q 是调节阀的流量增益；k_c 是阀的压力增益；x_v 是伺服阀阀芯的位移；x_p 是活塞杆的位移。

伺服放大器和伺服阀为零阶系统。即 $k_p = \dfrac{i}{\text{sat}(u(t))}$，$k_{sv} = \dfrac{x_v}{i}$，其中，$k_p$ 是伺服放大器的放大系数，i 是伺服放大器的输出电流，$u(t)$ 是伺服阀控制输入信号，k_{sv} 是伺服控制单元的增益。令 $k_{qsv} = k_q k_p k_{sv}$，因此式（6.61）可写为

$$Q_l = k_{qsv} \text{sat}(u(t)) - k_c P_l \tag{6.62}$$

令 $x_1 = x_p - x_{pd}$，$x_2 = \dot{x}_1$ 及 $x_3 = \dot{x}_2$，其中 x_{pd} 是活塞杆的期待位置。目标是设计控制器，即 $x_1 \to 0$。由式（6.59）、式（6.60）及式（6.62）可得如下状态方程：

$$\begin{aligned} \dot{x}_1(t) &= x_2(t) \\ \dot{x}_2(t) &= x_3(t) \\ \dot{x}_3(t) &= -\sum_{n=1}^{3} a_i x_i(t) + b\,\text{sat}(u(t)) - d \end{aligned} \tag{6.63}$$

其中，

$$a_1 = \frac{4\beta_e (k_c + C_t) k}{V_t M_t}$$

$$a_2 = \frac{4\beta_e A_p^2}{V_t M_t} + \frac{4\beta_e (k_c + C_t) B_p}{V_t M_t} + \frac{k}{M_t}$$

$$a_3 = \frac{4\beta_e (k_c + C_t)}{V_t} + \frac{B_p}{M_t}$$

$$b = \frac{4\beta_e A_p k_{qsv}}{V_t M_t}$$

$$d = \frac{4\beta_e(k_c + C_t)}{V_t M_t} F_l + \frac{\dot{F}_l}{M_t} + a_1 x_{pd} + a_2 \dot{x}_{pd} + a_3 \ddot{x}_{pd} + \dddot{x}_{pd}$$

如文献[30]和[31]所述，d 通常为外部干扰。在这里只考虑 $d=0$ 时的系统（6.63）的稳定性问题。

采用文献[30]和[31]的系统参数：$\beta_e = 7 \times 10^8 \text{Pa}, k_c = 4 \times 10^{-12} \text{m}^5/(\text{N}\cdot\text{s}), M_t = 1500\text{kg}$，$C_t = 5.0 \times 10^{-16} \text{m}^5/(\text{N}\cdot\text{s}), V_t = 3.768 \times 10^{-3} \text{m}^3, A_p = 0.1256 \text{m}^2, B_p = 2.25 \times 10^6 \text{N}\cdot\text{s/m}$，$k_{qsv} = 2.5 \times 10^{-2} \text{m}^3/(\text{V}\cdot\text{s})$，振幅 $u(t)$ 受限制满足 $|u(t)| \leq 4$。

在液压伺服系统开始工作时，弹性负载刚度 $k=0$。当两个工作辊接触负载时 $k=2.5 \times 10^9 \text{N/m}$。因此，液压伺服系统可描述为切换系统[30,31]：

$$\dot{x} = A_\sigma x(t) + B_\sigma \text{sat}(u(t))$$

代入参数可得

模式1：

$$A_1 = \begin{bmatrix} 0 & 1 & 0 \\ 0 & 0 & 1 \\ 0 & -7.8196 \times 10^6 & -1.5030 \times 10^3 \end{bmatrix}, \quad B_1 = \begin{bmatrix} 0 \\ 0 \\ 1.5556 \times 10^6 \end{bmatrix}$$

模式2：

$$A_2 = \begin{bmatrix} 0 & 1 & 0 \\ 0 & 0 & 1 \\ -4.954 \times 10^6 & -9.4862 \times 10^6 & -1.5030 \times 10^3 \end{bmatrix}, \quad B_2 = \begin{bmatrix} 0 \\ 0 \\ 1.5556 \times 10^6 \end{bmatrix}$$

选择 $\varepsilon = 0.0001$，上述切换系统可描述为奇异摄动切换系统（6.1），其中，

模式1：

$$\bar{A}_1 = \begin{bmatrix} 0 & 1 & 0 \\ 0 & 0 & 1 \\ 0 & -7.8196 \times 10^2 \varepsilon^{-1} & -0.1503 \varepsilon^{-1} \end{bmatrix}, \quad \bar{B}_1 = \begin{bmatrix} 0 \\ 0 \\ 1.5556 \times 10^2 \varepsilon^{-1} \end{bmatrix}$$

模式2：

$$\bar{A}_2 = \begin{bmatrix} 0 & 1 & 0 \\ 0 & 0 & 1 \\ -4.954 \times 10^2 \varepsilon^{-1} & -9.4862 \times 10^2 \varepsilon^{-1} & -0.1503 \varepsilon^{-1} \end{bmatrix}, \quad \bar{B}_2 = \begin{bmatrix} 0 \\ 0 \\ 1.5556 \times 10^2 \varepsilon^{-1} \end{bmatrix}$$

求解定理6.1中的线性矩阵不等式，可以得到状态反馈稳定控制器增益：

$\overline{K}_1 = [-1.5714 \quad -0.2561 \quad -0.0144]$, $\overline{K}_2 = [1.6132 \quad 0.8153 \quad -0.0144]$

由得到的状态反馈控制器，求解优化问题（6.50），可得估计的稳定界 $\varepsilon_{\max 4} = 0.00019$。因此，对任意 $\varepsilon \in (0, 0.00019]$，带有执行器饱和的奇异摄动切换系统是局部渐近稳定的。在 $\varepsilon_{\max} = 0.0001$ 和 $S = 1$ 的情况下求解凸优化问题（6.54），可得估计出的吸引域 $\Omega = \{x \in \mathbb{R}^n \mid x^T P^{-1} x \leq 1\}$，其中，

$$P^{-1} = \begin{bmatrix} 3.3007 \times 10^2 & * & * \\ 7.6042 \times 10^2 & 2.6561 \times 10^3 & * \\ 3.6012 \times 10^{-2} & 1.2552 \times 10^{-1} & 1.0287 \times 10^{-5} \end{bmatrix}$$

图 6.1 是闭环系统的吸引域及由 $x_0 = [-0.024\ 0\ 0]^T$ 开始的系统轨迹。这样的初始条件 x_0 对应于活塞杆的期望位置 $x_{pd} = 0.024$m，而活塞杆的初始位置为 $x_p = 0$m。可以看出从 $x_0 \in \Omega$ 开始的轨迹保持在 Ω 内，并且收敛到系统的平衡点 $x_e = [0\ 0\ 0]^T$。

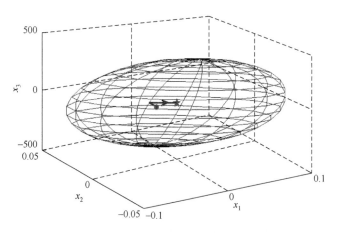

图 6.1 闭环系统的吸引域及由 $x_0 = [-0.024\ 0\ 0]^T$ 开始的系统轨迹

6.5 本章小结

本章研究了带执行饱和奇异摄动切换系统的控制器分析和设计问题。这两个问题可由线性矩阵不等式求解。根据所得的控制器，在任意切换律下，如果奇异摄动参数足够小，则闭环系统是局部渐近稳定的。为了得到闭环系统更大的稳定界和吸引域，本章给出了基于凸优化的计算方法。稳定界的估计方法适用于计算不带执行器饱和的奇异摄动切换系统，相比于现有方法可以应用于更一般的情况。提出的例子可以证明所得结果的可行性和有效性。

参 考 文 献

[1] Hu T, Lin Z. Control Systems with Actuator Saturation: Analysis and Design[M]. Boston: Birkhäuser, 2001.

[2] Hu T, Teel A R, Zaccarian L. Stability and performance for saturated systems via quadratic and nonquadratic Lyapunov functions[J]. IEEE Transactions on Automatic Control, 2006, 51 (11): 1770-1786.

[3] Kothare M V, Morari M. Multiplier theory for stability analysis of anti-windup control systems[J]. Automatica, 1999, 35 (5): 917-928.

[4] Cao Y, Lin Z, Ward D. An antiwindup approach to enlarging domain of attraction for linear systems subject to actuator saturation[J]. IEEE Transactions on Automatic Control, 2002, 47 (1): 140-145.

[5] Grimm G, Hatfield J, Postlethwaite I, et al. Antiwindup for stable linear systems with input saturation: A LMI-based synthesis[J]. IEEE Transactions on Automatic Control, 2003, 48 (9): 1509-1525.

[6] da Silva J M G, Tarbouriech S. Antiwindup design with guaranteed regions of stability: A LMI-based approach[J]. IEEE Transactions on Automatic Control, 2005, 50 (1): 106-111.

[7] Wu X, Lin Z. Dynamic antiwindup design in anticipation of actuator saturation[J]. International Journal of Robust and Nonlinear Control, 2014, 24 (2): 295-312.

[8] Lu L, Lin Z. Design of switched linear systems in the presence of actuator saturation[J]. IEEE Transactions on Automatic Control, 2008, 53 (6): 1536-1542.

[9] Ni W, Cheng D. Control of switched linear systems with input saturation[J]. International Journal of Systems Science, 2010, 41 (9): 1057-1065.

[10] Duan C, Wu F. Output-feedback control for switched linear systems subject to actuator saturation[J]. International Journal of Control, 2012, 85 (10): 1532-1545.

[11] Chen Y, Fei S, Zhang K, et al. Control of switched linear systems with actuator saturation and its applications[J]. Mathematical and Computer Modelling, 2012, 56 (1): 14-26.

[12] Lin X, Li X, Zou Y, et al. Finite-time stabilization of switched linear systems with nonlinear saturating actuators[J]. Journal of the Franklin Institute, 2014, 351 (3): 1464-1482.

[13] Garcia G, Tarbouriech S. Control of singularly perturbed systems by bounded control[C]. Proceedings of America Control Conference, Denver, 2003: 4482-4487.

[14] Lizarraga I, Tarbouriech S, Garcia G. Control of singularly perturbed systems under actuator saturation[J]. IFAC Proceedings Volumes, 2005, 38 (1): 243-248.

[15] Xin H, Gan D, Huang M, et al. Estimating the stability region of singular perturbation power systems with saturation nonlinearities: An linear matrix inequality based method[J]. IET Control Theory and Applications, 2010, 4 (3): 351-361.

[16] Yang C Y, Sun J, Ma X P. Stabilization bound of singularly perturbed systems subject to actuator saturation[J]. Automatica, 2013, 49 (2): 457-462.

[17] Kokotovic P V, Khalil H K, O'Reilly J. Singular Perturbation Methods in Control: Analysis and Design[M]. New York: Academic, 1986.

[18] Kumar A, Christofides P D, Daouditis P. Singular perturbation modeling of nonlinear processes with non-explicit time-scale multiplicity[J]. Chemical Engineering Science, 1998, 53 (8): 1491-1504.

[19] Feng W. Characterization and computation for the bound ε^* in linear time-invariant singularly perturbed systems[J]. Systems and Control Letters, 1988, 11 (3): 195-202.

[20] Chen B, Lin C. On the stability bounds of singularly perturbed systems[J]. IEEE Transactions on Automatic Control, 1990, 35（11）: 1265-1270.

[21] Cao L, Schwartz H M. Complementary results on the stability bounds of singularly perturbed systems[J]. IEEE Transactions on Automatic Control, 2004, 49（11）: 2017-2021.

[22] Malloci I, Daafouz J, Iung C. Stabilization of continuous-time singularly perturbed switched systems[C]. Proceedings of IEEE Conference on Decision and Control, Shanghai, 2009: 6371-6376.

[23] Malloci I, Daafouz J, Iung C. Stability and stabilization of two-time scale switched systems in discrete time[J]. IEEE Transactions on Automatic Control, 2010, 55（6）: 1434-1438.

[24] Alwan M, Liu X, Ingalls B. Exponential stability of singularly perturbed switched systems with time delay[J]. Nonlinear Analysis: Hybrid Systems, 2008, 2（3）: 913-921.

[25] Malloci I, Daafouz J, Iung C, et al. Robust steering control of hot strip mill[J]. IEEE Transactions on Control Systems Technology, 2010, 18（4）: 908-917.

[26] Deaecto G S, Daafouz J, Geromel J C. H_2 and H_1 performance optimization of singularly perturbed switched systems[J]. SIAM Journal on Control and Optimization, 2012, 50（3）: 1597-1615.

[27] Song T, Rahman M F, Lim K W, et al. A singular perturbation approach to sensorless control of a permanent magnet synchronous motor drive[J]. IEEE Transactions on Energy Conversion, 1999, 14（4）: 1359-1365.

[28] Boyd S, Ghaoui L E, Feron E, et al. Linear Matrix Inequalities in System and Control Theory[M]. Philadelphia: Society for Industrial and Applied Mathematics, 1994.

[29] Chen H M, Renn J C, Su J P. Sliding mode control with varying boundary layers for an electro-hydraulic position servo system[J]. The International Journal of Advanced Manufacturing Technology, 2005, 26（1-2）: 117-123.

[30] Fang Y M, Wang Z J, Xie Y P, et al. Sliding mode variable structure control of multi-model switching for rolling mill hydraulic servo position system[J]. Electric Machines and Control, 2010, 14（5）: 91-96.

[31] Wang Z J, Fang Y M, Li Y H, et al. Multi-model switching control for rolling mill hydraulic servo system with input constraints[J]. Chinese Journal of Scientific Instrument, 2013, 34（4）: 881-887.

第7章 奇异摄动系统抗饱和控制设计

本章主要的研究内容是，设计输入受限奇异摄动系统的连续控制器。控制器由动态反馈控制器和补偿器两部分构成。首先，针对奇异摄动参数ε可测的情况制定出同时设计动态反馈控制器和补偿器方法。使得ε在一定范围内，控制器都具有良好的性能。然后，针对ε不可测的情况，提出两步设计方法。

7.1 引 言

输入受限现象在实际的控制系统中普遍存在。如果设计过程忽视输入受限的影响会导致系统性能的降低甚至是不稳定[1-3]。因此，很多研究者一直致力于研究如何解决输入受限系统的控制器设计问题[4-8]。目前，主要有两种设计控制器的方法[4,9]：直接法和间接法。直接法就是在控制器设计的初期就考虑输入受限的影响，然后设计出可以使闭环控制系统稳定的控制器[10-12]。间接法的主要步骤是，先在不考虑输入受限的情况下设计控制器，再设计补偿器来改善系统的性能。间接法因其直观性和广泛应用性引起了研究者更多的关注。当开环系统不稳定时，输入受限控制系统的全局稳定性是很难实现的[5]，并且如何估计更大的吸引域也是一个待解决的问题。间接法，即分两步设计控制器的缺点是求解出的控制器的性能不高和吸引域保守性过大。最近，许多研究者开始研究同时设计状态反馈控制器和补偿器的方法，这样整合得到的控制器会有更大的吸引域和更好的性能[13,14]。

许多工程系统都可以描述为奇异摄动系统，并通过奇异摄动参数ε将奇异摄动系统划分为快、慢两个子系统。与一般系统不同，奇异摄动系统的稳定性是指存在奇异摄动参数上界ε_0，使得系统在任意满足$\varepsilon \in (0, \varepsilon_0]$情况下都是稳定的[15-18]。分析和控制奇异摄动系统的关键是解决由奇异摄动参数ε带来的病态数值问题。在传统奇异摄动理论中，可以将奇异摄动系统分解成快、慢两个降阶的子系统，然后可以分别用降阶后的子系统对原系统进行分析和设计。这样做不但可以减少计算量，同时也避免了病态数值问题[19,20]。

输入受限的奇异摄动系统是非光滑的，这违反了传统奇异摄动理论的基本假设之一。因此，当存在输入受限时，许多针对降阶子系统的分析和设计方法都需要增加额外的限制条件[2,21-23]。例如，在文献[21]中，假设输入受限非线性仅存在于慢变量中；而在文献[2]和[23]中，假设输入受限仅存在于快变量中；在文献[22]

中，不考虑两个降阶子系统的非线性，分别设计降阶子系统的控制器，再整合成原系统组合控制器。这样得到的控制器可以使闭环系统在某一区域是线性的。为了不受这些条件的限制，文献[3]和[24]提出了基于不分解奇异摄动系统设计控制器的方法。这些方法主要是通过构造特定结构的 Lyapunov 函数来有效地避免病态数值问题。然而，前面得到的所有结论都是利用直接法设计控制器。目前，如何利用间接法设计输入受限的奇异摄动系统控制器仍是个待解决的问题。

本章主要的研究内容是输入受限奇异摄动系统控制器的设计。控制器由动态反馈控制器和补偿器两部分构成。首先考虑奇异摄动参数 ε 可测的情况。通过构造一个含 ε 的 Lyapunov 函数，同时设计动态反馈控制器和补偿器，并将其转化成可以用线性矩阵不等式求解的优化问题。求解动态反馈控制器的增益矩阵需要已知奇异摄动参数 ε，而求解补偿器的增益矩阵则不需要 ε。根据得到的动态反馈控制器和补偿器可以设计出需要的连续控制器。利用 ε 相关知识设计得到的状态反馈控制器，能同时求解出期望的稳定界和最大化的吸引域。然后再考虑奇异摄动参数 ε 不可测的情况。首先通过求解一组线性矩阵不等式，设计出不依赖于 ε 的动态反馈控制器。再根据所得的动态反馈控制器制定一个优化问题来设计补偿器，从而得到期望的稳定界和最大化的吸引域。最后，用几个仿真例子来说明提出方法的正确性和有效性。

本章结构为：7.2 节提出需要解决的问题及相关的引理。7.3 节分别针对奇异摄动参数 ε 可测和不可测两种情况设计控制器。并将这些设计转换为可以用线性矩阵不等式求解的问题。7.4 节给出例子来证明所提方法的优势。7.5 节为总结。

7.2 问题描述

考虑如下奇异摄动系统：

$$E(\varepsilon)\dot{x}(t) = Ax(t) + Bu_m(t) \tag{7.1}$$

其中，状态变量是 $x \in \mathbb{R}^{n_{con}}$；控制输入是 $u_m \in \mathbb{R}^{q_{con}}$；$E(\varepsilon) = \begin{bmatrix} I_{n_1} & 0 \\ 0 & \varepsilon I_{n_2} \end{bmatrix} \in \mathbb{R}^{n_{con} \times n_{con}}$；$A \in \mathbb{R}^{n_{con} \times n_{con}}$，$B \in \mathbb{R}^{n_{con} \times n_{con}}$ 是常数矩阵。由于存在输入受限 $u_m = \text{sat}(u)$，函数 $\text{sat}(\cdot)$：$\mathbb{R}^{q_{con}} \to \mathbb{R}^{q_{con}}$ 为标准的向量饱和函数。

$$\text{sat}(u_i(t)) = \text{sign}(u_i(t))\min\{1, |u_i(t)|\}, \quad i = 1, 2, \cdots, q \tag{7.2}$$

设计如图 7.1 所示控制器，由动态反馈控制器（7.3）和补偿器（7.4）构成：

$$\dot{u}(t) = Gx(t) + Fu(t) + \zeta \tag{7.3}$$

$$\zeta = E_c(\text{sat}(u(t)) - u(t)) \tag{7.4}$$

其中，$u(t)$ 是控制器状态；$E_c \in \mathbb{R}^{q_{con} \times q_{con}}$，$G \in \mathbb{R}^{q_{con} \times n_{con}}$ 和 $F \in \mathbb{R}^{q_{con} \times q_{con}}$ 是控制器增益。

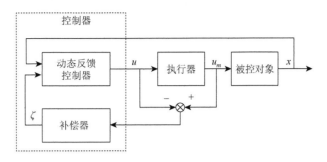

图 7.1 闭环系统控制器结构图

当系统控制输入没有达到输入上限时，即 $\text{sat}(u(t)) = u(t)$，设计的控制器使其能够满足系统原先的性能要求，E_c 为补偿器增益，F、G 为动态反馈控制器增益。

由式（7.1）～式（7.4）可得闭环系统方程：

$$E_{con}(\varepsilon)\dot{\eta}(t) = (\hat{A} + I_R K)\eta + (\hat{B} + I_R E_c)\psi(\hat{C}\eta) \tag{7.5}$$

其中，$\psi(u(t)) = \text{sat}(u(t)) - u(t)$ 为新定义的死区非线性函数；变量 $\eta = \begin{bmatrix} u \\ x \end{bmatrix}$，

$\hat{A} = \begin{bmatrix} 0 & 0 \\ B & A \end{bmatrix}$，$E_{con}(\varepsilon) = \begin{bmatrix} I & 0 \\ 0 & E(\varepsilon) \end{bmatrix}$，$\hat{B} = \begin{bmatrix} 0 \\ B \end{bmatrix}$，$I_R = \begin{bmatrix} I \\ 0 \end{bmatrix}$，$\hat{C} = [I \ 0]$，$K = [F \ G]$。

分析闭环系统（7.5）的稳定性是本章的主要任务。在本章中，需要求解椭球体 Ω 及稳定界 ε_0，当奇异摄动参数 ε 满足 $0 < \varepsilon \leqslant \varepsilon_0$ 时，所有从椭球体 Ω 出发的闭环系统（7.5）的轨迹均收敛于原点。针对以上要求，定义如下问题。

问题 7.1　给定正数 $\varepsilon_0 > 0$，确定控制器（7.3）和补偿器（7.4）及尽可能大的椭球体 Ω，使得对于任意 $\varepsilon \in (0, \varepsilon_0]$，闭环系统（7.5）在原点处是渐近稳定的，而且椭球体 Ω 在闭环系统的吸引域内。

为解决上述问题，需要如下引理。

引理 7.1[25]　给定多面体集 $S(v_0) = \{v, w \in \mathbb{R}^q \mid -v_0 \leqslant v - w \leqslant v_0\}$，$v_0 \in \mathbb{R}^{q_{con}}$，对于任意的对角正定矩阵 $\Gamma \in \mathbb{R}^{q_{con} \times q_{con}}$，可得非线性 $\psi(v) = \text{sat}(v) - v$ 满足下列不等式：

$$\psi^T(v)\Gamma(\psi(v) + w) \leqslant 0, \quad \forall v, w \in S(v_0) \tag{7.6}$$

引理 7.2　对于正数 ε_0 和适当维数的对称矩阵 S_1、S_2、S_3，假如：

$$S_1 \geqslant 0 \tag{7.7}$$

$$S_1 + \varepsilon_0 S_2 > 0 \tag{7.8}$$

$$S_1 + \varepsilon S_2 + \varepsilon^2 S_3 > 0, \quad \forall \varepsilon \in (0, \varepsilon_0] \tag{7.9}$$

可得

$$S_1 + \varepsilon S_2 + \varepsilon^2 S_3 > 0, \quad \forall \varepsilon \in (0, \varepsilon_0] \tag{7.10}$$

引理 7.3 如果存在矩阵 $Z_i(i=1,2,\cdots,5)$ 和 $Z_i = Z_i^T (i=1,2,3,4)$ 满足：

$$Z_1 > 0 \tag{7.11}$$

$$\begin{bmatrix} Z_1 + \varepsilon_0 Z_3 & \varepsilon_0 Z_5^T \\ \varepsilon_0 Z_5 & \varepsilon_0 Z_2 \end{bmatrix} > 0 \tag{7.12}$$

$$\begin{bmatrix} Z_1 + \varepsilon_0 Z_3 & \varepsilon_0 Z_5^T \\ \varepsilon_0 Z_5 & \varepsilon_0 Z_2 + \varepsilon_0^2 Z_4 \end{bmatrix} > 0 \tag{7.13}$$

可得

$$E_{con}(\varepsilon)Z(\varepsilon) = Z^T(\varepsilon)E_{con}(\varepsilon) > 0, \quad \forall \varepsilon \in (0, \varepsilon_0] \tag{7.14}$$

其中，$Z(\varepsilon) = \begin{bmatrix} Z_1 + \varepsilon Z_3 & \varepsilon Z_5^T \\ Z_5 & Z_2 + \varepsilon Z_4 \end{bmatrix}$。

7.3 主要结果

针对上述问题提出了两种解决办法，首先，当 ε 可测时，设计依赖 ε 的控制器。然后，当 ε 不可测时，设计不依赖 ε 的控制器。

7.3.1 奇异摄动参数可测时的控制器设计

在这个部分，提出同时设计动态反馈控制器增益和补偿器增益的方法。并将其转化成线性矩阵不等式求解问题。下面的定理给出了控制器(7.3)和补偿器(7.4)存在的充分条件，即对于任意的奇异摄动参数 $\varepsilon \in (0, \varepsilon_0]$，闭环系统（7.5）是渐近稳定的，并且有椭球体 Ω 是闭环控制系统吸引域的一个估计。

定理 7.1 给定正数 $\varepsilon_0 > 0$，假设存在对角正定矩阵 $S_{con} \in \mathbb{R}^{q_{con} \times q_{con}}$，以及矩阵 $Q_{con} \in \mathbb{R}^{q_{con} \times q_{con}}$，$M_{con1} \in \mathbb{R}^{q_{con} \times (n_{con1}+q_{con})}$，$M_{con2} \in \mathbb{R}^{q_{con} \times n_{con2}}$，$Y \in \mathbb{R}^{q_{con} \times n_{con}}$，$Z_{con1} \in \mathbb{R}^{(n_{con1}+q_{con}) \times (n_{con1}+q_{con})}$，$Z_{con2} \in \mathbb{R}^{n_{con2} \times n_{con2}}$，$Z_{con3} \in \mathbb{R}^{(n_{con1}+q_{con}) \times (n_{con1}+q_{con})}$，$Z_{con4} \in \mathbb{R}^{n_{con2} \times n_{con2}}$，$Z_{con5} \in \mathbb{R}^{con2 \times (n_{con1}+q_{con})}$ 及矩阵 $Z_{coni} = Z_{coni}^T (i=1,2,3,4)$，满足以下 LMI 条件：

$$\begin{bmatrix} \Phi & * \\ S_{con}\hat{B}^T + Q_{con}I_R^T - M_{con}E_{con}(0) - \hat{C}U_1 & -2S_{con} \end{bmatrix} < 0 \tag{7.15}$$

$$\begin{bmatrix} \Theta & * \\ S_{con}\hat{B}^T + Q_{con}I_R^T - M_{con}E_{con}(\varepsilon_0) - \hat{C}(U_1 + \varepsilon_0 U_2) & -2S_{con} \end{bmatrix} < 0 \tag{7.16}$$

$$\begin{bmatrix} Z_{\text{con1}} & * \\ M_{\text{con1}(i)} & 1 \end{bmatrix} > 0, \quad i=1,2,\cdots,q \tag{7.17}$$

$$\begin{bmatrix} Z_{\text{con1}}+\varepsilon_0 Z_{\text{con3}} & * & * \\ \varepsilon_0 Z_{\text{con5}} & \varepsilon_0 Z_{\text{con2}} & * \\ M_{\text{con1}(i)} & \varepsilon_0 M_{\text{con2}(i)} & 1 \end{bmatrix} > 0, \quad i=1,2,\cdots,q \tag{7.18}$$

$$\begin{bmatrix} Z_{\text{con1}}+\varepsilon_0 Z_{\text{con3}} & * & * \\ \varepsilon_0 Z_{\text{con5}} & \varepsilon_0 Z_{\text{con2}}+\varepsilon_0^2 Z_{\text{con4}} & * \\ M_{\text{con1}(i)} & \varepsilon_0 M_{\text{con2}(i)} & 1 \end{bmatrix} > 0, \quad i=1,2,\cdots,q \tag{7.19}$$

其中，$\Phi = U_1^{\text{T}}\hat{A}^{\text{T}} + \hat{A}U_1 + Y^{\text{T}}I_{\text{R}}^{\text{T}} + I_{\text{R}}Y$，$U_1 = \begin{bmatrix} Z_{\text{con1}} & 0 \\ Z_{\text{con5}} & Z_{\text{con2}} \end{bmatrix}$，$U_2 = \begin{bmatrix} Z_{\text{con3}} & Z_{\text{con5}}^{\text{T}} \\ 0 & Z_{\text{con4}} \end{bmatrix}$，

$M_{\text{con}} = [M_{\text{con1}} \; M_{\text{con2}}]$，$\Theta = (U_1+\varepsilon_0 U_2)^{\text{T}}\hat{A}^{\text{T}} + \hat{A}(U_1+\varepsilon_0 U_2) + Y^{\text{T}}I_{\text{R}}^{\text{T}} + I_{\text{R}}Y$。

那么，当 $\varepsilon \in (0,\varepsilon_0]$ 时，控制器（7.3）和补偿器（7.4）使闭环系统（7.5）是渐近稳定的，而且椭球体 $\Omega(\varepsilon) = \{\eta \mid \eta^{\text{T}} Z_{\text{con}}^{-\text{T}}(\varepsilon) E_{\text{con}}(\varepsilon) \eta \leqslant 1\}$ 在闭环系统吸引域内，其中 $E_c = Q_{\text{con}}^{\text{T}} S_{\text{con}}^{-1}$，$K(\varepsilon) = YZ_{\text{con}}^{-1}(\varepsilon)$，$Z_{\text{con}}(\varepsilon) = U_1 + \varepsilon U_2$。

证明 令 $v_{\text{con}} = \hat{C}\eta$，$w_{\text{con}} = M_{\text{con}}E_{\text{con}}(\varepsilon)Z_{\text{con}}^{-1}(\varepsilon)\eta + \hat{C}\eta = (M_{\text{con}}E_{\text{con}}(\varepsilon)Z_{\text{con}}^{-1}(\varepsilon)+\hat{C})\eta$。由引理 7.1 可得非线性函数 $\psi(\hat{C}\eta)$ 满足：

$$\psi^{\text{T}}(\hat{C}\eta)\Gamma_{\text{con}}(\psi(\hat{C}\eta)+(M_{\text{con}}E_{\text{con}}(\varepsilon)Z_{\text{con}}^{-1}(\varepsilon)+\hat{C})\eta) \leqslant 0, \quad \forall \eta \in S(\rho) \tag{7.20}$$

其中，Γ_{con} 是任意对角正定矩阵；$S(\rho) = \{\eta \mid -\rho \leqslant M_{\text{con}}E_{\text{con}}(\varepsilon)Z_{\text{con}}^{-1}(\varepsilon)\eta \leqslant \rho\}$，$\rho = [1,1,\cdots,1]^{\text{T}}$。

由引理 7.2，LMI（7.18）和 LMI（7.19）可写成：

$$\begin{bmatrix} Z_{\text{con}}^{\text{T}}(\varepsilon)E_{\text{con}}(\varepsilon) & * \\ M_{\text{con}(i)}E_{\text{con}}(\varepsilon) & 1 \end{bmatrix} > 0, \quad i=1,2,\cdots,q, \quad \forall \varepsilon \in (0,\varepsilon_0] \tag{7.21}$$

等价于

$$\begin{bmatrix} E_{\text{con}}^{-1}(\varepsilon)Z_{\text{con}}^{\text{T}}(\varepsilon) & * \\ M_{\text{con}(i)} & 1 \end{bmatrix} > 0, \quad i=1,2,\cdots,q, \quad \forall \varepsilon \in (0,\varepsilon_0] \tag{7.22}$$

在不等式（7.22）左面乘以对角分块矩阵 $\text{diag}([E_{\text{con}}^{-1}(\varepsilon)Z_{\text{con}}^{\text{T}}(\varepsilon)]^{-1},I)$，右面乘以 $\text{diag}([E_{\text{con}}^{-1}(\varepsilon)Z_{\text{con}}^{\text{T}}(\varepsilon)]^{-1},I)$ 的装置，可得

$$\begin{bmatrix} E_{\text{con}}(\varepsilon)Z_{\text{con}}^{-1}(\varepsilon) & * \\ M_{\text{con}(i)}E_{\text{con}}(\varepsilon)Z_{\text{con}}^{-1}(\varepsilon) & 1 \end{bmatrix} > 0, \quad i=1,2,\cdots,q$$

即

$$E_{\text{con}}(\varepsilon)Z_{\text{con}}^{-1}(\varepsilon) > Z_{\text{con}}^{-\text{T}}(\varepsilon)E_{\text{con}}(\varepsilon)M_{\text{con}(i)}^{\text{T}}M_{\text{con}(i)}E_{\text{con}}(\varepsilon)Z_{\text{con}}^{-1}(\varepsilon)$$

然后对于任意 $\eta \in \Omega(\varepsilon)$，可得

$$\eta^\perp Z_{con}^{-1}(\varepsilon)E_{con}(\varepsilon)M_{con(i)}^\perp M_{con(i)}E_{con}(\varepsilon)Z_{con}^{-1}(\varepsilon)\eta < 1$$

即 $\Omega(\varepsilon) \subseteq S(\rho)$。

由线性矩阵不等式（7.15）和不等式（7.16）可得

$$\begin{bmatrix} \bar{\Phi} & * \\ S_{con}\hat{B}^T + Q_{con}I_R^T - M_{con}E_{con}(\varepsilon) - \hat{C}(U_1 + \varepsilon U_2) & -2S_{con} \end{bmatrix} < 0, \quad \forall \varepsilon \in (0, \varepsilon_0] \quad (7.23)$$

不等式（7.23）也可以写成:

$$\begin{bmatrix} \bar{\Phi} & * \\ S_{con}\hat{B}^T + Q_{con}I_R^T - M_{con}E_{con}(\varepsilon) - \hat{C}Z_{con}(\varepsilon) & -2S_{con} \end{bmatrix} < 0, \quad \forall \varepsilon \in (0, \varepsilon_0] \quad (7.24)$$

其中，$\bar{\Phi} = (U_1 + \varepsilon U_2)^T \hat{A}^T + \hat{A}(U_1 + \varepsilon U_2) + Y^T I_R^T + I_R Y = Z_{con}^T(\varepsilon)\hat{A}^T + \hat{A}Z_{con}(\varepsilon) + Y^T I_R^T + I_R Y$。

对式（7.24）左面乘以 $\mathrm{diag}(Z_{con}^{-T}(\varepsilon), I, S_{con}^{-1}, I)$，右面乘以 $\mathrm{diag}(Z_{con}^{-T}(\varepsilon), I, S_{con}^{-1}, I)$ 的转置，可得

$$\begin{bmatrix} \Phi_1 & * \\ \Phi_2 & -2S_{con}^{-1} \end{bmatrix} < 0, \quad \forall \varepsilon \in (0, \varepsilon_0] \quad (7.25)$$

其中，

$$\Phi_1 = \hat{A}^T Z_{con}^{-1}(\varepsilon) + Z_{con}^{-T}(\varepsilon) Y^T I_R^T Z_{con}^{-1}(\varepsilon) + Z_{con}^{-T}(\varepsilon)\hat{A} + Z_{con}^{-T}(\varepsilon)I_R Y Z_{con}^{-1}(\varepsilon)$$

$$\Phi_2 = \hat{B}^T Z_{con}^{-1}(\varepsilon) + S_{con}^{-1} Q_{con} I_R^T Z_{con}^{-1}(\varepsilon) - S_{con}^{-1} M_{con} E_{con}(\varepsilon) Z_{con}^{-1}(\varepsilon) - S_{con}^{-1}\hat{C}$$

在不等式（7.25）中，分别令 $K(\varepsilon) = Y Z_{con}^{-1}(\varepsilon)$，$\Gamma_{con} = S_{con}^{-1}$，$P_{con}(\varepsilon) = Z_{con}^{-1}(\varepsilon)$，$E_{con} = Q_{con}^T S_{con}^{-1}$，可得

$$\hat{\Phi} \triangleq \begin{bmatrix} \hat{\Phi}_1 & * \\ (\hat{B} + I_R E_c)^T P_{con}(\varepsilon) - \Gamma_{con} M_{con} E_{con}(\varepsilon) P_{con}(\varepsilon) - \Gamma_{con}\hat{C} & -2\Gamma_{con} \end{bmatrix} < 0, \quad \forall \varepsilon \in (0, \varepsilon_0]$$

$$(7.26)$$

其中，$\hat{\Phi}_1 = (\hat{A} + I_R K(\varepsilon))^T P_{con}(\varepsilon) + P_{con}^T(\varepsilon)(\hat{A} + I_R K(\varepsilon))$。

由引理 7.3，线性矩阵不等式（7.17）~不等式（7.19）使得

$$E_{con}(\varepsilon) Z_{con}(\varepsilon) = Z_{con}^T(\varepsilon) E_{con}(\varepsilon) > 0$$

即

$$E_{con}(\varepsilon) P_{con}(\varepsilon) = P_{con}^T(\varepsilon) E_{con}(\varepsilon) > 0 \quad (7.27)$$

定义含有 ε 的 Lyapunov 函数:

$$V(\eta) = \eta^T E_{con}(\varepsilon) P_{con}(\varepsilon) \eta \quad (7.28)$$

计算 Lyapunov 函数 $V(\eta)$ 的导数，并且结合不等式（7.20）和不等式（7.26）得到的结果为

$$\dot{V}_{con} = (E_{con}(\varepsilon)\dot{\eta})^T P_{con}(\varepsilon)\eta + \eta^T P_{con}^T(\varepsilon) E_{con}(\varepsilon)\dot{\eta}$$

$$= \eta^T ((\hat{A} + I_R K)^T P_{con}(\varepsilon) + P_{con}^T(\varepsilon)(\hat{A} + I_R K))\eta$$

$$+ 2\psi^{\mathrm{T}}(\hat{C}\eta)(\hat{B}+I_{R}E_{c})^{\mathrm{T}}P_{\mathrm{con}}(\varepsilon)\eta$$

$$\leqslant \eta^{\mathrm{T}}((\hat{A}+I_{R}K)^{\mathrm{T}}P_{\mathrm{con}}(\varepsilon)+P_{\mathrm{con}}^{\mathrm{T}}(\varepsilon)(\hat{A}+I_{R}K))\eta$$

$$+ 2\psi^{\mathrm{T}}(\hat{C}\eta)(\hat{B}+I_{R}E_{c})^{\mathrm{T}}P_{\mathrm{con}}(\varepsilon)\eta$$

$$- 2\psi^{\mathrm{T}}(\hat{C}\eta)\varGamma(\psi(\hat{C}\eta)+(M_{\mathrm{con}}E_{\mathrm{con}}(\varepsilon)P_{\mathrm{con}}(\varepsilon)+\hat{C})\eta)$$

$$= \begin{bmatrix} \eta \\ \psi \end{bmatrix}^{\mathrm{T}} \varPi_{\mathrm{con}} \begin{bmatrix} \eta \\ \psi \end{bmatrix} < 0, \quad \forall \varepsilon \in (0,\varepsilon_0], \quad \eta \in \varOmega(\varepsilon), \quad \eta \neq 0 \qquad (7.29)$$

于是，对于 $\varepsilon \in (0,\varepsilon_0]$，闭环系统（7.5）在原点是渐近稳定的，椭球体 $\varOmega(\varepsilon)$ 在闭环系统的吸引域内。

注释 7.1 在许多奇异摄动系统中，奇异摄动参数 ε 都具有相应的物理意义，并且可以应用到控制器的设计之中。因此，针对不同类型的奇异摄动系统，需要分别设计不同的含 ε 的控制器。设计控制器的关键是，对于所有满足条件的奇异摄动参数 ε，控制器都具有良好性能。定理 7.1 给出了依赖 ε 的控制器（7.3）和补偿器（7.4）存在条件。线性矩阵不等式（7.15）～不等式（7.19）依赖稳定界 ε_0 而不是奇异摄动参数 ε。可以看出当 ε_0 足够小时，不等式（7.16）变成不等式（7.15），不等式（7.18）和不等式（7.19）可简化成不等式（7.17）。

注释 7.2 不等式（7.17）和不等式（7.18）表明了 $Z_{\mathrm{con1}} > 0$，$Z_{\mathrm{con2}} > 0$，因此可以得出 $U_1 = \begin{bmatrix} Z_{\mathrm{con1}} & 0 \\ Z_{\mathrm{con5}} & Z_{\mathrm{con2}} \end{bmatrix}$ 是非奇异的。定理 2.1 的证明也可以看出对于任意的奇异摄动参数 $\varepsilon \in (0,\varepsilon_0]$，$Z_{\mathrm{con}}(\varepsilon) = U_1 + \varepsilon U_2$ 是非奇异的。因此对于任意的 $\varepsilon \in (0,\varepsilon_0]$，可以计算得到 $K(\varepsilon) = Y(U_1 + \varepsilon U_2)^{-1}$。

注释 7.3 分析和设计输入受限控制系统时，有两种方法，即扇形条件法和凸包法[5]。相比于扇形条件法，凸包法保守性较低。但用凸包法设计补偿器会带来双线性矩阵不等式问题，而扇形条件法能减少线性矩阵不等式问题[5]。定理 7.1 是引理 7.1 的衍生，是改进的扇形条件法。凸包法也可以应用到控制器（7.3）和补偿器（7.4）中。

本章关注的重点是怎样得到闭环系统最大吸引域。通过求解下面的优化问题来使椭球体 $\varOmega(\varepsilon)$ 的体积最大：

$$\min_{S_{\mathrm{con}}, M_{\mathrm{con}}, Y, U_1, U_2} \lambda_{\mathrm{con}}$$
$$\text{s.t.} \quad \text{式}(2.15) \sim \text{式}(2.19) \qquad (7.30)$$
$$\lambda_{\mathrm{con}} > 0, \quad Z_{\mathrm{con}}^{-\mathrm{T}}(\varepsilon)E_{\mathrm{con}}(\varepsilon) < \lambda_{\mathrm{con}}I$$

当 $\lambda_{\mathrm{con}} > 0$ 时，$Z_{\mathrm{con}}^{-\mathrm{T}}(\varepsilon)E_{\mathrm{con}}(\varepsilon) < \lambda_{\mathrm{con}}I$，式（7.30）等价于

$$\begin{bmatrix} Z_{\mathrm{con}}^{\mathrm{T}}(\varepsilon)E_{\mathrm{con}}(\varepsilon) & E_{\mathrm{con}}(\varepsilon) \\ E_{\mathrm{con}}(\varepsilon) & \lambda_{\mathrm{con}}I \end{bmatrix} > 0 \qquad (7.31)$$

通过引理 7.2，可以得出不等式（7.32）～不等式（7.34）是不等式（7.31）成立的条件：

$$\begin{bmatrix} Z_{con1} & * & * & * \\ 0 & 0 & * & * \\ I & 0 & \lambda_{con}I & * \\ 0 & 0 & 0 & \lambda_{con}I \end{bmatrix} \geqslant 0 \quad （7.32）$$

$$\begin{bmatrix} Z_{con1}+\varepsilon_0 Z_{con3} & * & * & * \\ \varepsilon_0 Z_{con5} & \varepsilon_0 Z_{con2} & * & * \\ I & 0 & \lambda_{con}I & * \\ 0 & \varepsilon_0 I & 0 & \lambda_{con}I \end{bmatrix} > 0 \quad （7.33）$$

$$\begin{bmatrix} Z_{con1}+\varepsilon_0 Z_{con3} & * & * & * \\ \varepsilon_0 Z_{con5} & \varepsilon_0 Z_{con2}+\varepsilon_0^2 Z_{con4} & * & * \\ I & 0 & \lambda_{con}I & * \\ 0 & \varepsilon_0 I & 0 & \lambda_{con}I \end{bmatrix} > 0 \quad （7.34）$$

显而易见，不等式（7.32）等价于

$$\begin{bmatrix} Z_{con1} & * \\ I & \lambda_{con}I \end{bmatrix} > 0 \quad （7.35）$$

然后，优化问题（7.30）可改写为如下的优化问题：

$$\min_{S_{con},M_{con},Y,U_1,U_2} \lambda_{con}$$
$$\text{s.t.} \quad 式(7.15)\sim 式(7.19), 式(7.33)\sim 式(7.35) \quad （7.36）$$

7.3.2 奇异摄动参数不可测时的控制器设计

这部分研究如何设计不依赖 ε 的控制器。

定理 7.2 假设存在对角正定矩阵 $S_{con} \in \mathbb{R}^{q_{con} \times q_{con}}$，矩阵 $Q_{con} \in \mathbb{R}^{q_{con} \times q_{con}}$，$M_{con1} \in \mathbb{R}^{q_{con} \times (n_{con1}+q_{con})}$，$M_{con2} \in \mathbb{R}^{q_{con} \times n_{con2}}$，$Y \in \mathbb{R}^{q_{con} \times n_{con}}$，$Z_{con1} \in \mathbb{R}^{(n_{con1}+q_{con}) \times (n_{con1}+q_{con})}$，$Z_{con2} \in \mathbb{R}^{n_{con2} \times n_{con2}}$ 及 $Z_{con} = Z_{coni}^T (i=1,2)$，满足：

$$\begin{bmatrix} \Phi & * \\ S_{con}\hat{B}^T + Q_{con}I_R^T - M_{con}E_{con}(0) - \hat{C}U_1 & -2S_{con} \end{bmatrix} < 0 \quad （7.37）$$

$$\begin{bmatrix} Z_{con1} & * \\ M_{con1(i)} & 1 \end{bmatrix} > 0, \quad i=1,2,\cdots,q \quad （7.38）$$

$$\begin{bmatrix} Z_{\text{con}1} & * & * \\ \alpha Z_{\text{con}5} & \alpha Z_{\text{con}2} & * \\ M_{\text{con}1(i)} & \alpha M_{\text{con}2(i)} & 1 \end{bmatrix} > 0, \quad i = 1, 2, \cdots, q \qquad (7.39)$$

其中，α 是预先定义的正标量；$\Phi = U_1^{\text{T}} \hat{A}^{\text{T}} + \hat{A} U_1 + Y^{\text{T}} I_{\text{R}}^{\text{T}} + I_{\text{R}} Y$，$U_1 = \begin{bmatrix} Z_{\text{con}1} & 0 \\ Z_{\text{con}5} & Z_{\text{con}2} \end{bmatrix}$，

$M_{\text{con}} = [M_{\text{con}1}, M_{\text{con}2}]$。

那么，存在正数 $\varepsilon_0 \leqslant \alpha$，对于任意 $\varepsilon \in (0, \varepsilon_0]$，闭环系统（7.5）在原点处渐近稳定，其中 $K = [F \; G] = Y U_1^{-1}$，$E_c = Q_{\text{con}}^{\text{T}} S_{\text{con}}^{-1}$。椭球体 $\Omega(\varepsilon_0) = \{\eta \mid \eta^{\text{T}} P_{\text{con}}(\varepsilon_0) \eta \leqslant 1\}$ 在闭环系统的吸引域内，其中 $P_{\text{con}}(\varepsilon_0) = \begin{bmatrix} Z_{\text{con}1} & Z_{\text{con}5}^{\text{T}} \\ Z_{\text{con}5} & \dfrac{1}{\varepsilon_0} Z_{\text{con}2} \end{bmatrix}^{-1}$。

证明 线性矩阵不等式（7.39）表明 $Z_{\text{con}2} > 0$，然后通过不等式（7.37）、不等式（7.38）和不等式（7.39）可得存在正数 $\varepsilon_0 \leqslant \alpha$，使得下列不等式成立：

$$\begin{bmatrix} \Theta & * \\ S_{\text{con}} \hat{B}^{\text{T}} + Q_{\text{con}} I_{\text{R}}^{\text{T}} - M_{\text{con}} E_{\text{con}}(\varepsilon_0) - \hat{C}(U_1 + \varepsilon_0 U_2) & -2 S_{\text{con}} \end{bmatrix} < 0 \qquad (7.40)$$

$$\begin{bmatrix} Z_{\text{con}1} & * & * \\ \varepsilon_0 Z_{\text{con}5} & \varepsilon_0 Z_{\text{con}2} & * \\ M_{\text{con}1(i)} & \varepsilon_0 M_{\text{con}2(i)} & 1 \end{bmatrix} > 0, \quad i = 1, 2, \cdots, q \qquad (7.41)$$

其中，$U_2 = \begin{bmatrix} 0 & Z_{\text{con}5}^{\text{T}} \\ 0 & 0 \end{bmatrix}$，$\Theta = (U_1 + \varepsilon_0 U_2)^{\text{T}} \hat{A}^{\text{T}} + \hat{A}(U_1 + \varepsilon_0 U_2) + Y^{\text{T}} I_{\text{R}}^{\text{T}} + I_{\text{R}} Y$。

令定理 7.1 中的 $Z_{\text{con}4} = 0$，则满足 $\varepsilon \in (0, \varepsilon_0]$，不等式（7.37）、不等式（7.38）、不等式（7.40）、不等式（7.41）可以使闭环系统（7.5）在原点处渐近稳定，其中动态反馈控制器增益矩阵为 $K = [F \; G] = Y U_1^{-1}$，补偿器增益矩阵为 $E_c = Q_{\text{con}}^{\text{T}} S_{\text{con}}^{-1}$。椭球体 $\Omega(\varepsilon_0) = \{\eta \mid \eta^{\text{T}} P_{\text{con}}(\varepsilon_0) \eta \leqslant 1\}$ 在闭环系统（7.5）的吸引域内，其中变量 $P_{\text{con}}(\varepsilon_0) = \begin{bmatrix} Z_{\text{con}1} & Z_{\text{con}5}^{-1} \\ Z_{\text{con}5} & \dfrac{1}{\varepsilon_0} Z_{\text{con}2} \end{bmatrix}^{-1}$。

另外，由不等式（7.41）可得

$$\begin{bmatrix} Z_{\text{con}1} & Z_{\text{con}5}^{\text{T}} \\ Z_{\text{con}5} & \dfrac{1}{\varepsilon_0} Z_{\text{con}2} \end{bmatrix} > 0 \qquad (7.42)$$

由不等式（7.42）可得

$$\begin{bmatrix} Z_{\text{con1}} & Z_{\text{con5}}^{\text{T}} \\ Z_{\text{con5}} & \dfrac{1}{\varepsilon} Z_{\text{con2}} \end{bmatrix} \geqslant \begin{bmatrix} Z_{\text{con1}} & Z_{\text{con5}}^{\text{T}} \\ Z_{\text{con5}} & \dfrac{1}{\varepsilon_0} Z_{\text{con2}} \end{bmatrix}, \quad \forall \varepsilon \in (0, \varepsilon_0]$$

上面的不等式等价于

$$\begin{bmatrix} Z_{\text{con1}} & Z_{\text{con5}}^{\text{T}} \\ Z_{\text{con5}} & \dfrac{1}{\varepsilon} Z_{\text{con2}} \end{bmatrix}^{-1} \leqslant \begin{bmatrix} Z_{\text{con1}} & Z_{\text{con5}}^{\text{T}} \\ Z_{\text{con5}} & \dfrac{1}{\varepsilon_0} Z_{\text{con2}} \end{bmatrix}^{-1}, \quad \forall \varepsilon \in (0, \varepsilon_0]$$

由此可得 $\Omega(\varepsilon_0) \subseteq \Omega(\varepsilon), \forall \varepsilon \in (0, \varepsilon_0]$。即对任意 $\varepsilon \in (0, \varepsilon_0]$，$\Omega(\varepsilon_0)$ 在闭环系统的吸引域内，证明完毕。

注释 7.4 在定理 7.2 的证明中，没有用到不等式（7.39），这说明当去掉式（7.39）后定理 7.2 的结论依然成立。因此，可以注意到当 $Z_{\text{con2}} > 0$ 时，不等式（7.37）和不等式（7.38）是控制器存在的充分条件，但定理 7.2 并没有考虑如何得到稳定界和最大的吸引域。为了得到满足条件的稳定界和吸引域，不等式（7.39）与稳定界和吸引域密切相关。

通过定理 7.2，可以设计得到不依赖奇异摄动参数 ε 的控制器，使得闭环系统在 ε 足够小时在原点渐近稳定。由此得到控制器增益矩阵 F、G。下面的定理给出了一种构造新的补偿器增益 E_c 的方法，可以得到期望的稳定界和最大的吸引域。

定理 7.3 给定稳定界 $\varepsilon_0 > 0$ 和动态反馈控制器增益 F、G，假设存在对角正定矩阵 $S_{\text{con}} \in \mathbb{R}^{q_{\text{con}} \times q_{\text{con}}}$，矩阵 $Q_{\text{con}} \in \mathbb{R}^{q_{\text{con}} \times q_{\text{con}}}$，$M_{\text{con1}} \in \mathbb{R}^{q_{\text{con}} \times (n_{\text{con1}} + q_{\text{con}})}$，$M_{\text{con2}} \in \mathbb{R}^{q_{\text{con}} \times n_{\text{con}}}$，$Y \in \mathbb{R}^{q_{\text{con}} \times n_{\text{con}}}$，$Z_{\text{con1}} \in \mathbb{R}^{(n_{\text{con1}} + q_{\text{con}}) \times (n_{\text{con1}} + q_{\text{con}})}$，$Z_{\text{con2}} \in \mathbb{R}^{n_{\text{con2}} \times n_{\text{con2}}}$ 及矩阵 $Z_{\text{con}i} = Z_{\text{con}i}^{\text{T}} (i=1,2)$，满足以下线性矩阵不等式：

$$\begin{bmatrix} \Phi & * \\ S_{\text{con}}\hat{B}^{\text{T}} + Q_{\text{con}} I_{\text{R}}^{\text{T}} - M_{\text{con}} E_{\text{con}}(0) - \hat{C} U_1 & -2 S_{\text{con}} \end{bmatrix} < 0 \quad (7.43)$$

$$\begin{bmatrix} \Theta & * \\ S_{\text{con}}\hat{B}^{\text{T}} + Q_{\text{con}} I_{\text{R}}^{\text{T}} - M_{\text{con}} E_{\text{con}}(\varepsilon_0) - \hat{C}(U_1 + \varepsilon_0 U_2) & -2 S_{\text{con}} \end{bmatrix} < 0 \quad (7.44)$$

$$\begin{bmatrix} Z_{\text{con1}} & * \\ M_{\text{con1}(i)} & 1 \end{bmatrix} > 0, \quad i = 1, 2, \cdots, q \quad (7.45)$$

$$\begin{bmatrix} Z_{\text{con1}} & * & * \\ \varepsilon_0 Z_{\text{con5}} & \varepsilon_0 Z_{\text{con2}} & * \\ M_{\text{con1}(i)} & \varepsilon_0 M_{\text{con2}(i)} & 1 \end{bmatrix} > 0, \quad i = 1, 2, \cdots, q \quad (7.46)$$

其中，$\Phi = U_1^{\text{T}}(\hat{A} + I_{\text{R}} K)^{\text{T}} + (\hat{A} + I_{\text{R}} K) U_1$，$U_1 = \begin{bmatrix} Z_{\text{con1}} & 0 \\ Z_{\text{con5}} & Z_{\text{con2}} \end{bmatrix}$，$U_2 = \begin{bmatrix} 0 & Z_{\text{con5}}^{\text{T}} \\ 0 & 0 \end{bmatrix}$，

$M_{\text{con}} = [M_{\text{con1}}, M_{\text{con2}}]$，$\Theta = (U_1 + \varepsilon_0 U_2)^{\text{T}} (\hat{A} + I_R K)^{\text{T}} + (\hat{A} + I_R K)(U_1 + \varepsilon_0 U_2)$。

那么，可以得出当 $\varepsilon \in (0, \varepsilon_0]$ 时，闭环系统（7.5）在原点处渐近稳定，其中增益矩阵 $K = [F \quad G]$，$E_c = Q_{\text{con}}^{\text{T}} S_{\text{con}}^{-1}$。椭球体 $\Omega(\varepsilon_0) = \{\eta \mid \eta^{\text{T}} P_{\text{con}}(\varepsilon_0) \eta \leqslant 1\}$ 是闭环系统吸引域的估计，其中 $P_{\text{con}}(\varepsilon_0) = \begin{bmatrix} Z_{\text{con1}} & Z_{\text{con5}}^{\text{T}} \\ Z_{\text{con5}} & \dfrac{1}{\varepsilon_0} Z_{\text{con2}} \end{bmatrix}^{-1}$。

使用定理 7.3，类似上一节的方法，通过求解优化问题得到最大的吸引域：

$$\min_{S_{\text{con}}, M_{\text{con}}, Y, U_1, U_2} \lambda_{\text{con}}$$

s.t. 式(7.43)~式(7.46)

$$\begin{bmatrix} Z_{\text{con1}} & * \\ I & \lambda_{\text{con}} I \end{bmatrix} > 0$$

$$\begin{bmatrix} Z_{\text{con1}} & * & * & * \\ \varepsilon_0 Z_{\text{con5}} & \varepsilon_0 Z_{\text{con2}} & * & * \\ I & 0 & \lambda_{\text{con}} I & * \\ 0 & \varepsilon_0 I & 0 & \lambda_{\text{con}} I \end{bmatrix} > 0 \quad (7.47)$$

注释 7.5 7.3.1 节提出的方法是当奇异摄动参数 ε 可测时同时设计动态反馈控制器和补偿器。本节中提出了 ε 不可测时的控制器设计方法，这种方法分为两步，即先设计状态反馈控制器再设计补偿器。当 ε 可测时设计补偿器的方法可以得到更大的稳定界和吸引域估计值。而当 ε 不可测时，可以设计不依赖 ε 的控制器。

7.4 仿 真

这部分将举例说明本章提出的方法相比于现有方法的优势。

例 7.1 这个例子将说明当 ε 可测时应用本章设计控制器的方法比现有方法控制效果更好。考虑通过齿轮系统用直流电机控制的倒立摆系统。在 1986 年时由 Zak 等首次提出[26]，可表述为

$$\begin{cases} \dot{x}_1(t) = x_2(t) \\ \dot{x}_2(t) = \dfrac{g}{l} \sin(x_1(t)) + \dfrac{NK_m}{ml^2} x_3(t) \\ L_a \dot{x}_3(t) = -K_b N x_2(t) - R_a x_3(t) + u(t) \end{cases} \quad (7.48)$$

其中，$x_1(t) = \theta_p(t)$ 是钟摆垂直向上摆动的角度（弧度），$x_2(t) = \dot{\theta}(t)$；$x_3(t) = l_a(t)$ 是所述电动机的电流；$u(t)$ 是指控制输入电压；K_m 是电机转矩常数；K_b 是电机反电动势常数；N 是齿轮传动比；L_a 是电感。

表 7.1 是控制系统的相关参数。其他参数如下：$g = 9.8\text{m}/\text{s}^2$，$N = 50$，$l = 1\text{m}$，$m = 1\text{kg}$，$K_m = 0.1\text{Nm}/\text{A}$，$K_b = 0.1\text{Vs}/\text{rad}$，$R_a = 1\Omega$，$L_a = 0.05\text{H}$，电压为 $|u| \leq 1$。需要注意的是，L_a 表示系统的奇异摄动参数。将被控对象参数代入式（7.48），可得

$$\begin{cases} \dot{x}_1(t) = x_2(t) \\ \dot{x}_2(t) = 9.8\, x_1(t) + x_3(t) \\ \varepsilon \dot{x}_3(t) = -x_2(t) - x_3(t) + u \end{cases} \quad (7.49)$$

其中，$\varepsilon = L_a$。

表 7.1 倒立摆控制系统相关参数

参数	符号	单位
控制输入电压 $u(t)$	$u(t)$	V
转态变量 $x_1(t)$	$\theta_p(t)$	rad
转态变量 $x_2(t)$	$\dot{\theta}_p$	rad/s
转态变量 $x_3(t)$	$l_a(t)$	A

$x_e = [0\ 0\ 0]^\text{T}$ 为系统（7.49）的平衡点，对应于倒立摆直立静止位置。下面通过设计控制器来使倒立摆平衡。

对于系统（7.49），文献[24]提出了静态反馈控制器的设计方法，得到的控制方程为

$$u = [-2920.1\ \ -813.0\ \ -44.6]x$$

可以得出闭环系统的吸引域估计为 $\Omega_1 = \{x \in R^3\ |\ x^\text{T} P_1 x \leq 1\}$，其中，

$$P_{\text{con1}} = \begin{bmatrix} 153.7649 & 42.9750 & 1.8181 \\ 42.9750 & 12.0363 & 0.5066 \\ 1.8181 & 0.5066 & 0.0291 \end{bmatrix}$$

现在应用定理 7.1 对系统（7.49）设计控制器（7.3）和补偿器（7.4）。先将系统（7.49）写成式（7.5）的形式，可以得到如下系统矩阵：

$$E_{\text{con}}(\varepsilon) = \begin{bmatrix} 1 & 0 & 0 & 0 \\ 0 & 1 & 0 & 0 \\ 0 & 0 & 1 & 0 \\ 0 & 0 & 0 & \varepsilon \end{bmatrix},\ \hat{A} = \begin{bmatrix} 0 & 0 & 0 & 0 \\ 0 & 0 & 1 & 0 \\ 0 & 9.8 & 0 & 1 \\ 1 & 0 & -1 & -1 \end{bmatrix},\ \hat{B} = \begin{bmatrix} 0 \\ 0 \\ 0 \\ 1 \end{bmatrix},\ I_R = \begin{bmatrix} 1 \\ 0 \\ 0 \\ 0 \end{bmatrix}$$

$$\hat{C} = [1\ \ 0\ \ 0\ \ 0]$$

求解优化问题（7.36），令 $\varepsilon_0 = 0.1$，可得

$$Z_{con1} = \begin{bmatrix} 1079.1000 & -1.0000 & 2.5000 \\ -1.0000 & 4.2000 & -15.2000 \\ 2.5000 & -15.2000 & 55.0000 \end{bmatrix}, \quad Z_{con3} = \begin{bmatrix} 4.8711 & -2.7063 & 8.7456 \\ -2.7063 & 7.2440 & -19.5834 \\ 8.7456 & -19.5834 & 52.6286 \end{bmatrix}$$

$$Z_{con2} = 7.3379, \quad Z_{con4} = -0.6264, \quad Z_{con5} = [1.6524 \quad -4.3844 \quad 9.4953]$$

$$Y = [-427.9000 \quad 0.8000 \quad -1.6000 \quad -1077.80]$$

$$M_{con1} = [-3.0688 \quad 0.0152 \quad 0.2274], \quad M_{con2} = -0.0895$$

$$S_{con} = 0.7323, \quad Q_{con} = 1076.1000, \quad \lambda_{con} = 181.6076$$

当取 $\varepsilon = 0.05$ 时，控制器增益如下：

$$K = [F \quad G] = [-9.0000 \quad -39419.0000 \quad -10988.0000 \quad -616.0000], \quad E_c = 1469.4000$$

闭环系统的吸引域为 $\Omega = \{\eta \in \mathbb{R}^4 \mid \eta^T P_{con} \eta \leq 1\}$，其中，

$$P_{con} = \begin{bmatrix} 0.0009 & 0.0358 & 0.0100 & 0.0004 \\ 0.0358 & 154.5060 & 43.1649 & 1.8306 \\ 0.0100 & 43.1649 & 12.0767 & 0.5103 \\ 0.0004 & 1.8306 & 0.5103 & 0.0286 \end{bmatrix}$$

为了更直观地比较两个椭球体 Ω_1 和 Ω 的大小，可以根据文献[23]中提出的引理 5，应用公式 $P_{con2} = P_{con22} - P_{con12}^T P_{con11}^{-1} P_{con12}$，将椭球体 Ω 投影到 x 轴上面，由此可以得到椭球体 $\Omega_2 = \{x \in \mathbb{R}^3 \mid x^T P_{con} x \leq 1\}$，其中矩阵 $P_{con11} = 0.0009$，矩阵

$$P_{con12} = [0.0358 \quad 0.0100 \quad 0.0004], \quad P_{con22} = \begin{bmatrix} 154.5060 & 43.1649 & 1.8306 \\ 4301649 & 12.0767 & 0.5103 \\ 1.8306 & 0.5103 & 0.0286 \end{bmatrix}$$

因此可得

$$P_{con2} = \begin{bmatrix} 153.0820 & 42.7671 & 1.8147 \\ 42.7671 & 11.9656 & 0.5059 \\ 1.8147 & 0.5059 & 0.0284 \end{bmatrix}$$

图 7.2 中为椭球体 Ω_1 和 Ω_2，可以看出由定理 7.1 估计的吸引域 Ω_2 相比于文献[24]的吸引域 Ω_1 更大。

例 7.2 这个例子将说明如何应用 7.4.2 节中的方法分两步控制倒立摆系统 (7.49)。当奇异摄动参数不可测时，不能用定理 7.1 设计控制器。在这种情况下可应用分两步设计控制器的方法。

首先,用定理 7.2 设计不依赖 ε 的动态反馈控制器,通过线性矩阵不等式(7.37)~不等式（7.39）可得到动态反馈控制器增益：

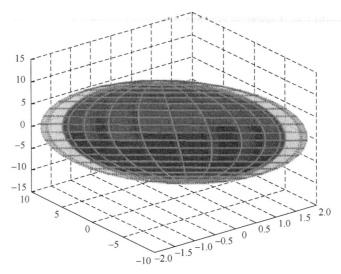

图 7.2 椭球体 Ω_1 和 Ω_2 大小的比较

$$K = [F \quad G] = [-3.0067 \quad -1718.1357 \quad -489.5623 \quad -34.1096]$$

然后，用所得的动态反馈控制器增益矩阵 K，通过定理 7.3 及式（7.47）得到不依赖 ε 的补偿器增益、期望的稳定界和最大的吸引域。令 $\varepsilon_0 = 0.05$ 可以得到补偿器增益矩阵 $E_c = 149.8265$ 和吸引域 $\Omega_3 = \{\eta \in \mathbb{R}^4 \mid \eta^T \hat{P}_{con} \eta \leq 1\}$，其中，

$$\hat{P}_{con} = \begin{bmatrix} 0.0874 & 1.6460 & 0.4349 & -0.0431 \\ 1.6460 & 419.1652 & 119.2192 & 3.3353 \\ 0.4349 & 119.2192 & 34.3254 & 0.9759 \\ -0.0431 & 3.3353 & 0.9759 & 0.1750 \end{bmatrix}$$

根据定理 7.3 可得，对任意的 $\varepsilon \in (0, 0.05]$，闭环系统在原点处渐近稳定，椭球体 Ω_3 是吸引域的估计。选择初始点 $\eta_0 = [0 \quad -0.43 \quad 1.5 \quad -0.5]^T \in \Omega_3$。图 7.3、图 7.4 的曲线分别描述了开始于 η_0、$\varepsilon = 0.03$ 和 $\varepsilon = 0.05$ 系统状态响应和控制输入状态。可见这两种状态下的曲线均收敛于原点。

当在第一阶段的设计中不考虑线性矩阵不等式（7.39），可得稳定界 $\varepsilon_0 = 0.05$ 时的椭球体，其中，

$$\bar{P}_{con} = \begin{bmatrix} 0.2824 & 12.8211 & 3.6714 & -0.0682 \\ 12.8211 & 2893.1759 & 793.6079 & 6.3982 \\ 3.6714 & 793.6079 & 223.4684 & 1.7982 \\ -0.0682 & 6.3982 & 1.7982 & 0.3869 \end{bmatrix}$$

可以看出 Ω_4 比 Ω_3 小很多，不等式（7.39）在分两阶段设计控制器过程中起到了关键作用。

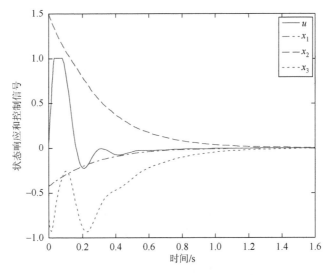

图 7.3 $\varepsilon = 0.03$ 时状态响应和控制信号

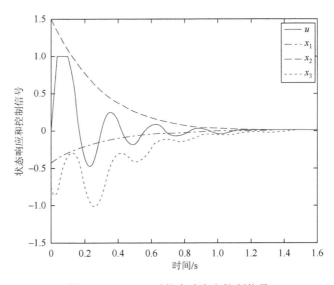

图 7.4 $\varepsilon = 0.05$ 时状态响应和控制信号

7.5 本章小结

本章提出了输入受限奇异摄动系统连续控制器的设计方法。控制器包括动态反馈控制器和补偿器两部分。当奇异摄动参数 ε 可测时,提出同时设计动态反馈控制器和补偿器的方法。当 ε 不可测时,这两部分要分两步进行设计。这两种设计方法都可以得到闭环系统期望的稳定界和最大化的吸引域。

参 考 文 献

[1] Yang H J, Li H B, Sun F C, et al. Robust control for Markovian jump delta operator systems with actuator saturation[J]. European Journal of Control, 2014, 20（4）：207-215.

[2] Lin Z, Saberi A. Semi-global exponential stabilization of linear systems subject to input saturation via linear feedbacks[J]. Systems and Control Letters, 1993, 21（1）：225-239.

[3] Yang H J, Li Z W, Hua C C, et al. Stability analysis of delta operator systems with actuator saturation by a saturation-dependent Lyapunov function[J]. Circuits, Systems, and Signal Processing, 2015, 34,（3）：971-986.

[4] Cao Y Y, Lin Z, Ward D G. An anti-windup approach to enlarging domain of attraction for linear systems subject to actuator saturation[J]. IEEE Transactions on Automatic Control, 2002, 47（1）：140-145.

[5] Hu T, Lin Z. Control Systems with Actuator Saturation: Analysis and Design[M]. Boston: BirkhÄauser, 2001.

[6] Zhou B, Duan G R, Lin Z L. A parametric periodic Lyapunov equation with application in semi-global stabilization of discrete-time periodic systems subject to actuator saturation[J]. Automatica, 2011, 47（2）：316-325.

[7] Yang H J, Li X, Liu Z X, et al. Robust fuzzy-scheduling control for nonlinear systems subject to actuator saturation via delta operator approach[J]. Information Sciences, 2014, 272（3）：158-172.

[8] Yang H J, Shi P, Li Z W, et al. Analysis and design for delta operator systems with actuator saturation[J]. International Journal of Control, 2014, 87（5）：987-999.

[9] Zhang X, Wang G, Zhao J. Robust state feedback stabilization of uncertain discrete-time switched linear systems subject to actuator saturation[J]. Discrete Dynamics in Nature and Society, 2015, 2015（8）：3269-3274.

[10] Gutman P O, Hagander P. A new design of constrained controllers for linear systems[J]. IEEE Transactions on Automatic Control, 1985, 30（1）：22-33.

[11] Sussmann H J, Sontag E D, Yang Y. A general result on the stabilization of linear systems using bounded controls[J]. IEEE Transactions on Automatic Control, 1995, 39（12）：2411-2425.

[12] Hu T, Teel A R, Zaccarian L. Stability and performance for saturated systems via quadratic and nonquadratic Lyapunov functions[J]. IEEE Transactions on Automatic Control, 2006, 51（11）：1770-1786.

[13] Zhang T, Feng G, Liu H, et al. Piecewise fuzzy anti-windup dynamic output feedback control of nonlinear processes with amplitude and rate actuator saturations[J]. IEEE Transactions on Fuzzy Systems, 2009, 17（2）：253-264.

[14] Sawada K, Kiyama T, Iwasaki T. Generalized sector synthesis of output feedback control with anti-windup structure[J]. Systems and Control Letters, 2009, 58（6）：421-428.

[15] Cao L, Schwartz H M. Complementary results on the stability bounds of singularly perturbed systems[J]. IEEE Transactions on Automatic Control, 2004, 49（11）：2017-2021.

[16] Saydy L. New stability/performance results for singularly perturbed systems[J]. Automatica, 1996, 32（6）：807-818.

[17] Ma L, Wang Q, Yang C. Stabilization bound of discrete singularly perturbed systems subject to actuator saturation[C]. International Conference on Mechatronics and Control, Jinzhou, 2015：913-918.

[18] Li T H S, Li J H. Stabilization bound of discrete two-time-scale systems[J]. Systems and Control Letters, 1992, 18（6）：479-489.

[19] Kokotovic P V, Khalil H K, Reilly J O. Singular Perturbation Methods in Control: Analysis and Design[M]. Philadelphia: Society for Industrial and Applied Mathematics, 1999.

[20] Khalil H. Stability analysis of nonlinear multiparameter singularly perturbed systems[J]. IEEE Transactions on Automatic Control, 1987, 32 (3): 260-263.

[21] Yan Y, Ma X, Yang C. Stabilization bound of time-delay singularly perturbed systems with actuator saturation[C]. Chinese Control Conference, Chengdu, 2016: 1426-1431.

[22] Garcia G, Tarbouriech S. Control of singularly perturbed systems by bounded control[C]. America Control Conference, Denver, 2003: 4482-4487.

[23] Xin H, Gan D, Huang M, et al. Estimating the stability region of singular perturbation power systems with saturation nonlinearities: A linear matrix inequality based method[J]. IET Control Theory and Applications, 2010, 4 (3): 351-361.

[24] Yang C Y, Sun J, Ma X P. Stabilization bound of singularly perturbed systems subject to actuator saturation[J]. Automatica, 2013, 49 (2): 457-462.

[25] Gomes J M, Joao M, Tarbouriech S. Anti-windup design with guaranteed regions of stability: An LMI-based approach[J]. IEEE Transactions on Automatic Control, 2005, 50 (1): 106-111.

[26] Zak S H, Maccarley C A. State-feedback control of non-linear systems[J]. International Journal of Control, 1986, 43 (5): 1497-1514.

第8章 非线性奇异摄动系统模糊采样控制设计

8.1 引言

在实际控制系统中,如经济模型、电机控制系统、电力系统,经常涉及小电感、电导率和电容量。在系统分析和控制器设计过程中,这些小的时间常数容易导致高阶和病态数值问题。因此,提出了奇异摄动系统来描述和处理此类系统,它带有一个测量快、慢子系统之间分离程度的小的奇异摄动参数 ε[1, 2]。

可以注意到,与正常系统相比,奇异摄动系统的稳定和镇定问题更复杂,也引起了许多的关注[3-5]。其主要问题是确定奇异摄动参数 ε 的上限 ε_0,使得对所有 $\varepsilon \in (0, \varepsilon_0]$,奇异摄动系统是稳定的。在现有的结果中,通过频域和时域的方法,对奇异摄动系统的稳定界的估计问题进行了研究[3, 4]。此外,通过设计 H_∞ 控制器,文献[5]对奇异摄动系统的镇定界问题进行了讨论。显然,对于非线性奇异摄动系统,扩大上界 ε_0 的问题是复杂且具有挑战性的话题,只有少数工作对上述问题进行了研究[5, 6]。因此,研究 H_∞ 控制器的设计方法,使得扩大稳定界,保证非线性奇异摄动系统具有较小保守性是必要的,这也激励了现在的研究。

由于 Takagi-Sugeno(T-S)模糊模型将模糊逻辑理论的灵活性和数学分析工具的严格性结合在一个统一的框架下,所以它被广泛地研究,并且成功地应用于近似一系列非线性控制系统[7, 8]。最近,很多学者都在关注连续或离散时间的 T-S 模糊奇异摄动系统的控制问题[9, 10]。文献[5]首次考虑了 T-S 模糊奇异摄动系统的 ε 界的扩大问题。值得一提的是,在文献[5]中得到的上界有一点小,并且在系统的运行过程中没有考虑一些非线性的因素。考虑到系统的保守性和应用范围,研究输入受限 T-S 模糊奇异摄动系统的镇定界问题引起了广泛地关注。

此外,在实际系统中,输入受限现象很常见。对于输入受限系统的各种控制问题已经得到了广泛的研究[11-14]。此外,对输入受限奇异摄动系统的研究也取得了许多突出的成果。为了估计奇异摄动系统的吸引域,文献[12]提出了一些依赖于奇异摄动系统分解的方法,在文献[13]中提出了另一种独立于系统分解的方法,避免了病态数值问题。并且,对输入受限 T-S 模糊系统的研究也取得了很多成果[14]。据所知,还没有考虑输入受限 T-S 模糊奇异摄动系统的控制器设计问题。

随着数字技术的发展,数字计算机对一个连续时间的测量信号进行采样,产生一个离散时间测量信号,它通常应用在工业中来控制连续时间系统。然后,通过利用零阶保持器，生成的离散时间控制输入信号转换为连续时间控制输入信号。这种控制系统被称为采样系统[15, 16]，它包括在持续时间框架中的连续和离散时间信号。由于控制信号在任意两个连续的采样点之间保持恒定且仅在每个采样点上变化的特征，采样系统的处理更加复杂。最近，对于采样系统的分析和控制器设计，有两种主要的方法[16-19]：第一种是将一个采样系统建模为一个离散时间系统[16, 17]，并得到一些稳定性条件。值得一提的是，文献[16]讨论了输入受限奇异摄动系统的采样控制问题。第二种是将采样系统建模为一个带有控制输入滞后的连续时间系统，其由文献[18]提出，并随后应用于文献[19]。最近，许多关于 T-S 模糊系统的采样分析和综合的成果被报道[20, 21]。据所知，输入受限 T-S 模糊奇异摄动系统的采样控制问题的研究仍然是空白。

本章将考虑针对饱和 T-S 模糊奇异摄动系统的 H_∞ 采样控制器的设计问题。首先，通过 ε 依赖的 Lyapunov-Kravoskii 函数，得到保证闭环系统具有 H_∞ 性能的 LMI 条件。然后，基于所得条件，求解凸优化问题，给出采样控制器的设计方法和最大扰动承受能力的估计值。特别地，对于忽略扰动的系统，得到保证闭环系统渐近稳定的充分条件。此外，得到吸引域的估计。最后，给出一些数值算例来证明所提结果的有效性。

8.2 问题描述

考虑一类具有以下模糊模型描述的奇异摄动系统

Plant rule i:

IF $v_1(t)$ is M_{i1}, $v_2(t)$ is M_{i2}, $\cdots$, $v_g(t)$ is M_{ig}

THEN

$$E(\varepsilon)\dot{x}(t) = A_i x(t) + B_i \mathrm{sat}(u(t)) + B_{\omega i}\omega(t)$$
$$z(t) = C_i x(t) + D_i u(t)$$

for $i = 1, 2, \cdots, r$

(8.1)

其中，r 是 IF-THEN 规则数；$M_{ik}(i=1,\cdots,r, k=1,\cdots,r)$ 是模糊集；$v_1(t),\cdots,v_g(t)$ 是前提变量；$x(t) \in \mathbb{R}^n$ 是状态向量；$u(t) \in \mathbb{R}^p$ 是控制输入；$z(t) \in \mathbb{R}^l$ 是受控输出；$\omega(t) \in \mathbb{R}^q$ 是干扰输入，对于正数 η，满足如下所示公式：

$$W_\eta = \left\{ \omega : \mathbb{R}_+ \to \mathbb{R}^p, \int_0^\infty \omega^\mathrm{T} \omega \, \mathrm{d}t \leqslant \eta \right\}$$

$E(\varepsilon) = \mathrm{diag}\{I, \varepsilon I\} \in \mathbb{R}^{n \times n}$，$\varepsilon$ 是正标量，表示奇异摄动参数；A_i、B_i、$B_{\omega i}$、C_i 和 D_i 是具有适当维数的已知常数矩阵。

$\mathrm{sat}: \mathbb{R}^p \to \mathbb{R}^p$ 是饱和函数，具有如下定义：

$$\mathrm{sat}(u(t)) = [\mathrm{sat}(u_1(t)),\cdots,\mathrm{sat}(u_p(t))]^\mathrm{T}$$

其中不失一般性：

$$\mathrm{sat}(u_i(t)) = \mathrm{sign}(u_i(t))\min\{1,|u_i(t)|\}, \quad i=1,\cdots,p$$

定义 $w_i(v(t)) = \prod_{k=1}^g M_{ik}(v_k(t)), i=1,\cdots,r$，其中 $M_{ik}(v_k(t))$ 是 $v_k(t)$ 在模糊集 M_{ik} 上的隶属度函数。在本书中，假设 $w_i(v(t)) \geqslant 0, \sum_{i=1}^r w_i(v(t)) > 0$。

令 $\mu_i(v(t)) = \dfrac{w_i(v(t))}{\sum_{i=1}^r w_i(v(t))}$，此时 $\mu_i(v(t)) \geqslant 0, \sum_{i=1}^r \mu_i(v(t)) = 1$。在下面，用 μ_i 来表示 $\mu_i(v(t))$。

通过单点模糊化、乘积推理和中心平均反模糊化，T-S 模糊奇异摄动系统（8.1）的总体模型可被表示为

$$\begin{aligned} E(\varepsilon)\dot{x}(t) &= \sum_{i=1}^r \mu_i[A_i x(t) + B_i \mathrm{sat}(u(t)) + B_{\omega i}\omega(t)] \\ z(t) &= \sum_{i=1}^r \mu_i[C_i x(t) + D_i u(t)] \end{aligned} \quad (8.2)$$

采样控制律由以下模糊模型描述

Controller rule i:

IF $v_1(t)$ is M_{i1}, $v_2(t)$ is M_{i2}, $\cdots$, $v_g(t)$ is M_{ig}

THEN

$u(t) = K_i(\varepsilon)x(t_k)$, $t_k \leqslant t < t_{k+1}$

for $i=1,2,\cdots,r$

其中，$t_k(k=0,1,2,\cdots)$ 是采样时刻，$t_0 \geqslant 0$，$\lim_{k\to\infty} t_k = \infty$。

若控制器模糊规则与系统模糊规则相同，模糊采样控制器有下面形式：

$$u(t) = \sum_{i=1}^r \mu_j(v(t_k))[K_i(\varepsilon)x(t_k)] \quad (8.3)$$

假设 $0 < t_{k+1} - t_k \leqslant \tau$，$k=0,1,2,\cdots$，其中 τ 表示两个连续采样时刻的间隔的上界。定义 $\tau(t) = t - t_k$，$t \in [t_k, t_{k+1})$。由于 $\tau(t) < t_{k+1} - t_k$，所以很明显 $0 < \tau(t) < \tau$。它不同于一般的时滞系统，变时滞 $\tau(t)$ 是分段连续的，且满足对于 $t \neq t_k$，$\dot{\tau}(t) = 1$，并且在采样时刻导数不存在。

注释 8.1 在文献[15]和[16]中考虑了采样控制问题，仅适用于周期性采样情况。也就是说，这些文献考虑的是具有恒定采样间隔的情况。然而，在大多数实际应用中，由于微处理器的请求信号中断和不规则的扰动，难以获得严格的周期性采样。因此，本书考虑了具有非均匀不确定采样的 T-S 模糊系统的镇定问题。

模糊采样控制器（8.3）可以构造为如下形式：

$$u(t) = \sum_{i=1}^{r} \mu_i(v(t-\tau(t)))[K_i(\varepsilon)x(t-\tau(t))] \quad (8.4)$$

将式（8.4）应用于系统（8.2），得到如下的闭环系统：

$$E(\varepsilon)\dot{x}(t) = \sum_{i=1}^{r}\sum_{j=1}^{r} \mu_i \mu_j [A_i x(t) + B_i \mathrm{sat}(K_j(\varepsilon)x(t-\tau(t))) + B_{\omega i}\omega(t)] \quad (8.5)$$

$$z(t) = \sum_{i=1}^{r}\sum_{j=1}^{r} \mu_i \mu_j [C_i x(t) + D_i K_j(\varepsilon)x(t-\tau(t))]$$

本章的目的是设计一个模糊采样控制器，使得对任意 $\varepsilon \in (0, \varepsilon_0]$，有：

（1）闭环系统（8.5）的状态轨迹从初始点出发将保持在 $\Omega(E(\varepsilon)Z^{-1}(\varepsilon), \gamma^2\eta)$ 内。

（2）闭环系统（8.5）在 $\Omega(E(\varepsilon)Z^{-1}(\varepsilon), \gamma^2\eta)$ 内满足 H_∞ 性能 γ，这意味着在零初始条件下，系统（8.5）满足

$$J_\omega = \int_0^\infty (z^\mathrm{T}(t)z(t) - \gamma^2 \omega^\mathrm{T}(t)\omega(t))\,\mathrm{d}t < 0 \quad (8.6)$$

对于任意非零扰动 $\omega(t) \in W_\eta$。

引理 8.1[11] 令 $K \in \mathbb{R}^{p \times n}$，$H \in \mathbb{R}^{p \times n}$，那么，对 $x(t) \in \mathcal{L}(H)$，有

$$\mathrm{sat}(Kx(t)) \in \mathrm{co}\{D_s Kx(t) + D_s^- Hx(t)\}$$

或

$$\mathrm{sat}(Kx(t)) = \sum_{s=1}^{2^p} \alpha_s (D_s K + D_s^- H)x(t)$$

其中，co 代表凸包；α_s，$s = 1, 2, \cdots, 2^p$ 是满足 $0 \leqslant \alpha_s \leqslant 1$ 和 $\sum_{s=1}^{2^p} \alpha_s = 1$ 的标量。

引理 8.2[22] 给定具有适当维数的实矩阵 T_1、T_2，对于任何正定矩阵 G，有

$$T_1 T_2 + T_2^\mathrm{T} T_1^\mathrm{T} \leqslant T_1 G T_1^\mathrm{T} + T_2^\mathrm{T} G^{-1} T_2$$

8.3 主要结果

在本节中，将考虑 H_∞ 采样控制器的设计问题。

定理 8.1 对于给定的 H_∞ 性能水平 γ，ε 的界 $\varepsilon_0 > 0$ 和标量 $\tau > 0$，$\eta > 0$，如果存在矩阵 $Z_l(l=1,\cdots,5)$，满足 $Z_l = Z_l^\mathrm{T}(l=1,\cdots,4)$，矩阵 K_j、H_{1j}、H_{2j} 和正定对称矩阵 R_1、R_2 满足式（3.4）～式（3.6），且有下述不等式成立：

$$\begin{bmatrix} Z_1 & * \\ H_{1j(h)} & \dfrac{1}{\gamma^2 \eta} \end{bmatrix} \geqslant 0 \quad (8.7)$$

$$\begin{bmatrix} Z_1 + \varepsilon_0 Z_3 & * & * \\ \varepsilon_0 Z_5 & \varepsilon_0 Z_2 & * \\ H_{1j(h)} & \varepsilon_0 H_{2j(h)} & \dfrac{1}{\gamma^2 \eta} \end{bmatrix} \geqslant 0 \qquad (8.8)$$

$$\begin{bmatrix} Z_1 + \varepsilon_0 Z_3 & * & * \\ \varepsilon_0 Z_5 & \varepsilon_0 Z_2 + \varepsilon_0^2 Z_4 & * \\ H_{1j(h)} & \varepsilon_0 H_{2j(h)} & \dfrac{1}{\gamma^2 \eta} \end{bmatrix} \geqslant 0, \quad h \in [1,p], \quad j = 1,\cdots,r \qquad (8.9)$$

$$\Psi_{ii}(0) < 0, \quad i = 1,\cdots,r \qquad (8.10)$$

$$\Psi_{ij}(0) + \Psi_{ji}(0) < 0, \quad 1 \leqslant i < j \leqslant r \qquad (8.11)$$

$$\Psi_{ii}(\varepsilon_0) < 0, \quad i = 1,\cdots,r \qquad (8.12)$$

$$\Psi_{ij}(\varepsilon_0) + \Psi_{ji}(\varepsilon_0) < 0, \quad 1 \leqslant i < j \leqslant r \qquad (8.13)$$

其中,

$$\Psi_{ij}(0) = \begin{bmatrix} \mathrm{sym}(A_i Z(0)) + \Xi(0) & * & * & * & * & * \\ (B_i \tilde{K}_j)^{\mathrm{T}} + \tilde{R}_2^{\mathrm{T}} E(0) & -2\tilde{R}_2 & * & * & * & * \\ 0 & \tilde{R}_2^{\mathrm{T}} & -\tilde{R}_1 - \tilde{R}_2 & * & * & * \\ B_{\omega i}^{\mathrm{T}} & 0 & 0 & -\gamma^2 I & * & * \\ \tau A_i Z(0) & \tau B_i \tilde{K}_j & 0 & \tau B_{\omega i} & \tilde{R}_2 - \mathrm{sym}(Z(0)) & * \\ C_i Z(0) & D_i K_j & 0 & 0 & 0 & -I \end{bmatrix}$$

$$\Psi_{ij}(\varepsilon_0) = \begin{bmatrix} \mathrm{sym}(A_i Z(\varepsilon_0)) + \Xi(\varepsilon_0) & * & * & * & * & * \\ (B_i \tilde{K}_j)^{\mathrm{T}} + \tilde{R}_2^{\mathrm{T}} E(\varepsilon_0) & -2\tilde{R}_2 & * & * & * & * \\ 0 & \tilde{R}_2^{\mathrm{T}} & -\tilde{R}_1 - \tilde{R}_2 & * & * & * \\ B_{\omega i}^{\mathrm{T}} & 0 & 0 & -\gamma^2 I & * & * \\ \tau A_i Z(\varepsilon_0) & \tau B_i \tilde{K}_j & 0 & \tau B_{\omega i} & \tilde{R}_2 - \mathrm{sym}(Z(\varepsilon_0)) & * \\ C_i Z(\varepsilon_0) & D_i K_j & 0 & 0 & 0 & -I \end{bmatrix}$$

$$Z(\varepsilon) = \begin{bmatrix} Z_1 + \varepsilon Z_3 & \varepsilon Z_5^{\mathrm{T}} \\ Z_5 & Z_2 + \varepsilon Z_4 \end{bmatrix}, \quad \Xi(0) = E(0)\tilde{R}_1 E(0) + E(0)\tilde{R}_2 E(0)$$

$$\tilde{K}_j = D_s Y_j + D_s^- H_j, \quad H_j(\varepsilon) = H_j E(\varepsilon) = [H_{1j} \quad H_{2j}] E(\varepsilon)$$

$$\tilde{R}_1 = Z(\varepsilon) R_1 Z^{\mathrm{T}}(\varepsilon), \quad \tilde{R}_2 = Z(\varepsilon) R_2 Z^{\mathrm{T}}(\varepsilon)$$

那么,对于任意的 $\varepsilon \in (0, \varepsilon_0]$,具有模糊采样控制器(8.3)$K_j(\varepsilon) = Y_j E(\varepsilon) Z^{-1}(\varepsilon)$ 的闭环系统(8.5)满足以下条件:

(1) 闭环系统(8.5)的轨迹从初始点出发并且保持在 $\Omega(E(\varepsilon) Z^{-1}(\varepsilon), \gamma^2 \eta)$ 内。

(2) 在零初始条件下,对于任意非零扰动 $\omega(t) \in W_\eta$,闭环系统(8.5)在 $\Omega(E(\varepsilon)Z^{-1}(\varepsilon), \gamma^2\eta)$ 内满足 H_∞ 性能 γ。

证明 由引理 3.2,对于任意 $\varepsilon \in (0, \varepsilon_0]$,LMIs(8.7)~LMIs(8.9)表明:

$$\begin{bmatrix} Z^{\mathrm{T}}(\varepsilon)E(\varepsilon) & * \\ H_{j(h)}(\varepsilon) & \dfrac{1}{\gamma^2\eta} \end{bmatrix} \geqslant 0, \quad h \in [1, p], \quad j = 1, \cdots, r \tag{8.14}$$

在不等式(8.14)的左右两边分别乘以 $\mathrm{diag}\{Z^{-\mathrm{T}}(\varepsilon) \quad I\}$ 和它的转置,得到:

$$\begin{bmatrix} E(\varepsilon)Z^{-1}(\varepsilon) & * \\ H_{j(h)}(\varepsilon)Z^{-1}(\varepsilon) & \dfrac{1}{\gamma^2\eta} \end{bmatrix} \geqslant 0, \quad h \in [1, p], \quad j = 1, \cdots, r$$

这意味着:

$$Z^{-\mathrm{T}}(\varepsilon)H_{j(h)}^{\mathrm{T}}(\varepsilon)H_{j(h)}(\varepsilon)Z^{-1}(\varepsilon) \leqslant \frac{1}{\gamma^2\eta}E(\varepsilon)Z^{-1}(\varepsilon)$$

然后对任意 $x(t) \in \Omega(E(\varepsilon)Z^{-1}(\varepsilon), \gamma^2\eta)$,有

$$x^{\mathrm{T}}(t)Z^{-\mathrm{T}}(\varepsilon)H_{j(h)}^{\mathrm{T}}(\varepsilon)H_{j(h)}(\varepsilon)Z^{-1}(\varepsilon)x(t) \leqslant 1, \quad h \in [1, p], \quad j = 1, \cdots, r$$

这意味着 $\Omega(E(\varepsilon)Z^{-1}(\varepsilon), \gamma^2\eta) \subset \bigcap_{j=1}^{r} \mathcal{L}(H_j(\varepsilon)Z^{-1}(\varepsilon))$。并且可以得到:

$$\left| \sum_{j=1}^{r} \mu_j H_{j(h)}(\varepsilon)Z^{-1}(\varepsilon)x \right| \leqslant \sum_{j=1}^{r} |\mu_j| \| H_{j(h)}(\varepsilon)Z^{-1}(\varepsilon)x | \leqslant \sum_{j=1}^{r} \mu_j = 1$$

上述不等式表明 $x(t) \in \mathcal{L}\left(\sum_{j=1}^{r} \mu_j H_j(\varepsilon)Z^{-1}(\varepsilon)\right)$。

令 $P(\varepsilon) = Z^{-1}(\varepsilon)$,可以得到:

$$\Omega(E(\varepsilon)Z^{-1}(\varepsilon), \gamma^2\eta) \subset \mathcal{L}\left(\sum_{j=1}^{r} \mu_j H_j(\varepsilon)P(\varepsilon)\right)$$

根据引理 8.1,对于任意 $x(t) \in \Omega(E(\varepsilon)Z^{-1}(\varepsilon), \gamma^2\eta)$,有

$$\begin{aligned} & A_i x(t) + B_i \mathrm{sat}(K_j(\varepsilon)x(t-\tau(t))) + B_{\omega i}\omega(t) \\ & = \sum_{s=1}^{2^p} \alpha_s [A_i x(t) + B_i(D_s K_j(\varepsilon) + D_s^{-} H_j(\varepsilon)P(\varepsilon))x(t-\tau(t)) + B_{\omega i}\omega(t)] \end{aligned} \tag{8.15}$$

再利用引理 3.2,对于任何 $\varepsilon \in (0, \varepsilon_0]$,LMIs(8.10)~LMIs(8.13)意味着:

$$\begin{bmatrix} \text{sym}(A_i Z(\varepsilon)) + \varXi(\varepsilon) & * & * & * & * & * \\ (B_i \tilde{K}_j)^{\mathrm{T}} + \tilde{R}_2^{\mathrm{T}} E(\varepsilon) & -2\tilde{R}_2 & * & * & * & * \\ 0 & \tilde{R}_2^{\mathrm{T}} & -\tilde{R}_1 - \tilde{R}_2 & * & * & * \\ B_{\omega i}^{\mathrm{T}} & 0 & 0 & -\gamma^2 I & * & * \\ \tau A_i Z(\varepsilon) & \tau B_i \tilde{K}_j & 0 & \tau B_{\omega i} & -\text{sym}(Z(\varepsilon)) + \tilde{R}_2 & * \\ C_i Z(\varepsilon) & D_i K_j & 0 & 0 & 0 & -I \end{bmatrix} < 0 \quad (8.16)$$

由引理 8.2，可以得到：

$$-\text{sym}(Z(\varepsilon)) + \tilde{R}_2 = -\text{sym}(Z(\varepsilon)) + Z(\varepsilon) R_2 Z^{\mathrm{T}}(\varepsilon) \geqslant -R_2^{-1}$$

对不等式（8.16）分别左乘右乘

$$\text{diag}\{Z^{-\mathrm{T}}(\varepsilon), Z^{-\mathrm{T}}(\varepsilon) E(\varepsilon), Z^{-\mathrm{T}}(\varepsilon) E(\varepsilon), I, I, I\}$$

和它的转置，可得

$$\begin{bmatrix} \text{sym}(P^{\mathrm{T}}(\varepsilon) A_i) + \bar{R}_1 + \bar{R}_2 & * & * & * & * & * \\ (B_i \bar{K}_j)^{\mathrm{T}} + \bar{R}_2^{\mathrm{T}} & -2\bar{R}_2 & * & * & * & * \\ 0 & \bar{R}_2^{\mathrm{T}} & -\bar{R}_1 & * & * & * \\ B_{\omega i}^{\mathrm{T}} P(\varepsilon) & 0 & -\bar{R}_2 & -\gamma^2 I & * & * \\ \tau A_i & \tau B_i \bar{K}_j & 0 & \tau B_{\omega i} & -R_2^{-1} & * \\ C_i & D_i K_j E(\varepsilon) P(\varepsilon) & 0 & 0 & 0 & -I \end{bmatrix} < 0$$

其中，

$$\bar{K}_j = D_s K_j E(\varepsilon) P(\varepsilon) + D_s^- H_j(\varepsilon) P(\varepsilon)$$

$$\bar{R}_1(\varepsilon) = E^{\mathrm{T}}(\varepsilon) R_1 E(\varepsilon), \quad \bar{R}_2 = E^{\mathrm{T}}(\varepsilon) R_2 E(\varepsilon)$$

令 $K_j(\varepsilon) = K_j E(\varepsilon) P(\varepsilon)$，并根据 Schur 补引理，有

$$\tilde{\varPsi}_{ij} + \tau^2 [E(\varepsilon) \dot{x}(t)]^{\mathrm{T}} R_2 E(\varepsilon) \dot{x}(t) + z^{\mathrm{T}}(t) z(t) - \gamma^2 \omega^{\mathrm{T}}(t) \omega(t) < 0 \quad (8.17)$$

通过引理 3.3，LMI（3.4）～LMI（3.6）保证式（3.7）成立，这意味着：

$$E(\varepsilon) P(\varepsilon) = P^{\mathrm{T}}(\varepsilon) E(\varepsilon) > 0, \quad \forall \varepsilon \in (0, \varepsilon_0]$$

选择 ε 依赖的 Lyapunov-Krasovskii 泛函：

$$V(x(t)) = x^{\mathrm{T}}(t) E(\varepsilon) P(\varepsilon) x(t) + \int_{t-\tau}^{t} x^{\mathrm{T}}(s) E^{\mathrm{T}}(\varepsilon) R_1 E(\varepsilon) x(s) \mathrm{d}s$$

$$+ \tau \int_{-\tau}^{0} \int_{t+\theta}^{t} \dot{x}^{\mathrm{T}}(s) E^{\mathrm{T}}(\varepsilon) R_2 E(\varepsilon) \dot{x}(s) \mathrm{d}s \mathrm{d}\theta$$

沿着系统（8.5）的轨迹取 $V(x_t)$ 的时间导数得

$$\dot{V}(x(t)) = [E(\varepsilon) \dot{x}(t)]^{\mathrm{T}} P(\varepsilon) x(t) + x^{\mathrm{T}}(t) P^{\mathrm{T}}(\varepsilon) [E(\varepsilon) \dot{x}(t)]$$

$$+ x^{\mathrm{T}}(t) E^{\mathrm{T}}(\varepsilon) R_1 E(\varepsilon) x(t) - x^{\mathrm{T}}(t-\tau) E^{\mathrm{T}}(\varepsilon) R_1 E(\varepsilon) x(t-\tau)$$

$$+ \tau^2 \dot{x}^{\mathrm{T}}(t) E^{\mathrm{T}}(\varepsilon) R_2 E(\varepsilon) \dot{x}(t) - \tau \int_{t-\tau}^{t} \dot{x}^{\mathrm{T}}(s) E^{\mathrm{T}}(\varepsilon) R_2 E(\varepsilon) \dot{x}(s) \mathrm{d}s$$

基于 Jensen 不等式，可以得到：

$$-\tau \int_{t-\tau}^{t} \dot{x}^T(s) E^T(\varepsilon) R_2 E(\varepsilon) \dot{x}(s) \mathrm{d}s \leq \begin{bmatrix} x(t) \\ x(t-\tau(t)) \\ x(t-\tau) \end{bmatrix}^T \Pi \begin{bmatrix} xv \\ x(t-\tau(t)) \\ x(t-\tau) \end{bmatrix}$$

其中，$\Pi = \begin{bmatrix} -\bar{R}_2 & \bar{R}_2 & 0 \\ * & -2\bar{R}_2 & \bar{R}_2 \\ * & * & -\bar{R}_2 \end{bmatrix}$。然后，考虑式（8.15）和式（8.17），有

$$\begin{aligned}\dot{V}(x(t)) &< [E(\varepsilon)\dot{x}(t)]^T P(\varepsilon) x(t) + x^T(t) P^T(\varepsilon) [E(\varepsilon)\dot{x}(t)] \\ &+ x^T(t) E^T(\varepsilon) R_1 E(\varepsilon) x(t) - x^T(t-\tau) E^T(\varepsilon) R_1 E(\varepsilon) x(t-\tau) \\ &+ \tau^2 \dot{x}^T(t) E^T(\varepsilon) R_2 E(\varepsilon) \dot{x}(t) + \begin{bmatrix} x(t) \\ x(t-\tau(t)) \\ x(t-\tau) \end{bmatrix}^T \Pi \begin{bmatrix} x(t) \\ x(t-\tau(t)) \\ x(t-\tau) \end{bmatrix} \\ &\leq \sum_{i=1}^{r}\sum_{j=1}^{r}\sum_{s=1}^{2^p} \mu_i \mu_j \alpha_s \{\zeta^T(t)(\bar{\Psi}_{ij})\zeta(t) + \tau^2 [E(\varepsilon)\dot{x}(t)]^T R_2 E(\varepsilon)\dot{x}(t)\} \\ &< -z^T(t)z(t) + \gamma^2 \omega^T(t)\omega(t)\end{aligned}$$

其中，$\zeta^T(t) = [x^T(t) \quad x^T(t-\tau(t)) \quad x^T(t-\tau)]$。

进而得到：

$$\dot{V}(x(t)) < -z^T(t)z(t) + \gamma^2 \omega^T(t)\omega(t)$$

当 $\omega(t) \in W_\alpha$ 时，对上述不等式的两侧从 0 到 ∞ 积分：

$$V(x(t)) + \int_0^\infty z^T(t)z(t) \, \mathrm{d}t < V(x(0)) + \gamma^2 \int_0^\infty \omega^T(t)\omega(t) \, \mathrm{d}t < V(x(0)) + \gamma^2 \eta$$

在零初始条件下，得到 $V(x(t)) < \gamma^2 \eta$，这意味着系统（8.5）的状态轨迹从初始点出发将保持在 $\Omega(E(\varepsilon)Z^{-1}(\varepsilon), \gamma^2\eta)$ 内。注意到 $V(x(t)) > 0$，同时也得到了式（8.6）：

$$J_\omega = \int_0^\infty (z^T(t)z(t) - \gamma^2 \omega^T(t)\omega(t)) \, \mathrm{d}t < 0$$

因此，闭环系统（8.5），对任意 $\varepsilon \in (0, \varepsilon_0]$，满足 H_∞ 性能。证毕。

在定理 8.1 的条件和上述讨论下，对于任意 $\omega(t) \in W_\eta$。标量 $\gamma > 0$，估计 η 的最大值问题，称为闭环系统的干扰容限，有如下优化问题：

$$\begin{aligned} & \max_{H_j, Y_j, Z_i} \eta \\ & \text{s.t.} \quad 式(3.4) \sim 式(3.6),\ 式(8.7) \sim 式(8.13) \end{aligned} \quad (8.18)$$

注释 8.2 如果 $x(0) \in \Omega(E(\varepsilon)Z^{-1}(\varepsilon), 1)$，考虑定理 1，得到 $V(x(t)) < 1 + \gamma^2 \eta$。对于 $\omega(t) \in W_\eta$，系统（8.5）的状态轨迹从 $\Omega(E(\varepsilon)Z^{-1}(\varepsilon), 1)$ 出发将保持在 $\Omega(E(\varepsilon)Z^{-1}(\varepsilon), 1 + \gamma^2 \eta)$ 内。

如果 $w(t)=0$，根据定理 8.1，可以得到，当 $w(t)=0$ 时，系统（8.5）的稳定性条件。

推论 8.1 对于给定的标量 $\tau>0$ 和 ε 的界 $\varepsilon_0>0$，如果存在矩阵 $Z_l(l=1,\cdots,5)$，满足 $Z_l=Z_l^T(l=1,\cdots,4)$，矩阵 K_j、H_{1j}、H_{2j} 和正定对称矩阵 R_1、R_2，使得式(3.4)～式(3.6)和以下不等式成立：

$$\begin{bmatrix} Z_1 & * \\ H_{1j(h)} & 1 \end{bmatrix} \geq 0 \quad (8.19)$$

$$\begin{bmatrix} Z_1+\varepsilon_0 Z_3 & * & * \\ \varepsilon_0 Z_5 & \varepsilon_0 Z_2 & * \\ H_{1j(h)} & \varepsilon_0 H_{2j(h)} & 1 \end{bmatrix} \geq 0 \quad (8.20)$$

$$\begin{bmatrix} Z_1+\varepsilon_0 Z_3 & * & * \\ \varepsilon_0 Z_5 & \varepsilon_0 Z_2+\varepsilon_0^2 Z_4 & * \\ H_{1j(h)} & \varepsilon_0 H_{2j(h)} & 1 \end{bmatrix} \geq 0, \quad h\in[1,p], \quad j=1,\cdots,r \quad (8.21)$$

$$\begin{cases} \Psi_{ii}(0)<0, \quad i=1,\cdots,r \\ \Psi_{ij}(0)+\Psi_{ji}(0)<0, \quad 1\leq i<j\leq r \\ \Psi_{ii}(\varepsilon_0)<0, \quad i=1,\cdots,r \\ \Psi_{ij}(\varepsilon_0)+\Psi_{ji}(\varepsilon_0)<0, \quad 1\leq i<j\leq r \end{cases} \quad (8.22)$$

其中，

$$\bar{\Psi}_{ij}(0)=\begin{bmatrix} \text{sym}(A_i Z(0))+\Xi(0) & * & * & * \\ (B_i\tilde{K}_j)^T+\tilde{R}_2^T E(0) & -2\tilde{R}_2 & * & * \\ 0 & \tilde{R}_2^T & -\tilde{R}_1-\tilde{R}_2 & * \\ \tau A_i Z(0) & \tau B_i\tilde{K}_j & 0 & \tilde{R}_2-\text{sym}(Z(0)) \end{bmatrix}$$

$$\bar{\Psi}_{ij}(\varepsilon_0)=\begin{bmatrix} \text{sym}(A_i Z(\varepsilon_0))+\Xi(\varepsilon_0) & * & * & * \\ (B_i\tilde{K}_j)^T+\tilde{R}_2^T E(\varepsilon_0) & -2\tilde{R}_2 & * & * \\ 0 & \tilde{R}_2^T & -\tilde{R}_1-\tilde{R}_2 & * \\ \tau A_i Z(\varepsilon_0) & \tau B_i\tilde{K}_j & 0 & \tilde{R}_2-\text{sym}(Z(\varepsilon_0)) \end{bmatrix}$$

那么，对于任意 $\varepsilon\in(0,\varepsilon_0]$，具有模糊采样控制器（8.3）$K_j(\varepsilon)=Y_j E(\varepsilon)Z^{-1}(\varepsilon)$ 的闭环系统（8.5）在 $\Omega(E(\varepsilon)Z^{-1}(\varepsilon),1)=\{x\,|\,x^T E(\varepsilon)Z^{-1}(\varepsilon)x\leq 1\}$ 内渐近稳定。

此外，当 $w(t)=0$ 时，$\Omega(E(\varepsilon)Z^{-1}(\varepsilon),1)$ 是闭环系统（8.5）的吸引域估计。

通过使用定理 8.1 中的方法，这个推论的证明类似于定理 8.1。因此，在这里省略。

注释 8.3 令 X_0 是一组初始条件。设计目标找到控制器增益 $K_j(\varepsilon)$，使得系统（8.5）的所有轨迹从 X_0 出发将保持在其内部，也就是说，X_0 是系统（8.5）的不变集。在当前的工作中，考虑 X_0 是椭球体集 $\Omega(E(\varepsilon)Z^{-1}(\varepsilon),1)$。

注释 8.4 本章考虑了具有输入饱和的 T-S 模糊奇异摄动系统的稳定界的问题。通过构造适当的 Lyapunov-Kravoskii 函数，得到了镇定条件和模糊采样控制器的设计方法。考虑到文献[10]中的方法，本书的结果可以推广到处理变时滞奇异摄动系统的分析问题中。

考虑推论 8.1 中给出椭球体集的条件在吸引域内。现在令 X_0 是给定的初始集。为了得到具有最小保守性的吸引域的最大值，可以将问题表示为以下优化问题：

$$\max_{H_j, Y_j, Z_i} \alpha$$

s.t. (a) $\alpha x_0 \in \Omega(E(\varepsilon)Z^{-1}(\varepsilon),1)$ 且 $\alpha > 0$ （8.23）

(b) 式(3.3)~式(3.6)，式(8.19)~式(8.22)

可以看出条件（a）等价于 $\begin{bmatrix} \dfrac{1}{\alpha^2}I & * \\ E(\varepsilon)x_0 & Z^{\mathrm{T}}(\varepsilon)E(\varepsilon) \end{bmatrix} \geq 0$。

通过引理 3.2 和 $x_0^{\mathrm{T}} = [x_{01}^{\mathrm{T}} \quad x_{02}^{\mathrm{T}}]$，上述不等式可写为如下形式：

$$\begin{bmatrix} \dfrac{1}{\alpha^2}I & * \\ x_{01}I & Z_1 \end{bmatrix} \geq 0 \tag{8.24}$$

$$\begin{bmatrix} \dfrac{1}{\alpha^2}I & * & * & * \\ 0 & \dfrac{1}{\alpha^2}I & * & * \\ x_{01}I & 0 & Z_1 + \varepsilon_0 Z_3 & * \\ 0 & x_{02}\varepsilon_0 I & \varepsilon_0 Z_5 & \varepsilon_0 Z_2 \end{bmatrix} \geq 0 \tag{8.25}$$

$$\begin{bmatrix} \dfrac{1}{\alpha^2}I & * & * & * \\ 0 & \dfrac{1}{\alpha^2}I & * & * \\ x_{01}I & 0 & Z_1 + \varepsilon_0 Z_3 & * \\ 0 & x_{02}\varepsilon_0 I & \varepsilon_0 Z_5 & \varepsilon_0 Z_2 + \varepsilon_0^2 Z_4 \end{bmatrix} \geq 0 \tag{8.26}$$

然后，令 $\lambda = \dfrac{1}{\alpha^2}$，优化问题（8.23）转化为以下凸优化问题：

$$\min_{H_j, Y_j, Z_i} \lambda \tag{8.27}$$

s.t. 式(3.4)~式(3.6)，式(8.19)~式(8.22)，式(8.24)~式(8.26)

注释 8.5 吸引域通常由相关的 Lyapunov 函数描述。基于这一事实，通过使用相应的稳定条件来建立凸优化问题。已有一些针对正常系统的优化吸引域的成熟方法[11]。本书将经典方法扩展到针对 T-S 模糊奇异摄动系统，构建一个 ε 依赖的吸引域。充分考虑了 T-S 模糊奇异摄动系统的奇异摄动结构。当然，用于最大化 T-S 模糊奇异摄动系统吸引域的凸优化问题与正常系统完全不同，甚至比正常系统更为复杂。

8.4 仿　　真

在本节中，举例说明提出条件的有效性。

例 8.1　考虑由直流电动机控制的倒立摆系统。系统描述如下：

$$\begin{aligned}
\dot{x}_1(t) &= x_2(t) + 0.1\omega(t) \\
\dot{x}_2(t) &= \frac{g}{l}\sin x_1(t) + \frac{NK_m}{ml^2}x_3(t) \\
L_a\dot{x}_3(t) &= -K_b N x_2(t) - R_a x_3(t) + u(t) + \omega(t) \\
z(t) &= 0.1x_1(t) + 0.1u(t)
\end{aligned} \quad (8.28)$$

其中，$x_1(t) = \theta_p(t)$，$x_2(t) = \dot{\theta}_p(t)$，$x_3(t) = I_a(t)$；$u(t)$ 是控制输入；$\omega(t)$ 是干扰输入；K_m 是电机转矩常数；K_b 是反电动势常数；N 是齿轮比。设备的参数给定为 $g = 9.8\text{m/s}^2$，$l = 1\text{m}$，$m = 1\text{kg}$，$N = 10$，$K_m = 0.1\text{Nm/A}$，$K_b = 0.1\text{Vs/rad}$，$R_a = 1\Omega$ 和 $L_a = \varepsilon\text{mH}$，并且需要输入电压满足 $|u| \leqslant 1$。注意，电感 L_a 表示系统中的小参数。

将参数代入式（8.28），有

$$\begin{aligned}
\dot{x}_1(t) &= x_2(t) + 0.1\omega(t) \\
\dot{x}_2(t) &= 9.8\sin x_1(t) + x_3(t) \\
\varepsilon\dot{x}_3(t) &= -x_2(t) - x_3(t) + sat(u(t)) + \omega(t) \\
z(t) &= 0.1x_1(t) + 0.1u(t)
\end{aligned} \quad (8.29)$$

模糊集的隶属函数选择如下：

$$M_1(x_1(t)) = 1 - \frac{|x_1(t)|}{\pi}, \quad M_2(x_1(t)) = \frac{|x_1(t)|}{\pi}$$

然后，在 $-\pi \leqslant x_1(t) \leqslant \pi$ 下的非线性奇异摄动系统（8.29）的动力学模型可以表示为如下 T-S 模糊模型，

Plant rule 1:

IF $x_1(t)$ is $M_1(x_1(t))$,

THEN

$$E(\varepsilon)\dot{x}(t) = A_1 x(t) + B_1 sat(u(t)) + B_{\omega 1}\omega(t)$$
$$z(t) = C_1 x(t) + D_1 u(t)$$

Plant rule 2:

IF $x_1(t)$ is $M_2(x_1(t))$,

THEN

$E(\varepsilon)\dot{x}(t) = A_2 x(t) + B_2 \text{sat}(u(t)) + B_{\omega 2}\omega(t)$

$z(t) = C_2 x(t) + D_2 u(t)$

其中,

$$E(\varepsilon) = \begin{bmatrix} 1 & 0 & 0 \\ 0 & 1 & 0 \\ 0 & 0 & \varepsilon \end{bmatrix}, \quad A_1 = \begin{bmatrix} 0 & 1 & 0 \\ 9.8 & 0 & 1 \\ 0 & -1 & -1 \end{bmatrix}, \quad A_2 = \begin{bmatrix} 0 & 1 & 0 \\ 0 & 0 & 1 \\ 0 & -1 & -1 \end{bmatrix}$$

$$B_1 = B_2 = \begin{bmatrix} 0 \\ 0 \\ 1 \end{bmatrix}, \quad B_{\omega 1} = B_{\omega 2} = \begin{bmatrix} 0.1 \\ 0 \\ 1 \end{bmatrix}, \quad C_1 = C_2 = \begin{bmatrix} 0.1 \\ 0 \\ 0 \end{bmatrix}^T, \quad D_1 = D_2 = 0.1$$

令 $\tau = 0.3, \gamma = 0.3$, 求解优化问题（8.18），可以得到 $\eta_{\max} = 1.9$ 和上界 $\varepsilon_0 = 0.9$。此外，控制律为

$$K_1 = [-0.8745 \quad -0.7434 \quad -0.3001]$$

$$K_2 = [-0.8393 \quad -0.7369 \quad -0.2945]$$

具有输入饱和和扰动的 T-S 模糊奇异摄动系统的状态轨迹如图 8.1 所示。

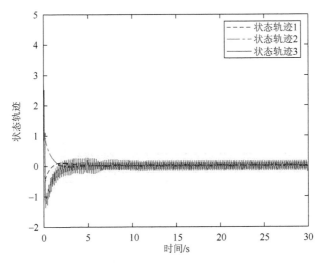

图 8.1 具有输入饱和和扰动的 T-S 模糊奇异摄动系统的状态轨迹

令 $\varepsilon_0 = 0.15, \tau = 0.17, \lambda = 0.2, \alpha = 2.2$，求解优化问题（8.27），可以得到控制器增益：

$$K_1 = [-1.8925 \quad -1.1780 \quad -0.1045]$$
$$K_2 = [-1.2438 \quad -1.1333 \quad -0.0814]$$

对于 $\varepsilon = 0.15$ 的情况，系统的状态轨迹如图 8.2 所示。从图中可知，提出的方法可以保证 T-S 模糊奇异摄动系统是稳定的。图 8.3 给出了满足控制器（8.3）的系统的吸引域和从吸引域出发的状态轨迹。从图中可以看出，状态轨迹从吸引域中出发并保持在吸引域内，并且收敛于系统的平衡点。

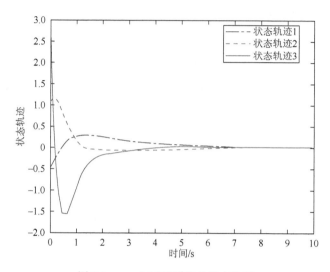

图 8.2　$\varepsilon = 0.15$ 时系统的状态轨迹

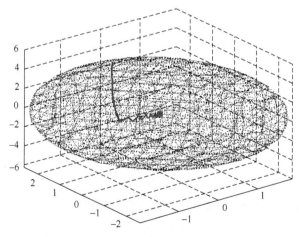

图 8.3　当 $\varepsilon = 0.15$，$\omega(t) = 0$ 时，系统的吸引域和从 $[-0.5 \quad 1 \quad 3]^T$ 出发的状态轨迹

8.5 本章小结

本章考虑了饱和 T-S 模糊奇异摄动系统的 H_∞ 采样控制器的设计问题。首先，提出了一种模糊采样控制器的设计方法，并构建了一个优化问题来最大化扰动承受力。然后，通过考虑系统无扰动这一特殊情况，给出了相应的 LMI 条件和优化问题，使得系统是稳定的，且闭环系统的 ε 依赖的吸引域最大化。最后，给出了数值实例和仿真结果证明了所提出的方法的有效性。

参 考 文 献

[1] Saydy L. New stability/performance results for singularly perturbed systems[J]. Automatica, 1996, 32 (6): 807-818.

[2] Chen S J, Lin J L. Maximal stability bounds of singularly perturbed systems[J]. Journal of the Franklin Institute, 1999, 336 (8): 1209-1218.

[3] Cao L, Schwartz H M. Complementary results on the stability bounds of singularly perturbed systems[J]. IEEE Transactions on Automatic Control, 2004, 49 (11): 2017-2021.

[4] Shao Z, Sawan M. Stabilization of uncertain singularly perturbed systems[J]. IEE Proceedings on Control Theory and Applications, 2005, 153 (1): 99-103.

[5] Yang G H, Dong J X. Control synthesis of singularly perturbed fuzzy systems[J]. IEEE Transactions on Fuzzy Systems, 2008, 16 (3): 615-629.

[6] Yang C Y, Zhang Q L. Multi-objective control for T-S fuzzy singularly perturbed systems[J]. IEEE Transactions on Fuzzy Systems, 2009, 17 (1): 104-115.

[7] Tsai P W, Chen C W. A novel criterion for nonlinear time-delay systems using LMI fuzzy Lyapunov method[J]. Applied Soft Computing, 2014, 25: 461-472.

[8] Tsai P W, Alsaedi A, Hayat T, et al. A novel control algorithm for interaction between surface waves and a permeable floating structure[J]. China Ocean Engineering, 2016, 30 (2): 161-176.

[9] Asemani M H, Majd V J. A novel descriptor redundancy approach for non-quadratic robust H-infinity control of T-S fuzzy nonlinear singularly perturbed systems[J]. Journal of Intelligent and Fuzzy Systems, 2015, 29 (1): 15-26.

[10] Chen J X. Fuzzy singularly perturbed modeling and composite controller design for nonlinear multiple time-scale systems with time-delay[J]. Fuzzy Sets and Systems, 2014, 254 (1): 142-156.

[11] Hu T, Lin Z, Chen B. An analysis and design method for linear systems subject to actuator saturation and disturbance[J]. Automatica, 2002, 38 (2): 351-359.

[12] Xin H, Gan D, Huang M, et al. Estimating the stability region of singular perturbation power systems with saturation nonlinearities: A linear matrix inequality based method[J]. IET Control Theory and Applications, 2010, 4 (3): 351-361.

[13] Yang C Y, Sun J, Ma X P. Stabilization bound of singularly perturbed systems subject to actuator saturation[J]. Automatica, 2013, 49 (2): 457-462.

[14] Yang H J, Li X, Liu Z X, et al. Robust fuzzy scheduling control for nonlinear systems subject to actuator saturation via delta operator approach[J]. Information Sciences, 2014, 272 (19): 158-172.

[15] Katayama H, Ichikawa A. H_∞ control for sampled-data nonlinear systems described by Takagi-Sugeno fuzzy

[16] Miao Y Z, Ma L, Ma X P, et al. Fast sampling control of singularly perturbed systems with actuator saturation and L_2 disturbance[J]. Mathematical Problems in Engineering, 2015, 2015（2）: 1-11.

[17] Lam H K, Seneviratne L D. Tracking control of sampled-data fuzzy-model-based control systems[J]. IET Control Theory and Applications, 2009, 3（1）: 56-67.

[18] Fridman E, Seuret A, Richard J. Robust sampled-data stabilization of linear systems: An input delay approach[J]. Automatica, 2004, 40（8）: 1441-1446.

[19] Hu L S, Bai T, Shi P, et al. Sampled-data control of networked linear control systems[J]. Automatica, 2007, 43（5）: 903-911.

[20] Gao H, Chen T. Stabilization of nonlinear systems under variable sampling: A fuzzy control approach[J]. IEEE Transactions on Fuzzy Systems, 2007, 15（5）: 972-983.

[21] Lam H K. Sampled-data fuzzy-model-based control systems: Stability analysis with consideration of analogue-to-digital converter and digital-to-analogue converter[J]. IET Control Theory and Applications, 2010, 4（7）: 1131-1144.

[22] Wei Y L, Qiu J B, Karimi H R. Reliable output feedback control of discrete-time fuzzy affine systems with actuator faults[J]. IEEE Transactions on Circuits and Systems I: Regular Papers, 2017, 64（1）: 170-181.

第9章　基于多速率采样数据的奇异摄动系统观测器设计

本章的主要内容是研究在存在数据传输延时情况下，基于多速率采样数据的奇异摄动系统观测器的设计方法。根据不同的采样率和传输时滞可以将系统输出分成两类。建立误差系统，使其成为具有快时变时滞和慢时变时滞的连续奇异摄动系统。考虑数据传输延时特性，构建新的 Lyapunov-Krasovski 泛函，在观测器设计方法中提出使误差系统稳定的充分条件。

9.1　引　　言

由奇异摄动参数 ε 和某些状态量对时间的导数相乘后构成的状态空间模型可以称为奇异摄动系统[1-3]。近来，奇异摄动系统观测器的设计问题受到了广泛关注[4-12]。现有的对于连续时间系统设计观测器的方法主要分为两类：一种是基于不分解系统的观测器设计方法，如文献[9]中所示，在设计稳定的状态反馈控制器的第二个阶段可以利用系统矩阵直接构造出全维观测器。另一种是将奇异摄动系统降阶分解为快、慢两个子系统。例如，在文献[10]中，提出了分别为两个降阶子系统设计观测器，再整合成为复合的全维观测器设计方法。在文献[12]中，通过使用特征值分配方法设计出快、慢子系统观测器，最终得到的复合的全维观测器具有更好的性能。上述方法均要求奇异摄动参数 ε 足够小，且没有指出 ε 的范围，因此只能通过实验来验证所得观测器的有效性。为了解决这个问题，文献[11]中提出了一种代数方法，来估算 ε 的上界 ε_0，使得奇异摄动参数 ε 在满足 $\varepsilon \in (0, \varepsilon_0]$ 条件下，观测器都具有良好的性能。

随着计算机技术的发展，数字控制方式越来越受欢迎。因此，连续时间奇异摄动系统的离散观测器设计受到了更多的关注[4-12]。根据已知的调查研究，目前所有针对奇异摄动系统离散观测器的设计方法都是基于奇异摄动系统的离散化模型进行设计的[4-12]。通过对连续时间系统离散化，能够根据不同的采样率得到不同的离散时间模型[13-18]。通过选择适当的奇异摄动系统慢子系统采样间隔 T_s，就能够得到慢采样模型。在文献[4]中基于慢采样模型，提出了设计全维观测器的方法。选择一个适用于奇异摄动系统快子系统的时间参数 T_f 就可以得到快采样模型。在文献[5]中基于快采样模型，提出了一种设计全维观测器的方法。由于奇异摄动系统具有多时间尺度特性，许多专家致力于研究基于多速率采样测量方式设计观测器的问题[6-8]。更具体地来说，是指慢变量测量速率远低于快变量测量速率[6-8]。在文献[8]中，通过分析设计单速率观测器的方法[4,5]，可以在分解协调原理的框架下设计多速率观测器。通过测量状态变量转化，采用多速率测量与计算方式，分别构建出用于近似快、慢子系统的降阶观测器[6]。该方法已应用于永磁同步电机。在文献[7]中，通过使用 Euler 方法提出了使非线性奇异摄动系统离散化的方案。对快、慢子系统分别构建降阶观测器，整合之后能够实现实时处理多速率采样测量。然而，上述结论有如下弊端：①它们是基于确定的离散时间模型，并假设采样间隔是均匀的，不包括异步采样和非均匀采样这两种情况；②在观测器的设计过程中，没有考虑奇异摄动参数 ε 边界估计的问题；③忽略了信号传输延时问题。

对于具有异步采样周期和非均匀采样周期的奇异摄动系统，主要可以采用两种方法设计采样观测器和控制器[19-23]。一种方法是将控制系统描述为脉冲系统，再设计采样观测器[19]；另一种方法是利用输入时滞法将采样数据系统模型建立成带有时变锯齿波延时特性的连续时间系统[20]。以往的延时方法是利用与时间无关的 Lyapunov-Krasovskii 泛函和 Lyapunov-Razumikhin 泛函，在已知采样时间间隔上界的基础上对线性系统的不确定性采样控制。结合上述两种方法的优点，在输入时滞方法的框架下，提出了与时间相关的 Lyapunov 函数[21]。最近，输入时滞法被推广应用到常规系统的多速率观测器的设计当中[22]，其中系统的输出是通过不同的采样速率下的传感器输出得到的。众所周知，在许多控制系统中，信号传输延时会影响到系统稳定性，如网络控制系统[24]。考虑到信号传输延时特性，可以将不连续的 Lyapunov-Krasovskii 泛函引入基于 Wirtinger 不等式的采样系统设计中[23]。该不等式利用受约束的时滞导数，改善了现有的结果。从而可以得到较大的采样周期，保证了系统的稳定性。

在输入时滞方法的框架下，本章提出在多速率采样和延时测量条件下，奇异摄动系统观测器的设计问题。在不同采样率下，输出可分为两类。其中慢采样率下的参数 $\rho_s(t)$ 是慢时滞参数，而在快采样率下的参数 $\varepsilon\rho_f(t)$ 是快时滞参数，与文献[22]中所有延时都是慢时滞不同。需要构造出新的 Lyapunov-Krasovskii 泛函同时考虑快、慢两种延时特性。对于给定的观测器增益，本章提出了利用 Lyapunov-Krasovskii 泛函得到估算误差收敛的充分条件。随后提出观测器设计方法，使得在预定义采样周期内和当奇异摄动参数满足 $\varepsilon \in (0,\varepsilon_0]$ 时误差系统渐近稳定（即估计误差收敛）。最后，本章给出几个例子来解释说明提出结论的有效性。

本章的其他部分安排如下：9.2 节提出问题和相关预备知识；9.3 节提出本章的主要结论；9.4 节举例来说明所获得方法的有效性；9.5 节为本章小结。

9.2 问题描述

考虑如下奇异摄动系统：
$$E(\varepsilon)\dot{x}(t) = Ax(t) + Bu(t) \tag{9.1}$$
$$y = Cx \tag{9.2}$$

其中，$E(\varepsilon) = \text{diag}\{I, \varepsilon I\}$，奇异摄动参数 $\varepsilon > 0$；$x(t) = [x_1^T, x_2^T] \in \mathbb{R}^n$，其中 $x_1(t) \in \mathbb{R}^{n_1}$ 是慢状态变量，$x_2(t) \in \mathbb{R}^{n_2}$ 是快状态变量；$u(t) \in \mathbb{R}^r$ 是控制输入；$y(t) \in \mathbb{R}^m$ 是测量输出。已知适当维数的常数矩阵 A、B、C 满足以下结构：

$$A = \begin{bmatrix} A_{11} & A_{12} \\ A_{21} & A_{22} \end{bmatrix}, \quad B = \begin{bmatrix} B_1 \\ B_2 \end{bmatrix}, \quad C = \begin{bmatrix} C_1 \\ C_2 \end{bmatrix} = \begin{bmatrix} C_{11} & 0 \\ C_{21} & C_{22} \end{bmatrix}$$

测量输出根据不同的采样率分成两个部分：$y_1(t) = C_1 x \in \mathbb{R}^{m_1}$ 和 $y_2(t) = C_2 x \in \mathbb{R}^{m_2}$。如文献[8]所示 $y_1(t)$ 是慢状态变量在慢采样率下的输出。假设在离散时间 t_k 和 $\varepsilon\tau_k$ 分别得到 $y_1(t)$、$y_2(t)$，再分别假设传输信号从采样器到零阶保持器（ZOH）阶段经历了恒定的信号传输延时 ξ 和 $\varepsilon\gamma$。因此测量输出结果可以描述为

$$y_1(t) = C_1 x(t - \xi), \quad t_k \leqslant t < t_{k+1}, \quad k = 0,1,2,\cdots \tag{9.3}$$
$$y_2(t) = C_2 x(\varepsilon\tau_k - \varepsilon\gamma), \quad \varepsilon\tau_k \leqslant t \leqslant \varepsilon\tau_{k+1}, \quad k = 0,1,2,\cdots \tag{9.4}$$

假设采样间隔有界：
$$t_{k+1} - t_k \leqslant T_s, \quad k = 0,1,2,\cdots \tag{9.5}$$
$$\tau_{k+1} - \tau_k \leqslant T_f, \quad k = 0,1,2,\cdots \tag{9.6}$$

定义
$$\rho_s(t) = t - t_k + \xi, \quad t_k \leqslant t < t_{k+1}, \quad k = 0,1,2,\cdots \tag{9.7}$$
$$\varepsilon\rho_f(t) = t - \varepsilon\tau_k + \varepsilon\gamma, \quad \varepsilon\tau_k \leqslant t < \varepsilon\tau_{k+1}, \quad k = 0,1,2,\cdots \tag{9.8}$$

考虑到式（9.7）和式（9.8）两种情况，可以通过上面的式（9.3）和式（9.4）重新给出测量输出向量：

$$y_1(t) = C_1 x(t - \rho_s(t)), \quad t_k \leqslant t < t_{k+1}, \quad k = 0,1,2,\cdots \tag{9.9}$$
$$y_2(t) = C_2 x(t - \varepsilon\rho_f(t)), \quad \varepsilon\tau_k \leqslant t < \varepsilon\tau_{k+1}, \quad k = 0,1,2,\cdots \tag{9.10}$$

受到经典 Luenberger 观测器[4]的启发，构建如下的系统状态观测器：

$$\begin{aligned} E(\varepsilon)\dot{\hat{x}}(t) = &A\hat{x}(t) - L_1(y_1(t) - C_1\hat{x}(t - \rho_s(t))) \\ &- L_2(y_2(t) - C_2\hat{x}(t - \varepsilon\rho_f(t))) + Bu(t) \end{aligned} \tag{9.11}$$

其中，$\hat{x}$ 是观测器的状态；L_1 和 L_2 是待定的观测器增益。

将估计误差定义为 $e(t) = x(t) - \hat{x}(t)$，得到误差系统如下：

$$E(\varepsilon)\dot{e}(t) = Ae(t) + L_1 C_1 e(t - \rho_s(t)) + L_2 e(t - \varepsilon\rho_f(t)) \tag{9.12}$$

很显然，如果确定了可以使误差系统（9.12）渐近稳定的观测器增益矩阵 L_1 和

L_2，那么式（9.11）就能够作为系统（9.1）和系统（9.2）的状态观测器。也就是说，误差系统（9.12）的渐近稳定性表明了估计误差的收敛性。如引言中提到的，目前大多数针对奇异摄动系统观测器的设计方法仅仅适用于奇异摄动参数 ε 足够小的情况[4-7,9-11]。观测器的可靠运行及相关性能指标都需要通过实验来评估验证。因此，找到可以满足系统各项性能的奇异摄动参数上界是十分重要的[11]。本章的目的是设计系统的状态观测器，使得对任意的奇异摄动参数 $\varepsilon \in (0, \varepsilon_0]$ 观测器都能运行良好，ε_0 是给定的奇异摄动参数上界。因此，需要考虑以下问题：

问题 9.1 给定奇异摄动系统参数上界 $\varepsilon_0 > 0$，为奇异摄动系统设计观测器（9.11），使得对任意 $\varepsilon \in (0, \varepsilon_0]$，误差系统（9.12）都渐近稳定。

为解决上述问题，需要如下引理。

引理 9.1[25] 对于正数 ε_0 和适当维数的对称矩阵 S_1、S_2、S_3，使满足：

$$S_1 \geqslant 0, \quad S_1 + \varepsilon_0 S_2 > 0, \quad S_1 + \varepsilon_0 S_2 + \varepsilon_0^2 S_3 > 0$$

可得

$$S_1 + \varepsilon S_2 + \varepsilon^2 S_3 > 0, \quad \forall \varepsilon \in (0, \varepsilon_0]$$

引理 9.2[26]（Wirtinger 不等式的扩展） 令 $z(t) \in W[a,b]$，$z(a) = 0$。对任意矩阵 $W > 0$ 满足下面不等式：

$$\int_a^b z^T(s) W z(s) \mathrm{d}s \leqslant \frac{4(b-a)^2}{\pi^2} \int_a^b \dot{z}^T(s) W \dot{z}(s) \mathrm{d}s$$

引理 9.3[27]（Jensen 不等式） 对任意的矩阵 $W > 0$，参数 γ_1、γ_2 满足 $\gamma_2 > \gamma_1$，通过整合变换成 $[\gamma_1, \gamma_2] \to \mathbb{R}^n$，便于对向量函数 ω 进行更好的定义，可得

$$\int_{\gamma_1}^{\gamma_2} \omega^T(s) W \omega(s) \mathrm{d}s \geqslant \frac{\left[\int_{\gamma_1}^{\gamma_2} \omega(s) \mathrm{d}s\right]^T W \left[\int_{\gamma_1}^{\gamma_2} \omega(s) \mathrm{d}s\right]}{\gamma_2 - \gamma_1}$$

注释 9.1 可以通过为系统（9.1）和系统（9.2）构建观测器（9.11）来解决问题 9.1。相比较于现存的设计方法[4-7]，本章设计得到的状态观测器能很好处理异步采样、非均匀采样和信号传输延时的情况。同时，对于任何奇异摄动参数 $\varepsilon \in (0, \varepsilon_0]$，该观测器都能够运行良好。

注释 9.2 奇异摄动系统可以分为标准和非标准两种类型[18]，标准的奇异摄动系统可分解为快、慢子系统，但是非标准的奇异摄动系统不能分解。在本章中，不需要进行系统分解。因此，不需要考虑系统是否为标准奇异摄动系统。本章的主要目标是找到合适的慢采样周期 T_s 和快采样周期 T_f 的值，使观测器性能更好。

9.3 主要结果

如 9.2 节所示，可以将观测器的设计问题转化为求解观测器增益矩阵 L_1 和 L_2，

使得具有时变时滞的误差系统（9.12）是渐近稳定的。目前已经提出了许多基于 Lyapunov-Krasovskii 泛函的方法用来改善时变时滞误差系统的性能。这些成果主要分为两类[28]。一种是对时滞的导数不构成约束的方法，这样可以同时处理快、慢时变时滞问题；另一种主要是利用对时滞导数的限制。从式（9.7）和式（9.8）可以看出误差系统（9.12）中的 $\rho_s(t)$ 和 $\varepsilon\rho_f(t)$ 有锯齿波延时特性[20]，对于任意的 $t \neq t_k$，$t \neq \varepsilon\tau_k$，$k = 0,1,2,\cdots$ 都有 $\dot{\rho}_s(t) = 1$，$\varepsilon\dot{\rho}_f(t) = 1$。因此，尽管参数 ε 很小，慢采样参数 $\rho_s(t)$ 具有慢时变时滞特性；而快采样参数 $\varepsilon\rho_f(t)$ 却具有快时变时滞特性。在现有的文献中，没有考虑到这种延迟特性。因此，考虑到 $\varepsilon\rho_f(t)$ 的快时变时滞特性和 $\rho_s(t)$ 的慢时变时滞特性可以构建出一个新的 Lyapunov-Krasovskii 泛函（9.13）来对观测器进行设计。

$$V_{ob}(t) = V(t, e_t, \dot{e}_t) = V_1 + V_2 + V_3 + V_4, \quad t \in [t_k, t_{k+1}) \quad (9.13)$$

其中，

$$V_1 = e^{\mathrm{T}}(t) E(\varepsilon) P_{ob}(\varepsilon) e(t)$$

$$V_2 = \int_{t-\xi}^{t} e^{\mathrm{T}}(s) E_o Q_{ob1} E_o e(s) \mathrm{d}s + \xi \int_{-\xi}^{0} \int_{t+\theta}^{t} \dot{e}^{\mathrm{T}}(s) E(\varepsilon) R_1 E(\varepsilon) \dot{e}(s) \mathrm{d}s \mathrm{d}\theta$$

$$V_3 = T_s^2 \int_{t-\rho_s}^{t} \dot{e}^{\mathrm{T}}(s) E(\varepsilon) W E(\varepsilon) \dot{e}(s) \mathrm{d}s$$
$$- \frac{\pi^2}{4} \int_{t-\rho_s}^{t-\xi} [e(s) - e(t-\rho_s(t))]^{\mathrm{T}} E(\varepsilon) W E(\varepsilon) [e(s) - e(t-\rho_s(t))] \mathrm{d}s$$

$$V_4 = \int_{t-\varepsilon(T_f+\gamma)}^{t} e^{\mathrm{T}}(s) Q_{ob2} e(s) \mathrm{d}s + \varepsilon(T_f+\gamma) \int_{-\varepsilon(T_f+\gamma)}^{0} \int_{t+\theta}^{t} \dot{e}^{\mathrm{T}}(s) R_2 \dot{e}(s) \mathrm{d}s \mathrm{d}\theta$$

$$P_{ob}(s) = \begin{bmatrix} P_{ob1} & \varepsilon P_{ob2} \\ P_{ob2}^{\mathrm{T}} & P_{ob3} \end{bmatrix}$$

在下面的定理中，提出了误差系统（9.12）稳定的充分条件。

定理 9.1 给定正数 $\varepsilon_0 > 0$，$T_s > 0$，$T_f > 0$，$\xi > 0$，$\gamma > 0$ 和增益矩阵 L_1、L_2。如果存在矩阵 $P_{ob2} \in \mathbb{R}^{n_{ob1} \times n_{ob2}}$，$Z_{ob1} \in \mathbb{R}^{n_{ob} \times n_{ob}}$，$Z_{ob2} \in \mathbb{R}^{n_{ob} \times n_{ob}}$，$Z_{ob3} \in \mathbb{R}^{n_{ob} \times n_{ob}}$，$Z_{ob4} \in \mathbb{R}^{n_{ob} \times n_{ob}}$ 和对称矩阵 $P_{ob1} \in \mathbb{R}^{n_{ob1} \times n_{ob1}}$，$P_{ob3} \in \mathbb{R}^{n_{ob2} \times n_{ob2}}$，$Q_{ob1} \in \mathbb{R}^{n_{ob} \times n_{ob}}$，$Q_{ob2} \in \mathbb{R}^{n_{ob} \times n_{ob}}$，$W = \begin{bmatrix} W_1 & W_2 \\ W_2^{\mathrm{T}} & W_3 \end{bmatrix} \in \mathbb{R}^{n_{ob} \times n_{ob}}$，$R_1 = \begin{bmatrix} R_{11} & R_{12} \\ R_{12}^{\mathrm{T}} & R_{23} \end{bmatrix} \in \mathbb{R}^{n_{ob} \times n_{ob}}$，$R_2 = \begin{bmatrix} R_{21} & R_{22} \\ R_{22}^{\mathrm{T}} & R_{23} \end{bmatrix} \in \mathbb{R}^{n_{ob} \times n_{ob}}$，满足：

$$\begin{bmatrix} P_{ob1} & \varepsilon_0 P_{ob2} \\ \varepsilon_0 P_{ob2}^{\mathrm{T}} & \varepsilon_0 P_{ob3} \end{bmatrix} > 0 \quad (9.14)$$

$$W > 0, \quad Q_{ob1} > 0, \quad Q_{ob2} > 0, \quad R_1 > 0, \quad R_2 > 0 \quad (9.15)$$

$$\Psi_0 < 0, \quad \Psi_0 + \varepsilon_0 \Psi_1 < 0, \quad \Psi_0 + \varepsilon_0 \Psi_1 + \varepsilon_0^2 \Psi_2 < 0 \quad (9.16)$$

则对于任意 $\varepsilon \in (0, \varepsilon_0]$，误差系统（9.12）渐近稳定。

矩阵 Ψ_0'、Ψ_1'、Ψ_2' 为

$$\Psi_0 = \begin{bmatrix} \Psi_0(1,1) & \Psi_0(1,2) & \Psi_0(1,3) & \Psi_0(1,4) & \Psi_0(1,5) & 0 \\ * & \Psi_0(2,2) & \Psi_0(2,3) & 0 & \Psi_0(2,5) & 0 \\ * & * & \Psi_0(3,3) & \Psi_0(3,4) & \Psi_0(3,5) & 0 \\ * & * & * & \Psi_0(4,4) & 0 & 0 \\ * & * & * & * & \Psi_0(5,5) & R_2 \\ * & * & * & * & * & \Psi_0(6,6) \end{bmatrix}$$

$$\Psi_1 = \begin{bmatrix} \Psi_1(1,1) & \Psi_1(1,2) & 0 & \Psi_1(1,4) & 0 & 0 \\ * & \Psi_1(2,2) & 0 & 0 & 0 & 0 \\ * & * & 0 & 0 & 0 & 0 \\ * & * & * & 0 & 0 & 0 \\ * & * & * & * & 0 & 0 \\ * & * & * & * & * & 0 \end{bmatrix}$$

$$\Psi_2 = \begin{bmatrix} \Psi_2(1,1) & 0 & 0 & 0 & 0 \\ * & \Psi_2(2,2) & 0 & 0 & 0 \\ * & * & 0 & 0 & 0 \\ * & * & * & 0 & 0 \\ * & * & * & * & 0 \\ * & * & * & * & 0 \end{bmatrix}$$

$$\Psi_0(1,1) = E_0 Q_{ob1} E_0 + Q_{ob2} - R_2 + Z_{ob1}^T A + A^T Z_{ob1} - \begin{bmatrix} R_{11} & 0 \\ 0 & 0 \end{bmatrix}, \quad E_0 = \begin{bmatrix} I & 0 \\ 0 & 0 \end{bmatrix}$$

$$\Psi_0(1,2) = -Z_{ob1}^T + A^T Z_{ob2} + \begin{bmatrix} P_{ob1} & P_{ob2} \\ 0 & P_{ob3} \end{bmatrix}, \quad \Psi_0(1,3) = Z_{ob1}^T L_1 C_1 + A^T Z_{ob3}$$

$$\Psi_0(1,4) = \begin{bmatrix} R_{11} & R_{12} \\ 0 & 0 \end{bmatrix}, \quad \Pi_0(1,5) = R_2 + Z_{ob1}^T L_2 C_2 + A^T Z_{ob4}$$

$$\Psi_0(2,2) = T_s^2 W + \xi^2 R_1 - Z_{ob2}^T - Z_{ob2} + (T_f + \gamma)^2 \begin{bmatrix} 0 & 0 \\ 0 & R_{23} \end{bmatrix}$$

$$\Psi_0(2,3) = Z_{ob2}^T L_1 C_1 - Z_{ob3}, \quad \Psi_0(2,5) = Z_{ob2}^T L_2 C_2 - Z_{ob4}$$

$$\Psi_0(3,3) = -\frac{\pi^2}{4} W + Z_{ob3}^T L_1 C_1 + C_1^T L_1^T Z_{ob3}, \quad \Psi_0(3,4) = \frac{\pi^2}{4} W$$

$$\Psi_0(3,5) = Z_{ob3}^T L_2 C_2 + C_1^T L_1^T Z_{ob4}, \quad \Psi_0(4,4) = -E_0 Q_{ob1} E_0 - R_1 - \frac{\pi^2}{4} W$$

$$\Psi_0(5,5) = -2R_2 + Z_{ob4}^T L_2 C_2 + C_2^T L_2^T Z_{ob4}, \quad \Psi_0(6,6) = -Q_{ob2} - R_2$$

$$\Psi_1(1,1) = -\begin{bmatrix} 0 & R_{12} \\ R_{12}^T & 0 \end{bmatrix}, \quad \Psi_1(1,2) = \begin{bmatrix} 0 & 0 \\ P_{ob2}^T & 0 \end{bmatrix}, \quad \Psi_1(1,4) = \begin{bmatrix} 0 & 0 \\ R_{12}^T & R_{13} \end{bmatrix}$$

$$\Psi_1(2,2) = (T_f + \gamma)^2 \begin{bmatrix} 0 & R_{22} \\ R_{22}^T & 0 \end{bmatrix}, \quad \Psi_2(1,1) = -\begin{bmatrix} 0 & 0 \\ 0 & R_{13} \end{bmatrix}, \quad \Psi_2(2,2) = (T_f + \gamma)^2 \begin{bmatrix} R_{21} & 0 \\ 0 & 0 \end{bmatrix}$$

证明 证明可以分为两个部分：首先，在满足定理9.1成立的条件下，Lyapunov-Krasovskii 泛函（9.13）是正定的。因此，它是个有效的 Lyapunov-Krasovskii 泛函。然后证明沿系统（9.12）解的方向 Lyapunov-Krasovskii 泛函的导数是负定的。可以通过时滞系统的 Lyapunov 稳定性理论[28]证明系统（9.12）的稳定性。

第1部分：由引理9.1，式（9.14）可写成

$$E(\varepsilon)P_{ob}(\varepsilon) = \begin{bmatrix} P_{ob1} & \varepsilon P_{ob2} \\ \varepsilon P_{ob2}^T & \varepsilon P_{ob3} \end{bmatrix} > 0, \quad \forall \varepsilon \in (0, \varepsilon_0] \quad (9.17)$$

说明存在参数 $\alpha > 0$，使泛函（9.13）中 V_1 满足

$$V_1 = e^T(t)E(\varepsilon)P_{ob}(\varepsilon)e(t) \geqslant \alpha e^T(t)e(t), \quad \forall \varepsilon(0, \varepsilon_0] \quad (9.18)$$

由于 Q_{ob1}、Q_{ob2}、R_1、R_2 都是正定矩阵，则泛函（9.13）中的 V_2、V_4 满足

$$V_2 = \int_{t-\xi}^{t} e^T(s)E_0 Q_{ob1}E_0 e(s)\mathrm{d}s$$

$$+ \xi\int_{-\xi}^{0}\int_{t+\theta}^{t} \dot{e}^T(s)E(\varepsilon)R_1 E(\varepsilon)\dot{e}(s)\mathrm{d}s\mathrm{d}\theta \geqslant 0, \quad \forall \varepsilon \in (0, \varepsilon_0] \quad (9.19)$$

$$V_4 = \int_{t-\varepsilon(T_f+\gamma)}^{t} e^T(s)Q_{ob2}e(s)\mathrm{d}s$$

$$+ \varepsilon(T_f + \gamma)\int_{-\varepsilon(T_f+\gamma)}^{0}\int_{t+\theta}^{t} \dot{e}^T(s)R_2 \dot{e}(s)\mathrm{d}s\mathrm{d}\theta \geqslant 0, \quad \forall \varepsilon \in (0, \varepsilon_0] \quad (9.20)$$

泛函（9.13）中的 V_3 可写成

$$V_3 = T_s^2 \int_{t-\rho_s(t)}^{t} \dot{e}^T(s)E(\varepsilon)WE(\varepsilon)\dot{e}(s)\mathrm{d}s$$

$$- \frac{\pi^2}{4}\int_{t-\rho_s(t)}^{t-\xi} [e(s) - e(t-\rho_s(t))]^T E(s)WE(\varepsilon)[e(s) - e(t-\rho_s(t))]\mathrm{d}s$$

$$= T_s^2 \int_{t-\xi}^{t} \dot{e}^T(s)E(\varepsilon)WE(\varepsilon)\dot{e}(s)\mathrm{d}s + \hat{V}_3 \quad (9.21)$$

不等式（9.21）中

$$\hat{V}_3 = T_s^2 \int_{t-\rho_s(t)}^{t-\xi} \dot{e}^T(s)E(\varepsilon)WE(\varepsilon)\dot{e}(s)\mathrm{d}s$$

$$- \frac{\pi^2}{4}\int_{t-\rho_s(t)}^{t-\xi} [e(s) - e(t-\rho_s(t))]^T E(\varepsilon)WE(\varepsilon)[e(s) - e(t-\rho_s(t))]\mathrm{d}s$$

由（9.7）可得 $t - \rho_s(t) = t_k - \xi$，由引理9.2可得 $\hat{V}_3 \geqslant 0, t \in [t_k, t_{k+1})$，由于 W 是正定矩阵。因此可得

$$V_3 \geqslant 0, \quad \forall (0, \varepsilon_0] \quad (9.22)$$

由不等式（9.18）~不等式（9.20），不等式（9.22）可得

$$V(t) = V_1 + V_2 + V_3 + V_4$$

$$\geqslant \alpha e^T(t)e(t), \quad t \in [t_k, t_{k+1}), \quad \forall \varepsilon \in (0, \varepsilon_0]$$

因为有不连续项 $\hat{V}_3$，当 $t = t_k, k = 1, 2, \cdots$ 时，函数 $V(t)$ 是不连续的。上面已经证明了 $\hat{V} \geqslant 0, t \in [t_k, t_{k+1})$。将 $t = t_k$ 代入 $\hat{V}_3$ 时，可以将 $\hat{V}_3$ 项消掉。因此，条件 $\lim\limits_{t \to t_k^-} V(t) \geqslant V(t_k)$ 成立。

所以泛函（9.13）是系统（9.12）的一个有效 Lyapunov-Krasovskii 泛函。

第 2 部分：这部分将证明 Lyapunov-Krasovskii 泛函（9.13）的导数是负定的。

由 V_1、V_2、V_3、V_4 可得

$$\dot{V}_1 = 2\dot{e}^\mathrm{T}(t)E(\varepsilon)P_{ob}(\varepsilon)e(t)$$

$$\dot{V}_2 = e^\mathrm{T}(t)E_0 Q_{ob1} E_0 e(t) - e^\mathrm{T}(t-\xi)E_0 Q_{ob1} E_0 e(t-\xi)$$
$$+ \xi^2 \dot{e}^\mathrm{T}(t)E(\varepsilon)R_1 E(\varepsilon)\dot{e}(t) - \xi \int_{t-\xi}^{t} \dot{e}^\mathrm{T}(\theta)E(\varepsilon)R_1 E(\varepsilon)\dot{e}(\theta)\mathrm{d}\theta$$

$$\dot{V}_3 = T_s^2 \dot{e}^\mathrm{T}(t)E(\varepsilon)WE(\varepsilon)\dot{e}(t)$$
$$- \frac{\pi^2}{4}[e(t-\xi) - e(t_k-\xi)]^\mathrm{T} E(\varepsilon)WE(\varepsilon)[e(t-\xi) - e(t_k-\xi)]$$
$$= T_s^2 \dot{e}^\mathrm{T}(t)E(\varepsilon)WE(\varepsilon)\dot{e}(t)$$
$$- \frac{\pi^2}{4}[e(t-\xi) - e(t-\rho_s(t))]^\mathrm{T} E(\varepsilon)WE(\varepsilon)[e(t-\xi) - e(t-\rho_s(t))]$$

$$\dot{V}_4 = e^\mathrm{T}(t)Q_{ob2}e(t) - e^\mathrm{T}(t-\varepsilon(T_f+\gamma))Q_{ob2}e(t-\varepsilon(T_f+\gamma))$$
$$- \varepsilon(T_f+\gamma)\int_{t-\varepsilon(T_f+\gamma)}^{t} \dot{e}(\theta)R_2\dot{e}(\theta)\mathrm{d}\theta$$

利用沿系统（9.12）解的方向，可以将 Lyapunov-Krasovskii 泛函的导数转化为二次型函数。$\dot{V}_2$ 和 $\dot{V}_4$ 中的积分项可以用二次型来代替。由引理 9.3（Jensen 不等式），可得

$$-\xi \int_{t-\xi}^{t} \dot{e}^\mathrm{T}(\theta)E(\varepsilon)R_1 E(\varepsilon)\dot{e}(\theta)\mathrm{d}\theta \leqslant -[e(t)-e(t-\xi)]^\mathrm{T} E(\varepsilon)R_1 E(\varepsilon)(e(t)-e(t-\xi))$$

和

$$-\varepsilon(T_f+\gamma)\int_{t-\varepsilon(T_f+\gamma)}^{t} \dot{e}(\theta)R_2\dot{e}(\theta)\mathrm{d}\theta = -\varepsilon(T_f+\gamma)\int_{t-\varepsilon\rho_f(t)}^{t} \dot{e}(\theta)R_2\dot{e}(\theta)\mathrm{d}\theta$$
$$- \varepsilon(T_f+\gamma)\int_{t-\varepsilon(T_f+\gamma)}^{t-\varepsilon\rho_f(t)} \dot{e}(\theta)R_2\dot{e}(\theta)\mathrm{d}\theta$$
$$\leqslant -[e(t)-e(t-\varepsilon\rho_f(t))]^\mathrm{T} R_2[e(t)-e(t-\varepsilon\rho_f(t))]$$
$$-[e(t-\varepsilon\rho_f(t))-e(t-\varepsilon(T_f+\gamma))]^\mathrm{T} R_2[e(t-\varepsilon\rho_f(t))$$
$$-e(t-\varepsilon(T_f+\gamma))]$$

由 Lyapunov-Krasovskii 泛函的导数可得

$$\begin{aligned}\dot V &= \dot V_1+\dot V_2+\dot V_3+\dot V_4\\ &\leqslant 2\dot e^{\mathrm T}(t)E(\varepsilon)P_{ob}(\varepsilon)e(t)+e^{\mathrm T}(t)E_0Q_{ob1}E_0e(t)\\ &\quad -[e(t)-e(t-\xi)E_0Q_{ob1}E_0e(t-\xi)-\xi^2\dot e^{\mathrm T}(t)E(\varepsilon)R_1E(\varepsilon)\dot e(t)]\\ &\quad -[e(t)-e(t-\xi)]^{\mathrm T}E(\varepsilon)R_1E(\varepsilon)[e(t)-e(t-\xi)]\\ &\quad +T_s^2\dot e^{\mathrm T}(t)E(\varepsilon)WE(\varepsilon)\dot e(t)\\ &\quad -\frac{\pi^2}{4}[e(t-\xi)-e(t-\rho_s(t))]^{\mathrm T}E(\varepsilon)WE(\varepsilon)[e(t-\xi)-e(t-\rho_s(t))]\\ &\quad +e^{\mathrm T}(t)Q_{ob2}e(t)-e^{\mathrm T}(t-\varepsilon(T_f+\gamma))Q_{ob2}e(t-\varepsilon(T_f+\gamma))\\ &\quad +(\varepsilon(T_f+\gamma))^2\dot e^{\mathrm T}(t)R_2\dot e(t)\\ &\quad -[e(t)-e(t-\varepsilon\rho_f(t))]^{\mathrm T}R_2[e(t)-e(t-\varepsilon\rho_f(t))]\\ &\quad -[e(t-\varepsilon\rho_f(t))-e(t-\varepsilon(T_f+\gamma))]^{\mathrm T}R_2[e(t-\varepsilon\rho_f(t))\\ &\quad -e(t-\varepsilon(T_f+\gamma))]\end{aligned} \tag{9.23}$$

由式（9.23）可得 $Ae(t)+L_1C_1e(t-\rho_s(t))+L_2C_2e(t-\varepsilon\rho_f(t))-E(\varepsilon)\dot e(t)=0$，则

$$\begin{aligned}&2[e^{\mathrm T}(t)Z_{ob1}^{\mathrm T}+\dot e^{\mathrm T}(t)E(\varepsilon)Z_{ob2}^{\mathrm T}+e^{\mathrm T}(t-\rho_s(t))E(\varepsilon)Z_{ob3}^{\mathrm T}\\ &+e^{\mathrm T}(t-\varepsilon\rho_f(t))Z_{ob4}^{\mathrm T}][Ae(t)+L_1C_1e(t-\rho_s(t))\\ &+L_2C_2e(t-\varepsilon\rho_f(t))-E(\varepsilon)\dot e(t)]=0\end{aligned}\tag{9.24}$$

对任意适当维数的矩阵 Z_{ob1}、Z_{ob2}、Z_{ob3} 都成立。

由式（9.23）和式（9.24）可得

$$\begin{aligned}\dot V(t)&\leqslant 2\dot e^{\mathrm T}(t)E(\varepsilon)P_{ob}(\varepsilon)e(t)+e^{\mathrm T}(t)[E_0Q_{ob1}E_0+Q_{ob2}]e(t)\\ &\quad -e^{\mathrm T}(t-\xi)E_0Q_{ob1}E_0e(t-\xi)\\ &\quad -[e(t)-e(t-\xi)]^{\mathrm T}E(\varepsilon)R_1E(\varepsilon)[e(t)-e(t-\xi)]\\ &\quad +\dot e^{\mathrm T}(t)[T_s^2E(\varepsilon)WE(\varepsilon)+(\varepsilon(T_f+\gamma))^2R_2+\xi^2E(\varepsilon)R_1E(\varepsilon)]\dot e(t)\\ &\quad -\frac{\pi^2}{4}[e(t-\xi)-e(t-\rho_s(t))]^{\mathrm T}E(\varepsilon)WE(\varepsilon)[e(t-\xi)-e(t-\rho_s(t))]\\ &\quad -e^{\mathrm T}(t-\varepsilon(T_f+\gamma))Q_{ob2}e(t-\varepsilon(T_f+\gamma))\\ &\quad -[e(t)-e(t-\varepsilon\rho_f(t))]^{\mathrm T}R_2[e(t)-e(t-\varepsilon\rho_f(t))]\\ &\quad -[e(t-\varepsilon\rho_f(t))-e(t-\varepsilon(T_f+\gamma))]^{\mathrm T}R_2[e(t-\varepsilon\rho_f(t))-e(t-\varepsilon(T_f+\gamma))]\\ &\quad +2[e^{\mathrm T}(t)Z_{ob1}^{\mathrm T}+\dot e^{\mathrm T}(t)E(\varepsilon)Z_{ob2}^{\mathrm T}+e^{\mathrm T}(t-\rho_s(t))E(\varepsilon)Z_{ob3}^{\mathrm T}+e^{\mathrm T}(t-\varepsilon\rho_f(t))Z_{ob4}^{\mathrm T}]\\ &\quad \times[Ae(t)+L_1C_1e(t-\rho_s(t))+L_2C_2e(t-\varepsilon\rho_f(t))-E(\varepsilon)\dot e(t)]\end{aligned}\tag{9.25}$$

$$= \begin{bmatrix} e(t) \\ \dot{e}(t) \\ e(t-\rho_s(t)) \\ e(t-\xi) \\ e(t-\varepsilon\rho_f(t)) \\ e(t-\varepsilon(T_f+\gamma)) \end{bmatrix}^{\mathrm{T}} \hat{\Psi}(\varepsilon) \begin{bmatrix} e(t) \\ \dot{e}(t) \\ e(t-\rho_s(t)) \\ e(t-\xi) \\ e(t-\varepsilon\rho_f(t)) \\ e(t-\varepsilon(T_f+\gamma)) \end{bmatrix}$$

$$\hat{\Psi}(\varepsilon) = \begin{bmatrix} \hat{\Psi}(1,1) & \hat{\Psi}(1,2) & \hat{\Psi}(1,3) & E(\varepsilon)R_1E(\varepsilon) & \hat{\Psi}(1,5) & 0 \\ * & \hat{\Psi}(2,2) & \hat{\Psi}(2,3) & 0 & \hat{\Psi}(2,5) & 0 \\ * & * & \hat{\Psi}(3,3) & \dfrac{\pi^2}{4}E(\varepsilon)WE(\varepsilon) & \hat{\Psi}(3,5) & 0 \\ * & * & * & \hat{\Psi}(4,4) & 0 & 0 \\ * & * & * & * & \hat{\Psi}(5,5) & R_2 \\ * & * & * & * & * & \hat{\Psi}(6,6) \end{bmatrix}$$

其中,

$$\hat{\Psi}(1,1) = E_0 Q_{\mathrm{ob1}} E_0 + Q_{\mathrm{ob2}} - E(\varepsilon)R_1 E(\varepsilon) - R_2 + Z_{\mathrm{ob1}}^{\mathrm{T}} A + A^{\mathrm{T}} Z_{\mathrm{ob1}}$$

$$\hat{\Psi}(1,2) = P_{\mathrm{ob}}^{\mathrm{T}}(\varepsilon) E(\varepsilon) - Z_{\mathrm{ob1}}^{\mathrm{T}} E(\varepsilon) + A^{\mathrm{T}} Z_{\mathrm{ob2}} E(\varepsilon)$$

$$\hat{\Psi}(1,3) = Z_{\mathrm{ob1}}^{\mathrm{T}} L_1 C_1 + A^{\mathrm{T}} Z_{\mathrm{ob3}} E(\varepsilon), \quad \hat{\Psi}(1,5) = R_2 + Z_{\mathrm{ob1}}^{\mathrm{T}} L_2 C_2 + A^{\mathrm{T}} Z_{\mathrm{ob4}}$$

$$\hat{\Psi}(2,2) = T_s^2 E(\varepsilon) W E(\varepsilon) + (\varepsilon(T_f+\gamma))^2 R_2$$
$$+ \xi^2 E(\varepsilon) R_1 E(\varepsilon) - E(\varepsilon) Z_{\mathrm{ob2}}^{\mathrm{T}} E(\varepsilon) - E(\varepsilon) Z_{\mathrm{ob2}} E(\varepsilon)$$

$$\hat{\Psi}(2,3) = E(\varepsilon) Z_{\mathrm{ob2}}^{\mathrm{T}} L_1 C_1 - E(\varepsilon) Z_{\mathrm{ob3}} E(\varepsilon), \quad \hat{\Psi}(2,5) = E(\varepsilon) Z_{\mathrm{ob2}}^{\mathrm{T}} L_2 C_2 - E(\varepsilon) Z_{\mathrm{ob4}}$$

$$\hat{\Psi}(3,3) = -\dfrac{\pi^2}{4} E(\varepsilon) W E(\varepsilon) + E(\varepsilon) Z_{\mathrm{ob3}}^{\mathrm{T}} L_1 C_1 + C_1^{\mathrm{T}} L_1^{\mathrm{T}} Z_{\mathrm{ob3}} E(\varepsilon)$$

$$\hat{\Psi}(3,5) = E(\varepsilon) Z_{\mathrm{ob3}}^{\mathrm{T}} L_2 C_2 + C_1^{\mathrm{T}} L_1^{\mathrm{T}} Z_{\mathrm{ob4}}$$

$$\hat{\Psi}(4,4) = -E_0 Q_{\mathrm{ob1}} E_0 - E(\varepsilon) R_1 E(\varepsilon) - \dfrac{\pi^2}{4} E(\varepsilon) W E(\varepsilon)$$

$$\hat{\Psi}(5,5) = -2R_2 + Z_{\mathrm{ob4}}^{\mathrm{T}} L_2 C_2 + C_2^{\mathrm{T}} L_2^{\mathrm{T}} Z_{\mathrm{ob4}}, \quad \hat{\Psi}(6,6) = -Q_{\mathrm{ob2}} - R_2$$

接下来需要证明对 $\forall \varepsilon \in (0, \varepsilon_0]$,都有 $\hat{\Psi}(\varepsilon) < 0$。因此,考虑到 $C_1 E^{-1}(\varepsilon) = [C_{11} \ 0] E^{-1}(\varepsilon) = C_1$,可以对 $\hat{\Psi}(\varepsilon)$ 进行相应的矩阵变换,即在左边乘以 $\mathrm{diag}\{I, E^{-1}(\varepsilon), E^{-1}(\varepsilon), E^{-1}(\varepsilon), I, I\}$,右边乘以 $\mathrm{diag}\{I, E^{-1}(\varepsilon), E^{-1}(\varepsilon), E^{-1}(\varepsilon), I, I\}$ 转置,可得

$$\mathrm{diag}\{I, E^{-1}(\varepsilon), E^{-1}(\varepsilon), E^{-1}(\varepsilon), I, I\} \times \hat{\Pi}(\varepsilon)$$
$$\times \mathrm{diag}\{I, E^{-1}(\varepsilon), E^{-1}(\varepsilon), E^{-1}(\varepsilon), I, I\}$$

$$= \begin{bmatrix} \Psi(1,1) & \Psi(1,2) & \Psi(1,3) & E(\varepsilon)R_1 & \Psi(1,5) & 0 \\ * & \Psi(2,2) & \Psi(2,3) & 0 & \Psi(2,5) & 0 \\ * & * & \Psi(3,3) & \dfrac{\pi^2}{4}W & \Psi(3,5) & 0 \\ * & * & * & \Psi(4,4) & 0 & 0 \\ * & * & * & * & \Psi(5,5) & R_2 \\ * & * & * & * & * & \Psi(6,6) \end{bmatrix}$$

$$\triangleq \Psi(\varepsilon) \tag{9.26}$$

其中，

$$\Psi(1,1) = E_0 Q_{ob1} E_0 + Q_{ob2} - E(\varepsilon)R_1 E(\varepsilon) - R_2 + Z_{ob1}^T A + A^T Z_{ob1}$$

$$\Psi(1,2) = P_{ob}^T(\varepsilon) - Z_{ob1}^T + A^T Z_{ob2}, \quad \Pi(1,3) = Z_{ob1}^T L_1 C_1 + A^T Z_{ob3}$$

$$\Psi(1,5) = R_2 + Z_{ob1}^T L_2 C_2 + A^T Z_{ob4}, \quad \bar{E}(\varepsilon) = \begin{bmatrix} \varepsilon I & 0 \\ 0 & I \end{bmatrix}$$

$$\Psi(2,2) = T_s^2 W + (T_f + \gamma)^2 \bar{E}(\varepsilon)R_2\bar{E}(\varepsilon) + \xi^2 R_1 - Z_{ob2}^T - Z_{ob2}$$

$$\Psi(2,3) = Z_{ob2}^T L_1 C_1 - Z_{ob3}, \quad \Psi(2,5) = Z_{ob2}^T L_2 C_2 - Z_{ob4}$$

$$\Psi(3,3) = -\dfrac{\pi^2}{4}W + Z_{ob3}^T L_1 C_1 + C_1^T L_1^T Z_{ob3}$$

$$\Psi(3,5) = Z_{ob3}^T L_2 C_2 + C_1^T L_1^T Z_{ob4}$$

$$\Psi(4,4) = -E_0 Q_{ob1} E_0 - R_1 - \dfrac{\pi^2}{4}W$$

$$\Psi(5,5) = -2R_2 + Z_{ob4}^T L_2 C_2 + C_2^T L_2^T Z_{ob4}$$

$$\Psi(6,6) = -Q_{ob2} - R_2$$

已知，

$$P_{ob}^T(\varepsilon) = \begin{bmatrix} P_{ob1} & P_{ob2} \\ \varepsilon P_{ob2}^T & P_{ob3} \end{bmatrix}, \quad E(\varepsilon)R_1 = \begin{bmatrix} R_{11} & R_{12} \\ \varepsilon R_{12}^T & \varepsilon R_{13} \end{bmatrix}$$

$$E(\varepsilon)RE(\varepsilon) = \begin{bmatrix} R_{11} & \varepsilon R_{12} \\ \varepsilon R_{12}^T & \varepsilon^2 R_{13} \end{bmatrix}, \quad \bar{E}(\varepsilon)R_2\bar{E}(\varepsilon) = \begin{bmatrix} \varepsilon^2 R_{21} & \varepsilon R_{22} \\ \varepsilon R_{22}^T & R_{23} \end{bmatrix}$$

由此 $\Psi(\varepsilon)$ 可写成如下形式，即

$$\Psi(\varepsilon) = \Psi_0 + \Psi_1\varepsilon + \Psi_2\varepsilon^2 \tag{9.27}$$

通过引理 9.1 可得，对于 $\Psi(\varepsilon) < 0, \forall \varepsilon \in \varepsilon(0,\varepsilon_0)$，线性矩阵不等式（9.16）等价于

$$\hat{\Psi}(\varepsilon) < 0, \quad \forall \varepsilon \in \varepsilon(0,\varepsilon_0] \tag{9.28}$$

因此，存在正数 β 满足

$$\dot{V}(t) \leqslant -\beta \| e(t) \|, \quad \forall \varepsilon \in \varepsilon(0, \varepsilon_0] \tag{9.29}$$

不等式（9.29）说明对于任意的 $\varepsilon \in \varepsilon(0, \varepsilon_0]$，误差系统（9.12）渐近稳定。

注释9.3 从定理9.1可得出，对于给定的观测器增益矩阵 L_1、L_2，利用MATLAB中的LMI工具箱，通过基于线性矩阵不等式的算法，可以计算出奇异摄动参数的上界 ε_0[29]。

由定理9.1可得，线性矩阵不等式（9.14）～不等式（9.16）以及给定的观测器增益矩阵 L_1、L_2 是保证误差系统（9.12）稳定的充分条件。在下面的定理中，可以得到观测器增益矩阵 L_1、L_2 的计算方法。

定理9.2 给定正数 $\varepsilon_0 > 0$，$T_s > 0$，$T_f > 0$，$\xi > 0$，$\gamma > 0$。假设存在矩阵 $P_{ob2} \in \mathbb{R}^{n_{ob1} \times n_{ob2}}$，$Z_{ob} \in \mathbb{R}^{n_{ob} \times n_{ob}}$，$F_1 \in \mathbb{R}^{m_1 \times n_{ob}}$，$F_2 \in \mathbb{R}^{m_2 \times n_{ob}}$ 和对称矩阵 $P_{ob1} \in \mathbb{R}^{n_{ob1} \times n_{ob1}}$，$P_{ob3} \in \mathbb{R}^{n_{ob2} \times n_{ob2}}$，$Q_{ob1} \in \mathbb{R}^{n_{ob} \times n_{ob}}$，$Q_{ob2} \in \mathbb{R}^{n_{ob} \times n_{ob}}$，$W = \begin{bmatrix} W_1 & W_2 \\ W_2^T & W_3 \end{bmatrix} \in \mathbb{R}^{n_{ob} \times n_{ob}}$，$R_1 = \begin{bmatrix} R_{11} & R_{12} \\ R_{12}^T & R_{13} \end{bmatrix} \in \mathbb{R}^{n_{ob} \times n_{ob}}$，$R_2 = \begin{bmatrix} R_{21} & R_{22} \\ R_{22}^T & R_{23} \end{bmatrix} \in \mathbb{R}^{n_{ob} \times n_{ob}}$，满足不等式（9.14）和不等式（9.15）以及

$$\tilde{\Psi}_0 < 0, \quad \tilde{\Psi}_0 + \varepsilon_0 \Psi_1 < 0, \quad \tilde{\Psi}_0 + \varepsilon_0 \Psi_1 + \varepsilon_0^2 \Psi_2 < 0 \tag{9.30}$$

其中，

$$\tilde{\Psi}_0 = \begin{bmatrix} \tilde{\Psi}_0(1,1) & \tilde{\Psi}_0(1,2) & \tilde{\Psi}_0(1,3) & \tilde{\Psi}_0(1,4) & \tilde{\Psi}_0(1,5) & 0 \\ * & \tilde{\Psi}_0(2,2) & \tilde{\Psi}_0(2,3) & 0 & \tilde{\Psi}_0(2,5) & 0 \\ * & * & \tilde{\Psi}_0(3,3) & \tilde{\Psi}_0(3,4) & \tilde{\Psi}_0(3,5) & 0 \\ * & * & * & \tilde{\Psi}_0(4,4) & 0 & 0 \\ * & * & * & * & \tilde{\Psi}_0(5,5) & R_2 \\ * & * & * & * & * & \tilde{\Psi}_0(6,6) \end{bmatrix}$$

$$\tilde{\Psi}_0(1,1) = E_0 Q_{ob1} E_0 + Q_{ob2} - R_2 + Z_{ob}^T A + A^T Z_{ob} - \begin{bmatrix} R_{11} & 0 \\ 0 & 0 \end{bmatrix}, \quad E_0 = \begin{bmatrix} I & 0 \\ 0 & 0 \end{bmatrix}$$

$$\tilde{\Psi}_0(1,2) = -Z_{ob}^T + A^T Z_{ob} + \begin{bmatrix} P_{ob1} & P_{ob2} \\ 0 & P_{ob3} \end{bmatrix}, \quad \tilde{\Psi}_0(1,3) = F_1^T C_1 + A^T Z_{ob}$$

$$\tilde{\Psi}_0(1,4) = \begin{bmatrix} R_{11} & R_{12} \\ 0 & 0 \end{bmatrix}, \quad \tilde{\Psi}_0(1,5) = R_2 + F_2^T C_2 + A^T Z_{ob}$$

$$\tilde{\Psi}_0(2,2) = T_s^2 W + \xi^2 R_1 - Z_{ob}^T - Z_{ob} + (T_f + \gamma)^2 \begin{bmatrix} 0 & 0 \\ 0 & R_{23} \end{bmatrix}$$

$$\tilde{\Psi}_0(2,3) = F_1^T C_1 - Z_{ob}, \quad \tilde{\Psi}_0(2,5) = F_2^T C_2 - Z_{ob}$$

$$\tilde{\Psi}_0(3,3) = -\frac{\pi^2}{4} W + F_1^T C_1 + C_1^T F_1, \quad \tilde{\Psi}_0(3,4) = \frac{\pi^2}{4} W$$

$$\tilde{\Psi}_0(3,5) = F_2^T C_2 + C_1^T F_1, \quad \tilde{\Psi}_0(4,4) = -E_0 Q_{ob1} E_0 - R_1 - \frac{\pi^2}{4}W$$

$$\tilde{\Psi}_0(5,5) = -2R_2 + F_2^T C_2 + C_2^T F_2, \quad \tilde{\Psi}_0(6,6) = -Q_{ob2} - R_2$$

其中，Ψ_1、Ψ_2 的定义与定理 9.1 中相同。那么，观测器增益矩阵为 $L_1 = Z_{ob}^{-1} F_1^T$，$L_2 = Z_{ob}^{-T} F_2^T$，且对于任意的 $\varepsilon \in (0, \varepsilon_0]$，误差系统（9.12）都渐近稳定。

证明 可以利用定理 9.1 直接证明，即将定理 9.1 中的观测器增益矩阵修改为 $L_1 = Z_{ob}^{-1} F_1^T$，$L_2 = Z_{ob}^{-T} F_2^T$，$Z_{ob1} = Z_{ob2} = Z_{ob3}^T = Z_{ob4}^T = Z_{ob}$ 后不等式（9.16）与不等式（9.30）等价。

注释 9.4 观测器增益矩阵 L_1、L_2 可以通过定理 9.2 求得。因此，在满足下面三个条件的情况下，系统（9.11）可作为系统（9.1）和系统（9.2）的观测器。①对于任何奇异摄动参数 $\varepsilon \in (0, \varepsilon_0]$；②快采样周期 T_f、慢采样周期 T_s 满足式（9.5）和式（9.6）；③给定恒定的信号传输时滞 ξ 和 $\varepsilon\xi$。

注释 9.5 当仅在快采样率下测量系统输出时，可得 $y = y_2$。因此，令定理 9.1 和定理 9.2 中的 $C_1 = 0$，可得到快采样时的系统观测器分析和设计方法。类似地，令 $C_2 = 0$，可得到慢采样时的系统观测器分析和设计方法。

9.4 仿 真

例 9.1 本节将上述观测器的设计方法应用到单臂柔性机器人系统，其模型如图 9.1 所示，符号 l 和 m 分别代表单臂的长度和质量，p 和 m_t 分别表示负载的位置和质量，I_h 为惯性力矩，θ 为中心偏转角度，d 为顶端位移。可以应用四阶的 Bernoulli-Euler 偏微分方程和相应的边界条件来描述柔性杆[30]。但是对于控制问题来讲，应用限维的状态空间模型来描述可以得到更好的效果。在文献[30]中，单臂机器人机械控制系统的状态空间模型可描述为

$$\begin{cases} \dot{x} = \bar{A}x + \bar{B}u \\ y = \bar{C}x \end{cases} \quad (9.31)$$

其中，状态变量矩阵为

$$x = [x_1 \ x_2 \ x_3 \ x_4]^T = [\theta \ d \ \dot{\theta} \ \dot{d}]^T$$

系统矩阵为

$$\bar{A} = \begin{bmatrix} 0 & 0 & 1 & 0 \\ 0 & 0 & 0 & 1 \\ 0 & 621.4 & -28.27 & 0 \\ 0 & -327.1 & 12.72 & 0 \end{bmatrix}, \quad \bar{B} = \begin{bmatrix} 0 \\ 0 \\ 52.65 \\ -23.69 \end{bmatrix}, \quad \bar{C} = \begin{bmatrix} 1 & 2.222 & 0 & 0 \\ 0 & 0 & 0 & 1 \end{bmatrix}$$

利用有限元法可以建立出被控对象模型（9.31），表 9.1 中给出了其主要参数。结合电机动力学，满足下面动态方程：

$$\begin{cases} \upsilon = i_a R_a + K_m K_g \dot{\theta} \\ \tau = K_m K_g i_a = -\dfrac{K_m^2 K_g^2}{R_a}\dot{\theta} + \dfrac{K_m K_g}{R_a}\upsilon \end{cases} \qquad (9.32)$$

其中，υ 是输入电压；i_a 是电枢电流；τ 是电机转矩。

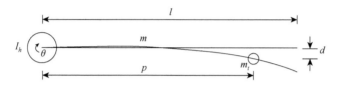

图 9.1　单臂柔性机器人模型

表 9.1　单臂柔性机器人主要参数[30]

参数	符号	数值	单位
单臂长度	L	0.45	m
负载位置	P	0.45	m
杨氏模量	E	2×10^{11}	N/m²
截面转动惯量	I	8.23×10^{-13}	M⁴
负载质量	M_t	0.1	kg
单臂质量	m	0.06	kg
电动机转动惯量	I_b	0.0039	kg·m²/s²
电枢电阻	R_a	2.6	Ω
电动机转动常数	K_m	7.67×10^3	N·m/A
齿轮比	K_g	70	

如文献[31]中所示，该系统是具有多时间尺度特性的。其中，状态变量 x_3、x_4 是快状态变量，状态变量 x_1、x_2 是慢状态变量，相关参数如表 9.2 所示。可以算出矩阵 A 的特征值分别为 $\lambda_1 = 0$，$\lambda_2 = -8.3577$，$\lambda_3 = -9.9561 + 7.8456\mathrm{i}$，$\lambda_4 = -9.9561 - 7.8456\mathrm{i}$。由文献[1]可得出奇异摄动参数的计算方法，即 $\varepsilon \approx \dfrac{|\mathrm{Re}(\lambda_1)|}{|\mathrm{Re}(\lambda_4)|} = 0$。

与文献[31]中一样，选取 $\varepsilon = 0$。则模型（9.32）可写为

$$\begin{cases} E(\varepsilon)\dot{x} = Ax + Bu \\ y = Cx \end{cases} \qquad (9.33)$$

其中，状态变量矩阵为

$$x = [x_1 \ x_2 \ x_3 \ x_4]^{\mathrm{T}} = [\theta \ d \ \dot{\theta} \ \dot{d}]^{\mathrm{T}}$$

表 9.2 单臂柔性机器人控制系统参数

参数	符号	单位
输入电压	v	V
电枢电流	i_a	A
电机转矩	τ	N·m
转态变量 x_1	θ	rad
转态变量 x_2	d	m
转态变量 x_3	$\dot{\theta}$	rad/s
转态变量 x_4	$\dot{d}$	m/s

系统矩阵为

$$E(\varepsilon) = \begin{bmatrix} 1 & 0 & 0 & 0 \\ 0 & 1 & 0 & 0 \\ 0 & 0 & \varepsilon & 0 \\ 0 & 0 & 0 & \varepsilon \end{bmatrix}, \quad A = \begin{bmatrix} 0 & 0 & 1 & 0 \\ 0 & 0 & 0 & 1 \\ 0 & 6.214 & -0.2827 & 0 \\ 0 & -3.271 & 0.1272 & 0 \end{bmatrix}$$

$$B = \begin{bmatrix} 0 \\ 0 \\ 0.5265 \\ -0.2369 \end{bmatrix}, \quad C = \begin{bmatrix} 1 & 2.222 & 0 & 0 \\ 0 & 0 & 0 & 1 \end{bmatrix}$$

下面可以用定理 9.2 设计得到观测器增益矩阵 L_1、L_2。令 $\varepsilon_0 = 0.01$，$T_s = 0.5$，$T_f = 0.1$，$\xi = 0.1$，$\gamma = 0.01$，通过求解定理 9.2 中的线性矩阵不等式可得观测器增益矩阵：

$$L_1 = \begin{bmatrix} -1.3016 \\ -0.0618 \\ -0.1106 \\ 0.0691 \end{bmatrix}, \quad L_2 = \begin{bmatrix} 0.4880 \\ 0.0497 \\ 2.2277 \\ -1.2785 \end{bmatrix} \quad (9.34)$$

仿真时，选择 $x_0 = [-0.7 \ 0.1 \ 0.2 \ -0.6]^{\mathrm{T}}$ 作为原系统的初始条件，选择 $\hat{x}_0 = [0 \ 0 \ 0 \ 0]^{\mathrm{T}}$ 作为观测器的初始条件。如图 9.2 所示，分别描述了在满足下面两种条件下的仿真结果：①慢采样周期为 $t_{k+1} - t_k = T_s = 0.5$，信号传输时滞为 $\xi = 0.1$ 的慢采样；②快采样周期为 $\tau_{k+1} - \tau_k = T_f = 0.1$，信号传输时滞为 $\gamma = 0.01$ 的快采样。由得到的仿真结果可以看出，系统状态观测器可以很好地估计状态值，并且最终能使估计误差收敛到零。以上仿真结果均符合预期。

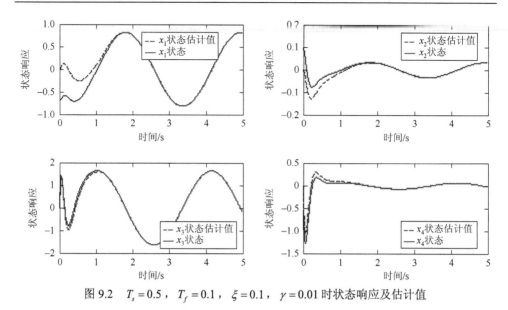

图 9.2 $T_s = 0.5$，$T_f = 0.1$，$\xi = 0.1$，$\gamma = 0.01$ 时状态响应及估计值

为了进一步说明采样速率和信号传输延迟对观测器性能的影响，考虑以下两种情况：① $T_s = 0.5$，$T_f = 0.1$，$\xi = 0.2$，$\gamma = 0.02$；② $T_s = 0.8$，$T_f = 0.2$，$\xi = 0.1$，$\gamma = 0.01$。利用式（9.34）中相同的观测器增益矩阵可以得到不等式（9.14）～不等式（9.16）在上面两种情况下都是可行的。因此，由定理 9.1 得到的系统状态观测器依然适用于这两种情况。如图 9.3 所示，增大采样周期或信号传输延迟会降低观测器的性能。

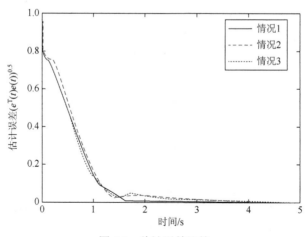

图 9.3 估计误差比较

情况 1： $T_s = 0.5, T_f = 0.1, \xi = 0.2, \gamma = 0.02$

情况 2： $T_s = 0.8, T_f = 0.2, \xi = 0.2, \gamma = 0.02$

情况 3： $T_s = 0.8, T_f = 0.2, \xi = 0.1, \gamma = 0.01$

9.5 本章小结

本章主要解决了在多速率采样和传输延时条件下，奇异摄动系统观测器的设计问题。主要方法是建立误差系统模型，将误差系统建立成连续时间的奇异摄动系统模型，该模型既具有慢时变时滞又具有快时变时滞特性。提出一个新的 Lyapunov-Krasovskii 泛函，可以将多速率采样和延时奇异摄动系统观测器的设计问题转化为线性矩阵不等式求解问题。这种设计方法与现有设计方法相比的优点是，所得到的系统状态观测器能够适用于异步采样、非均匀采样和信号传输延迟的情况，并且对于任意给定的奇异摄动参数 $\varepsilon \in (0, \varepsilon_0]$，该系统都能运行良好。上面的例子已经说明了所得结果的有效性，同时也表明了增加采样周期和增大信号传输延迟会降低观测器的性能。

本章所提出的动态观测器的设计方法是以系统矩阵已知为前提的。虽然针对某些系统矩阵未知的控制系统，上面得到的观测器具有鲁棒性，但是进一步提高动态观测器的鲁棒性能也是具有十分重要意义的，这些问题都将是未来需要研究的工作。

参考文献

[1] Alessandri A, Baglietto M, Battistelli G. Robust receding-horizon estimation for uncertain discrete-time linear systems[C]. European Control Conference, Cambridge, 2015: 4269-4274.

[2] Aditya K, Panagiotis D. Singular perturbation modeling of nonlinear processes with nonexplicit time-scale multiplicity[J]. Chemical Engineering Science, 1998, 53 (8): 1491-1504.

[3] Yang C, Zhang Q, Zhou L. Stability Analysis and Design for Nonlinear Singular Systems[M]. Heidelberg: Springer-Verlag, 2013.

[4] Kando H, Iwazumi T. Design of observers and stabilising feedback controllers for singularly perturbed discrete systems[J]. IEE Proceedings D, 1985, 132 (1): 1-10.

[5] Oloomi H, Sawan M E. The observer-based controller design of discrete-time singularly perturbed systems[J]. IEEE Transaction on Automatic Control, 1987, 32 (3): 246-248.

[6] Shouse K, Taylor D. Discrete-time observers for singularly perturbed continuous-time systems[J]. IEEE Transaction on Automatic Control, 1995, 40 (2): 224-235.

[7] Bidani M, Djemai M. A multirate digital control via a discrete-time observer for non-linear singularly perturbed continuous-time systems[J]. International Journal of Control, 2002, 75 (8): 591-613.

[8] Kando H, Aoyama T, Iwazumi T. Multirate observer design via singular perturbation theory[J]. International Journal of Control, 1989, 50 (5): 2005-2023.

[9] Porter B. Singular perturbation methods in the design of full-order observers for multivariable linear systems[J]. International Journal of Control, 1977, 26 (4): 589-594.

[10] O'Reilly J. Full-order observers for a class of singularly perturbed linear time-varying systems[J]. International Journal of Control, 1979, 30 (5): 745-756.

[11] Lin K J. Composite observer-based feedback design for singularly perturbed systems via LMI approach[C].

Proceedings of SICE Annual Conference, Taipei, 2010: 3056-3061.

[12] Yoo H. Design of observers for systems with slow and fast modes[D]. Jersey City: The State University of New Jersey, 2014.

[13] Litkouhi B, Khalil H. Multirate and composite control of two-time-scale discrete-time systems[J]. IEEE Transactions on Automatic Control, 1985, 30 (7): 645-651.

[14] Tellili A, Abdelkrim N, Jaouadi B. Diagnosis of discrete-time singularly perturbed systems based on slow subsystem[J]. Acta Mechanica et Automatica, 2015, 8 (4): 175-180.

[15] Naidu D. Singular perturbations and time scales in control theory and applications: An overview[J]. Dynamics of Continuous Discrete and Impulsive Systems Series B: Applications and Algorithms, 2002, 9 (1): 233-278.

[16] Chen J, Zhang X, Huang J, et al. Fuzzy robust controller with time-delay design for discrete-time fuzzy singularly perturbed systems with time-delay[C]. Control and Decision Conference, Qingdao, 2015: 6533-6536.

[17] Wang G, Zhang Q, Sreeram V. H_∞ control for discrete-time singularly perturbed systems with two Markov processes[J]. Journal of the Franklin Institute, 2010, 347 (5): 836-847.

[18] Dong J, Yang G. H_∞ control for fast sampling discrete-time singularly perturbed systems[J]. Automatica, 2008, 44 (5): 1385-1393.

[19] Naghshtabrizi P, Hespanha J, Teel A. Exponential stability of impulsive systems with application to uncertain sampled-data systems[J]. Systems and Control Letters, 2008, 57 (5): 378-385.

[20] Fridman E, Seuret A, Richard J. Robust sampled-data stabilization of linear systems: An input delay approach[J]. Automatica, 2004, 40 (8): 1441-1446.

[21] Fridman E. A refined input delay approach to sampled-data control[J]. Automatica, 2010, 46 (2): 421-427.

[22] Moarref M, Rodrigues L. Observer design for linear multi-rate sampled-data systems[J]. American Control Conference, 2014: 5319-5324.

[23] Liu K, Fridman E. Wirtinger's inequality and Lyapunov-based sampled-data stabilization[J]. Automatica, 2012, 48 (1): 102-108.

[24] Yu H, Lu G, Zheng Y. On the model-based networked control for singularly perturbed systems with nonlinear uncertainties[J]. Systems and Control Letters, 2011, 60 (9): 739-746.

[25] Yang C, Zhang Q. Multi-objective control for T-S fuzzy singularly perturbed systems[J]. IEEE Transactions on Fuzzy Systems, 2009, 17 (1): 104-115.

[26] Liu K, Suplin V, Fridman E. Stability of linear systems with general sawtooth delay[J]. IMA Journal of Mathematical Control and Information, 2010, 27 (4): 419-436.

[27] Gu K, Kharitonov V, Chen J. Stability of Time-Delay Systems[M]. Boston: Birkhäuser, 2003.

[28] Fridman E. Tutorial on Lyapunov-based methods for time-delay systems[J]. European Journal of Control, 2014, 20 (6): 271-283.

[29] Boyd S, Ghaoui L E, Balakrishnan F E. Linear Matrix Inequalities in System and Control Theory[M]. Philadelphia: Society for Industrial and Applied Mathematics, 1994.

[30] Chaichanavong P, Banjerdpongchai D. A case study of robust control experiment on one-link flexible robot arm[C]. IEEE Conference on Decision and Control, Phoenix, 1999: 4319-4324.

[31] Kim B S, Kim Y J, Lim M T. LQG control for nonstandard singularly perturbed discrete-time systems[J]. Journal of Dynamic Systems, Measurement, and Control, 2005, 126 (4): 860-864.

第10章 基于不完整测量信息的奇异摄动系统H_∞滤波器设计

本章考虑了带有不完整测量信息离散奇异摄动系统的H_∞滤波问题。丢失的测量值由一个满足条件概率分布的二进制切换序列描述。当奇异摄动参数ε小于预先给定的上界时,对于所有可能丢失的观察值,提出了存在H_∞滤波的充分条件。这个充分条件保证了滤波误差系统是渐近均方稳定且满足H_∞性能的。最终,通过给出一个数值例子证明了所得结果的可行性。

10.1 引言

奇异摄动系统是带有一个很小的、决定系统快慢模型分隔程度的奇异摄动参数ε的系统,其经常出现在化工系统、机械系统、航天系统及电子电路系统[1,2]中。包含了稳定性分析与综合、最优控制和鲁棒控制的奇异摄动系统的理论已经得到广泛的研究[3-9]。

在过去的几年中,许多学者针对奇异摄动系统滤波器的设计问题做出了广泛的研究。文献[10]研究了针对奇异摄动系统的H_∞滤波器增益的分解方法。文献[11]考虑了对于带有快慢模式系统的降阶H_∞最优滤波问题。文献[12]展示了在极点配置约束下,一个解决非线性H_∞模糊滤波问题的方法。针对多参数奇异摄动系统,文献[13]给出了一个基于Riccatti方程的方法。然而,在这些文献中,没有考虑在保证滤波器在设计中保持它的性能的条件下,ε-界的问题。近几年,在对于奇异摄动参数ε,使得滤波器保持现有性能的条件下,最大化ε-界的问题引起了许多关注[14,15]。

现有的针对奇异摄动系统的滤波器的设计方法依赖于理想的假设——测量信号可以被完全采用。然而,在许多工程系统中,最精确的通信系统也不能完全实现这一假设。例如,由于网络传输的丢失[16-19],在某个时间点,系统的测量可能只包含噪声,那也就意味着实际的信号丢失了。带有数据丢失的控制系统的滤波问题已经得到了很大程度的关注,并且许多成果已经在文献中得到[19-21,23,24]。然而,将这些方法从正常系统应用到奇异摄动系统经常会导致病态数值问题[1]。因此,为了将现有结果[20-24]推广到奇异摄动系统,一个关键的任务是避免因奇异摄动参数的存在引起的病态数值问题。

在本章,将针对带有不完整测量信息的离散奇异摄动系统,研究考虑ε-界的H_∞滤波问题。类似于文献[19]和[21],将丢失的测量值用一个满足随机分布的二进制切换序列描述。构造一个 ε-无关的滤波器，并且得到的误差系统是一个奇异摄动系统。为了避免可能出现的病态数值问题，引入一个新的 Lyapunov 方程，进而以 ε-无关的线性矩阵不等式的形式给出滤波器的设计方法。所提出的方法利用奇异摄动系统的奇异摄动结构，而不是依赖于将初始系统分解为降阶子系统。通过现有的设计方法，当奇异摄动参数 ε 小于预先给定的上界时，得到的 H_∞ 滤波器可以保证滤波误差系统是渐近均方稳定的，且满足 H_∞ 性能条件。最后，给出一个数值例子证实所得结论。

本章的框架如下：10.2 节给出系统描述和问题陈述。10.3 节给出主要结论。10.4 节给出一个数值例子说明所提方法的有效性。最后，10.5 节给出结论。

注释 10.1 上标 T 表示矩阵的转置，符号 M^{-T} 表示矩阵 M 的逆矩阵的转置。Prob$\{\cdot\}$ 表示事件"·"的发生概率。$E\{x\}$ 表示随机变量 x 的期望值，$E\{x|y\}$ 表示 x 在条件 y 下的期望值。"·"用来表示对称部分。$l_2[0,\infty)$ 表示定义在 $[0,\infty)$ 上且范数的平方和有限的向量函数空间。

10.2 问题描述

考虑如下离散奇异摄动系统：

$$\begin{aligned} x(k+1) &= A_\varepsilon x(k) + B_\varepsilon \omega(k) \\ z(k) &= Lx(k) \end{aligned} \quad (10.1)$$

其中，

$$x(k) = \begin{bmatrix} x_1(k) \\ x_2(k) \end{bmatrix}, \quad A_\varepsilon = \begin{bmatrix} I + \varepsilon A_{11} & \varepsilon A_{12} \\ A_{21} & A_{22} \end{bmatrix}, \quad B_\varepsilon = \begin{bmatrix} \varepsilon B_1 \\ B_2 \end{bmatrix}, \quad L = [L_1 \quad L_2]$$

奇异摄动参数 $\varepsilon > 0$；$x(k) \in \mathbb{R}^n$ 是状态向量，$x_1(k) \in \mathbb{R}^{n_1}$，$x_2(k) \in \mathbb{R}^{n_2}$，$n_1 + n_2 = n$；假定 $\omega(k) \in \mathbb{R}^p$ 是属于 $l_2[0,\infty)$ 的扰动输入；$z(k) \in \mathbb{R}^q$ 是估计信号；A_{11}、A_{12}、A_{21}、A_{22}、B_1、B_2、L_1 和 L_2 是具有适当维数的常数矩阵。

测量值有如下描述：

$$y(k) = \alpha(k)Cx(k) + D\omega(k) \quad (10.2)$$

其中，$C = [C_1, C_2] \in \mathbb{R}^{m\times n}$ 和 $D \in \mathbb{R}^{m\times p}$ 是常数矩阵；随机变量 $\alpha(k)$ 满足伯努利分布如下：

$$\begin{aligned} \text{Prob}\{\alpha(k) = 1\} &= E\{\alpha(k)\} = \beta \\ \text{Prob}\{\alpha(k) = 0\} &= 1 - E\{\alpha(k)\} = 1 - \beta \end{aligned} \quad (10.3)$$

由式（10.3）可得

$$E\{\alpha(k) - \beta\} = 0, \quad E\{(\alpha(k) - \beta)^2\} = \beta(1 - \beta) \quad (10.4)$$

考虑如下滤波器：

$$\hat{x}(k+1) = A_f \hat{x}(k) + B_f y(k)$$
$$\hat{z}(k) = C_f \hat{x}(k) \tag{10.5}$$

其中，$\hat{x}(k) \in \mathbb{R}^n$ 是估计状态；$\hat{z}(k) \in \mathbb{R}^q$ 是估计输出；矩阵 $A_f \in \mathbb{R}^{n \times n}$，$B_f \in \mathbb{R}^{n \times m}$ 和 $C_f \in \mathbb{R}^{q \times n}$ 是要求解的滤波器增益矩阵。

由式（10.1）和式（10.5），得到如下的滤波误差系统：
$$\eta(k+1) = A_\varepsilon \eta(k) + (\alpha(k) - \beta) A_1 \eta(k) + B_\varepsilon \omega(k)$$
$$e(k) = C\eta(k) \tag{10.6}$$

其中，
$$\eta(k) = \begin{bmatrix} x(k) \\ \hat{x}(k) \end{bmatrix}, \quad e(k) = x(k) - \hat{x}(k)$$
$$A_\varepsilon = \begin{bmatrix} A_\varepsilon & 0 \\ \beta B_f C & A_f \end{bmatrix}, \quad A_1 = \begin{bmatrix} 0 & 0 \\ B_f C & 0 \end{bmatrix}$$
$$B_\varepsilon = \begin{bmatrix} B_\varepsilon \\ B_f D \end{bmatrix}, \quad C = [L \quad -C_f]$$

本节的目的是针对系统（10.1），设计一个形如式（10.5）的滤波器，使得对式（10.2）中所有可能丢失的测量值，误差系统（10.6）同时满足如下条件：

（1）当 $\omega(k) = 0$，对于 $\forall \varepsilon \in (0, \varepsilon_0]$，系统（10.6）是渐近均方稳定的，其中 $\varepsilon_0 > 0$ 是预先给定的上界。

（2）在零初始条件下，滤波误差 $e(k)$ 满足：
$$\sum_{k=0}^{\infty} E\{\|e(k)\|^2\} \leqslant \gamma^2 \sum_{k=0}^{\infty} E\{\|\omega(k)\|^2\} \tag{10.7}$$

对任意非零 $\omega(k) \in l_2[0, \infty)$ 和 $\forall \varepsilon \in (0, \varepsilon_0]$，其中 γ 是给定参数。

注释 10.2 条件（1）对于各种正常系统，被用来表示某些丢失测量值和不确定的观测值的系统测量模型；条件（2）已经被广泛研究[19,22,25,26]。然而，对于带有不完整测量信息的奇异摄动系统的滤波问题的研究仍然是空白的。本章中，同时考虑了带有不完整测量信息的离散奇异摄动系统的 H_∞ 滤波和 ε-界的设计的问题。

10.3 主 要 结 果

在本节，将确立充分条件，使得滤波误差系统是渐近均方稳定且满足 H_∞ 性能的，进而将得到一个 H_∞ 滤波器的设计方法。首先，给出如下引理。

引理 10.1[27] 对于一个正参数 ε_0，具有适当维数的对称矩阵 S_1、S_2 和 S_3，如果有下面的公式成立：
$$S_1 \geqslant 0 \tag{10.8}$$

$$S_1 + \varepsilon_0 S_2 > 0 \tag{10.9}$$

$$S_1 + \varepsilon_0 S_2 + \varepsilon_0^2 S_3 > 0 \tag{10.10}$$

那么

$$S_1 + \varepsilon S_2 + \varepsilon^2 S_3 > 0, \quad \forall \varepsilon \in (0, \varepsilon_0] \tag{10.11}$$

定理 10.1 给定参数 $\varepsilon_0 > 0$，$\gamma > 0$ 及滤波器的参数矩阵 A_f、B_f 和 C_f，如果存在矩阵 $P_{11} \in \mathbb{R}^{n_1 \times n_1}$，$P_{12} \in \mathbb{R}^{n_1 \times n_2}$，$P_{13} \in \mathbb{R}^{n_2 \times n_2}$，$P_2 \in \mathbb{R}^{n \times n}$，有 $P_{11} = P_{11}^{\mathrm{T}}$，$P_{13} = P_{13}^{\mathrm{T}}$，$P_2 = P_2^{\mathrm{T}}$ 和 $P_2 = [P_{21} \ P_{22}]$ 满足下面的公式：

$$\begin{bmatrix} -P_{13} & -P_{22}^{\mathrm{T}} & \Lambda_{24}(0) & \Lambda_{25}(0) & \Lambda_{26}(0) & \bar{\alpha}C_2^{\mathrm{T}}B_f^{\mathrm{T}}P_{22} & \bar{\alpha}C_2^{\mathrm{T}}B_f^{\mathrm{T}}P_2 & 0 & L_2^{\mathrm{T}} \\ * & -P_2 & \beta C^{\mathrm{T}}B_f^{\mathrm{T}}P_{21} & \beta C^{\mathrm{T}}B_f^{\mathrm{T}}P_{22} & A_f^{\mathrm{T}}P_2 & 0 & 0 & 0 & -C_f^{\mathrm{T}} \\ * & * & \Lambda_{44}(0)+\Lambda_{44}^{\mathrm{T}}(0) & \Lambda_{45}(0) & \Lambda_{46}(0) & \bar{\alpha}C_1^{\mathrm{T}}B_f^{\mathrm{T}}P_{22} & \bar{\alpha}C_1^{\mathrm{T}}B_f^{\mathrm{T}}P_2 & \Lambda_{410}(0) & L_1^{\mathrm{T}} \\ * & * & * & -P_{13} & -P_{22}^{\mathrm{T}} & 0 & 0 & \Lambda_{510}(0) & 0 \\ * & * & * & * & -P_2 & 0 & 0 & \Lambda_{610}(0) & 0 \\ * & * & * & * & * & -P_{13} & -P_{22}^{\mathrm{T}} & 0 & 0 \\ * & * & * & * & * & * & -P_2 & 0 & 0 \\ * & * & * & * & * & * & * & -\gamma^2 I & 0 \\ * & * & * & * & * & * & * & * & -I \end{bmatrix} < 0 \tag{10.12}$$

$$\begin{bmatrix} -\varepsilon_0 P_{11} & -\varepsilon_0 P_{12} & -\varepsilon_0 P_{21}^{\mathrm{T}} & \Lambda_{14}(\varepsilon_0) & \Lambda_{15}(\varepsilon_0) & \Lambda_{16}(\varepsilon_0) & 0 & \varepsilon_0 \bar{\alpha}C_1^{\mathrm{T}}B_f^{\mathrm{T}}P_{22} & \varepsilon_0 \bar{\alpha}C_1^{\mathrm{T}}B_f^{\mathrm{T}}P_2 & 0 & \varepsilon_0 L_1^{\mathrm{T}} \\ * & -P_{13} & -P_{22}^{\mathrm{T}} & \Lambda_{24}(\varepsilon_0) & \Lambda_{25}(\varepsilon_0) & \Lambda_{26}(\varepsilon_0) & \varepsilon_0 \bar{\alpha}C_2^{\mathrm{T}}B_f^{\mathrm{T}}P_{21} & \bar{\alpha}C_2^{\mathrm{T}}B_f^{\mathrm{T}}P_{22} & \bar{\alpha}C_2^{\mathrm{T}}B_f^{\mathrm{T}}P_2 & 0 & L_2^{\mathrm{T}} \\ * & * & -P_2 & \beta C^{\mathrm{T}}B_f^{\mathrm{T}}P_{21} & \beta C^{\mathrm{T}}B_f^{\mathrm{T}}P_{22} & A_f^{\mathrm{T}}P_2 & 0 & 0 & 0 & 0 & -C_f^{\mathrm{T}} \\ * & * & * & \Lambda_{44}(\varepsilon_0)+\Lambda_{44}^{\mathrm{T}}(\varepsilon_0) & \Lambda_{45}(\varepsilon_0) & \Lambda_{46}(\varepsilon_0) & \varepsilon_0 \bar{\alpha}C_1^{\mathrm{T}}B_f^{\mathrm{T}}P_{21} & \bar{\alpha}C_1^{\mathrm{T}}B_f^{\mathrm{T}}P_{22} & \bar{\alpha}C_1^{\mathrm{T}}B_f^{\mathrm{T}}P_2 & \Lambda_{410}(\varepsilon_0) & L_1^{\mathrm{T}} \\ * & * & * & * & -P_{13} & -P_{22}^{\mathrm{T}} & 0 & 0 & 0 & \Lambda_{510}(\varepsilon_0) & 0 \\ * & * & * & * & * & -P_2 & 0 & 0 & 0 & \Lambda_{610}(\varepsilon_0) & 0 \\ * & * & * & * & * & * & -\varepsilon_0 P_{11} & -\varepsilon_0 P_{12} & -\varepsilon_0 P_{21}^{\mathrm{T}} & 0 & 0 \\ * & * & * & * & * & * & * & -P_{13} & -P_{22}^{\mathrm{T}} & 0 & 0 \\ * & * & * & * & * & * & * & * & -P_2 & 0 & 0 \\ * & * & * & * & * & * & * & * & * & -\gamma^2 I & 0 \\ * & * & * & * & * & * & * & * & * & * & -I \end{bmatrix} < 0 \tag{10.13}$$

$$\begin{bmatrix} -\varepsilon_0 P_{11} & -\varepsilon_0 P_{12} & -\varepsilon_0 P_{21}^{\mathrm{T}} & \Theta_{14}(\varepsilon_0) & \Theta_{15}(\varepsilon_0) & \Theta_{16}(\varepsilon_0) & \varepsilon_0^2 \bar{\alpha}C_1^{\mathrm{T}}B_f^{\mathrm{T}}P_{22} & \varepsilon_0 \bar{\alpha}C_1^{\mathrm{T}}B_f^{\mathrm{T}}P_{22} & \varepsilon_0 \bar{\alpha}C_1^{\mathrm{T}}B_f^{\mathrm{T}}P_2 & 0 & \varepsilon_0 L_1^{\mathrm{T}} \\ * & -P_{13} & -P_{22}^{\mathrm{T}} & \Lambda_{24}(\varepsilon_0) & \Lambda_{25}(\varepsilon_0) & \Lambda_{26}(\varepsilon_0) & \varepsilon_0 \bar{\alpha}C_2^{\mathrm{T}}B_f^{\mathrm{T}}P_{21} & \bar{\alpha}C_2^{\mathrm{T}}B_f^{\mathrm{T}}P_{22} & \bar{\alpha}C_2^{\mathrm{T}}B_f^{\mathrm{T}}P_2 & 0 & L_2^{\mathrm{T}} \\ * & * & -P_2 & \beta C^{\mathrm{T}}B_f^{\mathrm{T}}P_{21} & \beta C^{\mathrm{T}}B_f^{\mathrm{T}}P_{22} & A_f^{\mathrm{T}}P_2 & 0 & 0 & 0 & 0 & -C_f^{\mathrm{T}} \\ * & * & * & \Lambda_{44}(\varepsilon_0)+\Lambda_{44}^{\mathrm{T}}(\varepsilon_0) & \Lambda_{45}(\varepsilon_0) & \Lambda_{46}(\varepsilon_0) & \varepsilon_0 \bar{\alpha}C_1^{\mathrm{T}}B_f^{\mathrm{T}}P_{21} & \bar{\alpha}C_1^{\mathrm{T}}B_f^{\mathrm{T}}P_{22} & \bar{\alpha}C_1^{\mathrm{T}}B_f^{\mathrm{T}}P_2 & \Lambda_{410}(\varepsilon_0) & L_1^{\mathrm{T}} \\ * & * & * & * & -P_{13} & -P_{22}^{\mathrm{T}} & 0 & 0 & 0 & \Lambda_{510}(\varepsilon_0) & 0 \\ * & * & * & * & * & -P_2 & 0 & 0 & 0 & \Lambda_{610}(\varepsilon_0) & 0 \\ * & * & * & * & * & * & -\varepsilon_0 P_{11} & -\varepsilon_0 P_{12} & -\varepsilon_0 P_{21}^{\mathrm{T}} & 0 & 0 \\ * & * & * & * & * & * & * & -P_{13} & -P_{22}^{\mathrm{T}} & 0 & 0 \\ * & * & * & * & * & * & * & * & -P_2 & 0 & 0 \\ * & * & * & * & * & * & * & * & * & -\gamma^2 I & 0 \\ * & * & * & * & * & * & * & * & * & * & -I \end{bmatrix} < 0 \tag{10.14}$$

那么，对于 $\varepsilon \in (0, \varepsilon_0]$，当 $\omega(k) = 0$ 时，滤波误差系统（10.6）是渐近均方稳定的，并且满足 H_∞ 性能条件（10.7）。

证明 通过引理 10.1，由线性矩阵不等式（10.12）~不等式（10.14）可知，对任意的 $\varepsilon \in (0, \varepsilon_0]$，有式（10.15）成立：

$$\begin{bmatrix} -\varepsilon P_{11} & -\varepsilon P_{12} & -\varepsilon P_{21}^\mathrm{T} & \Theta_{14}(\varepsilon) & \Theta_{15}(\varepsilon) & \Theta_{16}(\varepsilon) & \varepsilon^2 \bar{\alpha} C_1^\mathrm{T} B_f^\mathrm{T} P_{21} & \varepsilon \bar{\alpha} C_1^\mathrm{T} B_f^\mathrm{T} P_{22} & \varepsilon \bar{\alpha} C_1^\mathrm{T} B_f^\mathrm{T} P_2 & 0 & \varepsilon L_1^\mathrm{T} \\ * & -P_{13} & -P_{22}^\mathrm{T} & \Lambda_{24}(\varepsilon) & \Lambda_{25}(\varepsilon) & \Lambda_{26}(\varepsilon) & \varepsilon \bar{\alpha} C_2^\mathrm{T} B_f^\mathrm{T} P_{21} & \bar{\alpha} C_2^\mathrm{T} B_f^\mathrm{T} P_{22} & \bar{\alpha} C_2^\mathrm{T} B_f^\mathrm{T} P_2 & 0 & L_2^\mathrm{T} \\ * & * & -P_2 & \beta C^\mathrm{T} B_f^\mathrm{T} P_{21} & \beta C^\mathrm{T} B_f^\mathrm{T} P_{22} & A_f^\mathrm{T} P_2 & 0 & 0 & 0 & 0 & -C_f^\mathrm{T} \\ * & * & * & \Lambda_{44}(\varepsilon) + \Lambda_{44}^\mathrm{T}(\varepsilon) & \Lambda_{45}(\varepsilon) & \Lambda_{46}(\varepsilon) & \varepsilon \bar{\alpha} C_1^\mathrm{T} B_f^\mathrm{T} P_{21} & \bar{\alpha} C_1^\mathrm{T} B_f^\mathrm{T} P_{22} & \bar{\alpha} C_1^\mathrm{T} B_f^\mathrm{T} P_2 & \Lambda_{410}(\varepsilon) & L_1^\mathrm{T} \\ * & * & * & * & -P_{13} & -P_{22}^\mathrm{T} & 0 & 0 & 0 & \Lambda_{510}(\varepsilon) & 0 \\ * & * & * & * & * & -P_2 & 0 & 0 & 0 & \Lambda_{610}(\varepsilon) & 0 \\ * & * & * & * & * & * & -\varepsilon P_{11} & -\varepsilon P_{12} & -\varepsilon P_{21}^\mathrm{T} & 0 & 0 \\ * & * & * & * & * & * & * & -P_{13} & -P_{22}^\mathrm{T} & 0 & 0 \\ * & * & * & * & * & * & * & * & -P_2 & 0 & 0 \\ * & * & * & * & * & * & * & * & * & -\gamma^2 I & 0 \\ * & * & * & * & * & * & * & * & * & * & -I \end{bmatrix} < 0$$

（10.15）

对式（10.15），分别左乘下列矩阵

$$\begin{bmatrix} \dfrac{1}{\varepsilon}I & 0 & 0 & 0 & 0 & 0 & 0 & 0 & 0 & 0 & 0 \\ 0 & I & 0 & 0 & 0 & 0 & 0 & 0 & 0 & 0 & 0 \\ 0 & 0 & I & 0 & 0 & 0 & 0 & 0 & 0 & 0 & 0 \\ -\dfrac{1}{\varepsilon}I & 0 & 0 & I & 0 & 0 & 0 & 0 & 0 & 0 & 0 \\ 0 & 0 & 0 & 0 & I & 0 & 0 & 0 & 0 & 0 & 0 \\ 0 & 0 & 0 & 0 & 0 & I & 0 & 0 & 0 & 0 & 0 \\ 0 & 0 & 0 & 0 & 0 & 0 & \dfrac{1}{\varepsilon}I & 0 & 0 & 0 & 0 \\ 0 & 0 & 0 & 0 & 0 & 0 & 0 & I & 0 & 0 & 0 \\ 0 & 0 & 0 & 0 & 0 & 0 & 0 & 0 & I & 0 & 0 \\ 0 & 0 & 0 & 0 & 0 & 0 & 0 & 0 & 0 & I & 0 \\ 0 & 0 & 0 & 0 & 0 & 0 & 0 & 0 & 0 & 0 & I \end{bmatrix}$$

右乘其转置，可得

$$\begin{bmatrix} -P_1(\varepsilon) & -P_2 & A_\varepsilon^\mathrm{T} P_1(\varepsilon) + \beta C^\mathrm{T} P_2 & \beta C^\mathrm{T} B_f^\mathrm{T} P_2 + A_\varepsilon^\mathrm{T} P_2 & \bar{\alpha} C^\mathrm{T} B_f^\mathrm{T} P_2 & \bar{\alpha} C^\mathrm{T} B_f^\mathrm{T} P_2 & 0 & L^\mathrm{T} \\ * & -P_2 & \beta C^\mathrm{T} B_f^\mathrm{T} P_2 & A_f^\mathrm{T} P_2 & 0 & 0 & 0 & -C_f^\mathrm{T} \\ * & * & -P_1(\varepsilon) & -P_2 & 0 & 0 & P_1(\varepsilon) B_\varepsilon + P_2 B_f D & 0 \\ * & * & * & -P_2 & 0 & 0 & P_2 B_f D + P_2 B_\varepsilon & 0 \\ * & * & * & * & -P_1(\varepsilon) & -P_2 & 0 & 0 \\ * & * & * & * & * & -P_2 & 0 & 0 \\ * & * & * & * & * & * & -\gamma^2 I & 0 \\ * & * & * & * & * & * & * & -I \end{bmatrix} < 0, \quad \forall \varepsilon \in (0, \varepsilon_0]$$

（10.16）

可理解为式（10.17）：

$$\begin{bmatrix} -P(\varepsilon) & A_\varepsilon^{\mathrm{T}} P(\varepsilon) & \bar{\alpha} A_1^{\mathrm{T}} P(\varepsilon) & 0 & C^{\mathrm{T}} \\ * & -P(\varepsilon) & 0 & P(\varepsilon) B_\varepsilon & 0 \\ * & * & -P(\varepsilon) & 0 & 0 \\ * & * & * & -\gamma^2 I & 0 \\ * & * & * & * & -I \end{bmatrix} < 0, \quad \forall \varepsilon \in (0, \varepsilon_0] \quad (10.17)$$

其中，$P(\varepsilon) = \begin{bmatrix} P_1(\varepsilon) & P_2 \\ P_2 & P_2 \end{bmatrix}$，$P_1(\varepsilon) = \begin{bmatrix} \frac{1}{\varepsilon} P_{11} & P_{12} \\ P_{12}^{\mathrm{T}} & P_{13} \end{bmatrix}$。通过 Schur 补引理，式（10.17）等价于

$$\Pi(\varepsilon) \triangleq \begin{bmatrix} \Psi(\varepsilon) & A_\varepsilon^{\mathrm{T}} P(\varepsilon) B_\varepsilon \\ * & B_\varepsilon^{\mathrm{T}} P(\varepsilon) B_\varepsilon - \gamma^2 I \end{bmatrix} < 0, \quad \forall \varepsilon \in (0, \varepsilon_0] \quad (10.18)$$

其中，$\Psi(\varepsilon) = A_\varepsilon^{\mathrm{T}} P(\varepsilon) A_\varepsilon + \beta(1-\beta) A_1^{\mathrm{T}} P(\varepsilon) A_1 - P(\varepsilon) + C^{\mathrm{T}} C$。

定义如下 Lyapunov 函数：

$$V(\eta(k)) = \eta^{\mathrm{T}}(k) P(\varepsilon) \eta(k) \quad (10.19)$$

由式（10.17），可得 $P(\varepsilon) > 0, \forall \varepsilon \in (0, \varepsilon_0]$。因此，对任意的 $\varepsilon \in (0, \varepsilon_0]$，由式（10.19）定义的 Lyapunov 函数 $V(\eta(k))$ 是正定的。

沿着系统（10.6）的轨迹，计算 $V(\eta(k))$ 的差分，并考虑数学期望，有

$$\begin{aligned} E\{\Delta V(\eta(k))\} &= E\{V(\eta(k+1))\,|\,\eta(k)\} - V(\eta(k)) \\ &= E\{\eta^{\mathrm{T}}(k+1) P(\varepsilon) \eta(k+1)\,|\,\eta(k)\} - \eta^{\mathrm{T}}(k)) P(\varepsilon) \eta(k) \\ &= \eta^{\mathrm{T}}(k)(A_\varepsilon^{\mathrm{T}} P(\varepsilon) A_\varepsilon - P(\varepsilon)) \eta(k) \\ &\quad + E\{(\alpha(k)-\beta)^2\} \eta^{\mathrm{T}}(k)(A_1^{\mathrm{T}} P(\varepsilon) A_1) \eta(k) \\ &\quad + 2\eta^{\mathrm{T}}(k) A_\varepsilon^{\mathrm{T}} P(\varepsilon) B_\varepsilon \omega(k) + \omega^{\mathrm{T}}(k) B_\varepsilon^{\mathrm{T}} P(\varepsilon) B_\varepsilon \omega(k) \\ &= \eta^{\mathrm{T}}(k)(A_\varepsilon^{\mathrm{T}} P(\varepsilon) A_\varepsilon - P(\varepsilon)) \eta(k) + \beta(1-\beta) \eta^{\mathrm{T}}(k)(A_1^{\mathrm{T}} P(\varepsilon) A_1) \eta(k) \\ &\quad + 2\eta^{\mathrm{T}}(k) A_\varepsilon^{\mathrm{T}} P(\varepsilon) B_\varepsilon \omega(k) + \omega^{\mathrm{T}}(k) B_\varepsilon^{\mathrm{T}} P(\varepsilon) B_\varepsilon \omega(k) \\ &= \begin{bmatrix} \eta(k) \\ \omega(k) \end{bmatrix}^{\mathrm{T}} \begin{bmatrix} \Lambda(\varepsilon) & A_\varepsilon^{\mathrm{T}} P(\varepsilon) B_\varepsilon \\ * & B_\varepsilon^{\mathrm{T}} P(\varepsilon) B_\varepsilon \end{bmatrix} \begin{bmatrix} \eta(k) \\ \omega(k) \end{bmatrix} \end{aligned}$$

$$(10.20)$$

其中，$\Lambda(\varepsilon) = A_\varepsilon^{\mathrm{T}} P(\varepsilon) A_\varepsilon + \beta(1-\beta) A_1^{\mathrm{T}} P(\varepsilon) A_1 - P(\varepsilon)$。进而，通过式（10.18），得到：

$$\begin{aligned} &E\{\Delta V(\eta(k))\} + E\{e^{\mathrm{T}}(k) e(k)\} - \gamma^2 E\{\omega^{\mathrm{T}}(k) \omega(k)\} \\ &= \begin{bmatrix} \eta(k) \\ \omega(k) \end{bmatrix}^{\mathrm{T}} \Pi(\varepsilon) \begin{bmatrix} \eta(k) \\ \omega(k) \end{bmatrix} < 0, \quad \forall \varepsilon \in (0, \varepsilon_0], \quad \forall \eta(k) \neq 0 \end{aligned} \quad (10.21)$$

由式（10.21）得，当 $\omega(k) = 0$ 时，对 $\forall \varepsilon \in (0, \varepsilon_0]$，滤波误差系统（10.6）是渐近均方稳定的。

此外，不等式（10.21）意味着：

$$E\{V(\eta(k+1))\,|\,\eta(k)\} - E\{V(\eta(k))\} \\ + E\{e^{\mathrm{T}}(k)e(k)\} - \gamma^2 E\{\omega^{\mathrm{T}}(k)\omega(k)\} < 0, \quad \forall \varepsilon \in (0,\varepsilon_0], \quad \forall \eta(k) \neq 0 \quad (10.22)$$

现在，对式（10.22），令 k 从 0 到 ∞ 求和，得到：

$$\sum_{k=0}^{k=\infty} E\{e^{\mathrm{T}}(k)e(k)\} < \gamma^2 \sum_{k=0}^{k=\infty} E\{\omega^{\mathrm{T}}(k)\omega(k)\} - E\{V_\infty\} + E\{V_0\}, \quad \forall \varepsilon \in (0,\varepsilon_0] \quad (10.23)$$

由于系统（10.6）是渐近均方稳定的，$E(V_\infty) > 0$ 是有限的。因此，在零初始条件下，不难看出式（10.24）成立：

$$\sum_{k=0}^{\infty} E\{\|e(k)\|^2\} \leqslant \gamma^2 \sum_{k=0}^{\infty} E\{\|\omega(k)\|^2\} \quad (10.24)$$

定理证毕。

定理 10.2 给定参数 $\varepsilon_0 > 0$，$\gamma > 0$，若存在矩阵 $P_{11} \in \mathbb{R}^{n_1 \times n_1}$，$P_{12} \in \mathbb{R}^{n_1 \times n_2}$，$P_{13} \in \mathbb{R}^{n_2 \times n_2}$，$P_2 \in \mathbb{R}^{n \times n}$，$F_1 \in \mathbb{R}^{n \times n}$，$F_2 \in \mathbb{R}^{m \times n}$，$F_3 \in \mathbb{R}^{n \times q}$，有 $P_{11} = P_{11}^{\mathrm{T}}$，$P_{13} = P_{13}^{\mathrm{T}}$，$P_2 = P_2^{\mathrm{T}}$，$P_2 = [P_{21}\ P_{22}]$ 和 $F_2 = [F_{21}\ F_{22}]$，满足下面的公式：

$$\begin{bmatrix} -P_{13} & -P_{22}^{\mathrm{T}} & \Delta_{24}(0) & \Delta_{25}(0) & \Delta_{26}(0) & \bar{\alpha}C_2^{\mathrm{T}}F_{22} & \bar{\alpha}C_2^{\mathrm{T}}F_2 & 0 & L_2^{\mathrm{T}} \\ * & -P_2 & \beta C^{\mathrm{T}}F_{21} & \beta C^{\mathrm{T}}F_{22} & F_1 & 0 & 0 & 0 & F_3 \\ * & * & \Delta_{44}(0)+\Delta_{44}^{\mathrm{T}}(0) & \Delta_{45}(0) & \Delta_{46}(0) & \bar{\alpha}C_1^{\mathrm{T}}F_{22} & \bar{\alpha}C_1^{\mathrm{T}}F_2 & \Delta_{410}(0) & L_1^{\mathrm{T}} \\ * & * & * & -P_{13} & -P_{22}^{\mathrm{T}} & 0 & 0 & \Delta_{510}(0) & 0 \\ * & * & * & * & -P_2 & 0 & 0 & \Delta_{610}(0) & 0 \\ * & * & * & * & * & -P_{13} & -P_{22}^{\mathrm{T}} & 0 & 0 \\ * & * & * & * & * & * & -P_2 & 0 & 0 \\ * & * & * & * & * & * & * & -\gamma^2 I & 0 \\ * & * & * & * & * & * & * & * & -I \end{bmatrix} < 0$$

$$(10.25)$$

$$\begin{bmatrix} -\varepsilon_0 P_{11} & -\varepsilon_0 P_{12} & -\varepsilon_0 P_{21}^{\mathrm{T}} & \Delta_4(\varepsilon_0) & \Delta_5(\varepsilon_0) & \Delta_6(\varepsilon_0) & 0 & \varepsilon_0\bar{\alpha}C_2^{\mathrm{T}}F_{22} & \varepsilon_0\bar{\alpha}C_2^{\mathrm{T}}F_2 & 0 & \varepsilon_0 L_2^{\mathrm{T}} \\ * & -P_{13} & -P_{22}^{\mathrm{T}} & \Delta_{24}(\varepsilon_0) & \Delta_{25}(\varepsilon_0) & \Delta_{26}(\varepsilon_0) & \varepsilon_0\bar{\alpha}C_2^{\mathrm{T}}F_{21} & \bar{\alpha}C_2^{\mathrm{T}}F_{22} & \bar{\alpha}C_2^{\mathrm{T}}F_2 & 0 & L_2^{\mathrm{T}} \\ * & * & -P_2 & \beta C^{\mathrm{T}}F_{21} & \beta C^{\mathrm{T}}F_{22} & F_1 & 0 & 0 & 0 & 0 & F_3 \\ * & * & * & \Delta_{44}(\varepsilon_0)+\Delta_{44}^{\mathrm{T}}(\varepsilon_0) & \Delta_{45}(\varepsilon_0) & \Delta_{46}(\varepsilon_0) & \bar{\alpha}C_1^{\mathrm{T}}F_{21} & \bar{\alpha}C_1^{\mathrm{T}}F_{22} & \bar{\alpha}C_1^{\mathrm{T}}F_2 & \Delta_{410}(\varepsilon_0) & L_1^{\mathrm{T}} \\ * & * & * & * & -P_{13} & -P_{22}^{\mathrm{T}} & 0 & 0 & 0 & \Delta_{510}(\varepsilon_0) & 0 \\ * & * & * & * & * & -P_2 & 0 & 0 & 0 & \Delta_{610}(\varepsilon_0) & 0 \\ * & * & * & * & * & * & -\varepsilon_0 P_{11} & -\varepsilon_0 P_{12} & -\varepsilon_0 P_{21}^{\mathrm{T}} & 0 & 0 \\ * & * & * & * & * & * & * & -P_{13} & -P_{22}^{\mathrm{T}} & 0 & 0 \\ * & * & * & * & * & * & * & * & -P_2 & 0 & 0 \\ * & * & * & * & * & * & * & * & * & -\gamma^2 I & 0 \\ * & * & * & * & * & * & * & * & * & * & -I \end{bmatrix} < 0$$

$$(10.26)$$

和

$$\begin{bmatrix} -\varepsilon_0 P_{11} & -\varepsilon_0 P_{12} & -\varepsilon_0 P_{21}^T & \Phi_{14}(\varepsilon_0) & \Phi_{15}(\varepsilon_0) & \Phi_{16}(\varepsilon_0) & \varepsilon_0^2 \bar{\alpha} C_1^T F_{21} & \varepsilon_0 \bar{\alpha} C_1^T F_{22} & \varepsilon_0 \bar{\alpha} C_1^T F_2 & 0 & \varepsilon_0 L_1^T \\ * & -P_{13} & -P_{22}^T & \Delta_{24}(\varepsilon_0) & \Delta_{25}(\varepsilon_0) & \Delta_{26}(\varepsilon_0) & \varepsilon_0 \bar{\alpha} C_2^T F_{21} & \bar{\alpha} C_2^T F_{22} & \bar{\alpha} C_2^T F_2 & 0 & L_2^T \\ * & * & -P_2 & \beta C^T F_{21} & \beta C^T F_{22} & F_1 & 0 & 0 & 0 & 0 & F_3^T \\ * & * & * & \Delta_{44}(\varepsilon_0)+\Delta_{44}^T(\varepsilon_0) & \Delta_{45}(\varepsilon_0) & \Delta_{46}(\varepsilon_0) & \varepsilon_0 \bar{\alpha} C_1^T F_{21} & \bar{\alpha} C_1^T F_{22} & \bar{\alpha} C_1^T F_2 & \Delta_{410}(\varepsilon_0) & L_1^T \\ * & * & * & * & -P_{13} & -P_{22}^T & 0 & 0 & 0 & \Delta_{510}(\varepsilon_0) & 0 \\ * & * & * & * & * & -P_2 & 0 & 0 & 0 & \Delta_{610}(\varepsilon_0) & 0 \\ * & * & * & * & * & * & -\varepsilon_0 P_{11} & -\varepsilon_0 P_{12} & -\varepsilon_0 P_{21}^T & 0 & 0 \\ * & * & * & * & * & * & * & -P_{13} & -P_{22}^T & 0 & 0 \\ * & * & * & * & * & * & * & * & -P_2 & 0 & 0 \\ * & * & * & * & * & * & * & * & * & -\gamma^2 I & 0 \\ * & * & * & * & * & * & * & * & * & * & -I \end{bmatrix} < 0$$

(10.27)

其中, $\bar{\alpha} = \sqrt{\beta(1-\beta)}$ 且

$$\Delta_{14}(\varepsilon) = \varepsilon A_{11}^T P_{11} + \varepsilon A_{21}^T P_{12}^T + [\varepsilon I \ \varepsilon A_{21}^T] P_{21} + \varepsilon \beta C_1^T F_{21}$$

$$\Delta_{15}(\varepsilon) = \varepsilon P_{12} + \varepsilon A_{21}^T P_{13} + [\varepsilon I \ \varepsilon A_{21}^T] P_{22} + \varepsilon \beta C_1^T F_{22}$$

$$\Phi_{14}(\varepsilon) = \Delta_{14}(\varepsilon) + [\varepsilon^2 A_{11}^T \ 0] P_{21}, \quad \Phi_{15} = \Delta_{15}(\varepsilon) + \varepsilon^2 A_{11}^T P_{12} + [\varepsilon^2 A_{11}^T \ 0] P_{22}$$

$$\Delta_{16}(\varepsilon) = \varepsilon \beta C_1^T F_2 + [\varepsilon I \ \varepsilon A_{21}^T] P_2, \quad \Phi_{16}(\varepsilon) = \Delta_{16}(\varepsilon) + [\varepsilon^2 A_{11}^T \ 0] P_2$$

$$\Delta_{24}(\varepsilon) = A_{12}^T P_{11} + A_{22}^T P_{12}^T + [\varepsilon A_{12}^T \ A_{22}^T] P_{21} + \beta C_2^T F_{21}$$

$$\Delta_{25}(\varepsilon) = \varepsilon A_{12}^T P_{12} + A_{22}^T P_{13} + [\varepsilon A_{12}^T \ A_{22}^T] P_{22} + \beta C_2^T F_{22}$$

$$\Delta_{26}(\varepsilon) = \beta C_2^T F_2 + [\varepsilon A_{12}^T \ A_{22}^T] P_2$$

$$\Delta_{44}(\varepsilon) = A_{11}^T P_{11} + A_{21}^T P_{12}^T + [I + \varepsilon A_{11}^T \ A_{21}^T] P_{21} + \beta C_1^T F_{21}$$

$$\Delta_{45}(\varepsilon) = \varepsilon A_{21}^T P_{12} + A_{21}^T P_{13} + [I + \varepsilon A_{11}^T \ A_{21}^T] P_{22} + \beta C_1^T F_{22}$$

$$\Delta_{46}(\varepsilon) = -P_{21}^T + \beta C_1^T F_2 + [I + \varepsilon A_{11}^T \ A_{21}^T] P_2, \quad \Delta_{410}(\varepsilon) = P_{11} B_1 + P_{12} B_2 + F_{21}^T D$$

$$\Delta_{510}(\varepsilon) = \varepsilon P_{12}^T B_1 + P_{13} B_2 + F_{22}^T D, \quad \Delta_{610}(\varepsilon) = F_2^T D + \varepsilon P_{21} B_1 + P_{22} B_2$$

那么, 对任意的 $\varepsilon \in (0, \varepsilon_0]$, 滤波器 (10.5) 使得当 $w(k) = 0$ 时, 误差系统 (10.6) 是渐近均方稳定的, 并且满足 H_∞ 性能条件 (10.7), 其中滤波器 (10.5) 的增益矩阵为

$$A_f = P_2^{-T} F_1^T, \quad B_f = P_2^{-T} F_2^T, \quad C_f = -F_3^T \qquad (10.28)$$

证明 容易看出, 若线性矩阵不等式 (10.25)~不等式 (10.27) 成立, 当且仅当将式 (10.28) 代入线性矩阵不等式 (10.12)~不等式 (10.14) 中, 线性矩阵不等式 (10.12)~不等式 (10.14) 成立。那么, 通过定理 10.1, 若线性矩阵不等式 (10.25)~不等式 (10.27) 成立, 就存在一个具有形如式 (10.5) 的滤波器, 其中,

$$A_f = P_2^{-T} F_1^T, \quad B_f = P_2^{-T} F_2^T, \quad C_f = -F_3^T \qquad (10.29)$$

这也就使得, 当 $w(k) = 0$ 时, 滤波误差系统 (10.6) 是渐近均方稳定的, 并且满足性能条件 (10.7), 定理证毕。

注释10.3 文献[14]和[15]研究了考虑ε-界的奇异摄动系统的滤波问题。然而，所提出的设计方法依赖于理想假设——连续流过具有无条件振幅的测量信号。在定理10.1中，最新提出的方法可以解决一些测量数据丢失的情况。所提出方法的另一个特点是将所描述的上界作为设计目标之一，这一问题在实际中有重大意义。

注释10.4 众所周知，利用常规的针对正常系统的分析和综合的方法来研究奇异摄动系统，经常引起病态数值问题[2]。为了避免病态数值问题，传统的方法是基于将初始的奇异摄动系统分解为快、慢子系统[1]。另一种方法是不依赖于系统分解，通过利用奇异摄动系统的奇异摄动结构，构造一个恰当的——相关的 Lyapunov 方程[27]。本章利用了第二种方法，并且提出了一个新的——相关的 Lyapunov 方程，利用它来研究带有测量数据丢失的奇异摄动系统的相关的控制问题。

注释10.5 本章中，将丢失的测量值用一个满足随机分布条件（2）的二进制切换序列描述，这是一个典型的描述方法，可以应用于一类广泛的实际系统。最近，文献[21]~[24]中提出了更多的测量数据丢失的模型，被用来解决更复杂的系统。期望可以将书中现有的框架推广到带有更一般测量数据丢失模型的奇异摄动系统的滤波问题的研究中。

10.4 仿 真

在本节，将用一个数值例子来证实所提方法的可行性。因此，考虑了由式（10.1）描述的系统，其中，

$$A_\varepsilon = \begin{bmatrix} 1-\varepsilon & 0.8\varepsilon \\ 0.4 & 0.5 \end{bmatrix}, \quad B_\varepsilon = \begin{bmatrix} \varepsilon \\ 0.4 \end{bmatrix}, \quad L = [1 \quad 0.6]$$

由式（10.2）描述的带有随机数据丢失的测量输出，有如下参数：

$$C = [1 \quad 0.5], \quad D = 1, \quad \beta = 0.9$$

利用 MATLAB 中 LMI 工具箱，求解线性矩阵不等式（10.25）~不等式（10.27）可得

$$P_{11} = 3.9216, \quad P_{12} = -7.1610, \quad P_{13} = 3.5681$$

$$P_2 = \begin{bmatrix} 1.9125 & 0.3411 \\ 0.3411 & 0.6659 \end{bmatrix}, \quad F_1 = \begin{bmatrix} -0.1104 & -0.2302 \\ -0.1849 & -0.2315 \end{bmatrix}$$

$$F_2 = [-0.6445 \quad -0.4321], \quad F_3 = \begin{bmatrix} 0.4455 \\ 0.4357 \end{bmatrix}$$

然后，通过定理10.1，可以得到所期望的滤波器增益矩阵，如下面的公式：

$$A_f = \begin{bmatrix} 0.0043 & -0.0381 \\ -0.3479 & -0.3282 \end{bmatrix}, \quad B_f = \begin{bmatrix} -0.2435 \\ -0.5243 \end{bmatrix}, \quad C_f = [-0.4455 \quad -0.4357]$$

在仿真中，扰动如图 10.1 所示，误差估计如图 10.2 所示。正如所期望的，滤波误差系统（10.6）是渐近均方稳定的，且满足性能条件（10.7）。

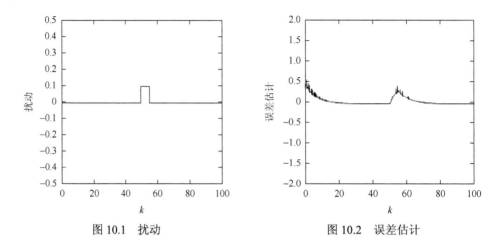

图 10.1　扰动　　　　　　　　　　图 10.2　误差估计

10.5　本章小结

本章研究了针对离散奇异摄动系统的考虑 ε-界的滤波问题。将一个预先给定的 ε-界当作设计目标之一。通过构造一个新的——相关的 Lyapunov 方程，以线性矩阵不等式的形式给出了一个滤波器的设计方法。当奇异摄动参数小于预先给定的 ε-界时，确保了滤波误差系统是渐近均方稳定的，同时满足性能条件。给出的例子也证明了所提方法的有效性。

参 考 文 献

[1] Kokotovic P V, Khalil H K, Reilly J O. Singular Perturbation Methods in Control: Analysis and Design[M]. New York: Academic, 1986.

[2] Yang C, Zhang Q, Zhou L. Stability Analysis and Design for Nonlinear Singular System[M]. Heidelberg: Springer-Verlag, 2012.

[3] Saydy L. New stability performance results for singularly perturbed system[J]. Automatica, 1996, 32: 807-818.

[4] Shao Z H. Robust stability of two-time-scale systems with nonlinear uncertainties[J]. IEEE Transactions on Automatic Control, 2004, 49: 258-261.

[5] Sen S, Datta K B. Stability bounds of singularly perturbed systems[J]. IEEE Transactions on Automatic Control, 1993, 38: 302-304.

[6] Shao Z H, Sawan M. Stabilization of uncertain singularly perturbed systems[J]. IEE Proceedings Control and Theory Applications, 2006, 153: 99-103.

[7] Nguyen T, Su W C, Gajic Z. Variable structure control for singularly perturbed linear continuous systems with matched disturbances[J]. IEEE Transactions on Automatic Control, 2012, 57: 777-783.

[8] Chen X, Heidarinejad M, Liu J, et al. Composite fast-slow MPC design for nonlinear singularly perturbed systems[J]. AIChE Journal, 2012, 58: 1802-1811.

[9] Wang W, Teel A R, Nešić D. Analysis for a class of singularly perturbed hybrid systems via averaging[J]. Automatica, 2012, 48: 1057-1068.

[10] Shen X, Deng L. Decomposition solution of filter gain in singularly perturbed systems[J]. Signal Processing, 1996, 55: 313-320.

[11] Lim M T, Gajic Z. Reduced-order optimal filtering for systems with slow and fast modes[J]. IEEE Transactions on Circuits and Systems I: Fundamental Theory and Applications, 2000, 47: 250-254.

[12] Assawinchaichote W, Nguang S K. H_∞ filtering for fuzzy singularly perturbed systems with pole placement constraints: An LMI approach[J]. IEEE Transactions on Signal Processing, 2004, 52: 1659-1667.

[13] Mukaidani H. A numerical algorithm for finding solution of sign-indefinite algebraic Riccati equations for general multiparameter singularly perturbed systems[J]. Applied Mathematics and Computation, 2007, 189: 255-270.

[14] Yang G, Dong J. Filtering for fuzzy singularly-perturbed systems[J]. IEEE Transactions on Systems, Man and Cybernetics—Part B, 2008, 38: 1371-1389.

[15] Aliyu M D S, Boukas E K. Filtering for singularly perturbed nonlinear systems[J]. International Journal of Robust and Nonlinear Control, 2011, 21: 218-236.

[16] Yu H, Wang Z, Zheng Y. On the model-based networked control for singularly perturbed systems[J]. Journal of Control Theory and Applications, 2008, 6: 153-162.

[17] Wang Z, Wang G, Liu W. Stabilization of two-time scale systems with a finite feedback data rate[J]. IET Control Theory and Applications, 2010, 4: 2603-2612.

[18] Yu H, Lu G, Zheng Y. On the model-based networked control for singularly perturbed systems with nonlinear uncertainties[J]. Systems and Control Letters, 2011, 60: 739-746.

[19] Wang Z, Ho D W C, Liu X. Variance-constrained filtering for uncertain stochastic systems with missing measurements[J]. IEEE Transactions on Automatic Control, 2003, 48: 1254-1258.

[20] Zhao Y, Lam J, Gao H. Fault detection for fuzzy systems with intermittent measurements[J]. IEEE Transactions on Fuzzy Systems, 2009, 17: 398-410.

[21] Kluge S, Reif K, Brokate M. Stochastic stability of the extended Kalman filter with intermittent observations[J]. IEEE Transactions on Automatic Control, 2010, 55: 514-518.

[22] Yang F, Wang Z, Ho D W C, et al. Robust control with missing measurements and time delays[J]. IEEE Transactions on Automatic Control, 2007, 52: 1666-1672.

[23] Liang H, Zhou T. Robust state estimation for uncertain discrete-time stochastic systems with missing measurements[J]. Automatica, 2011, 47: 1520-1524.

[24] Shi P, Luan X, Liu F. Filtering for discrete-time systems with stochastic incomplete measurement and mixed delays[J]. IEEE Transactions on Industrial Electronics, 2012, 59: 2732-2739.

[25] Sinopoli B, Schenato L, Franceschetti M, et al. Kalman filtering with intermittent observations[J]. IEEE Transactions on Automatic Control, 2004, 49: 1453-1464.

[26] Wang Z, Yang F, Ho Z W C, et al. Robust finite-horizon filtering for stochastic systems with missing measurements[J]. IEEE Signal Processing Letters, 2005, 12: 437-440.

[27] Yang C, Zhang Q. Multi-objective control for T-S fuzzy singularly perturbed systems[J]. IEEE Transactions on Fuzzy Systems, 2009, 17: 104-115.

第 11 章　基于观测器的奇异摄动饱和控制系统设计

11.1　引　　言

输入受限现象在实际的控制系统中普遍存在。如果设计过程忽视输入受限的影响会导致系统性能的降低甚至是不稳定[1-3]。目前,主要有两种设计控制器的方法[4,5]:直接法和间接法。直接法就是在控制器设计的初期就考虑输入受限的影响,然后设计出可以使闭环控制系统稳定的控制器[6-9]。间接法是在先不考虑输入受限的情况下设计控制器,再设计补偿器来改善系统的性能。间接法因其直观性和广泛应用性引起研究者的广泛关注。最近,许多学者开始研究同时设计状态反馈控制器和补偿器的方法,这样整合得到的控制器会有更大的吸引域和更好的性能[10-11]。输入受限的奇异摄动系统是非光滑的,这违反了传统奇异摄动理论的基本假设之一。因此,当存在输入受限时,许多针对降阶子系统的分析和设计方法都需要增加额外的限制条件[2,12-14]。例如,假设输入受限仅存在于慢变量中[12];假设输入受限仅存在于快变量中[2,14];不考虑两个降阶子系统的非线性,分别设计降阶子系统的控制器,再整合成原系统组合控制器[13]。这样得到的控制器可以使闭环系统在某一区域是线性的。为了不受这些条件的限制,文献[3]和[15]提出了不基于系统分解的控制器的设计方法。文献[11]提出利用间接的方法设计输入受限奇异摄动系统的控制器。这些方法主要是通过构造特定结构的 Lyapunov 函数来有效地避免病态数值问题。

随着计算机技术的发展,数字控制方式越来越受欢迎。因此,连续时间奇异摄动系统的离散观测器设计受到了更多的关注[16-24]。根据已知的调查研究,目前所有针对奇异摄动系统离散观测器的设计方法都是基于奇异摄动系统的离散化模型进行的[16-24]。对于具有异步采样周期和非均匀采样周期的奇异摄动系统,主要采用两种方法设计采样观测器和控制器[25-29]。一种方法是将控制系统描述为脉冲系统,再设计采样观测器[25];另一种方法是利用输入时滞方法将采样数据系统建模成带有时变锯齿波延时特性的连续时间系统[26]。以往的延时方法是利用时滞无关的 Lyapunov-Krasovskii 泛函和 Lyapunov-Razumikhin 泛函,在已知采样时间间隔上界的基础上对线性系统的不确定性进行采样控制。结合上述两种方法的优点,在输入时滞方法的框架下,提出了时滞相关的 Lyapunov 泛函[27]。最近,输入时滞法被推广应用到常规系统的多速率观测器的设计当中[28],其中系统的输出是通过不同采样速率下的传感器输出得到的。众所周知,随着计算机技术的发展,网络控制系统的发展也在加速前进。时延及丢包等现象不可避免地发生,并影响着系统的性能[30]。考虑到信号传输延时特性,可以将不连续的 Lyapunov-Krasovskii 泛函引入基于 Wirtinger 不等式的采样系统设计中[29]。该不等式利用受约束的时滞导数,改善了现有的结果。从而可以得到较大的采样周期,保证了系统的稳定性。文献[31]在输入时滞方法的框架下提出了在多速率采样和延时测量条件下,奇异摄动系统观测器的设计问题。在不同采样率下,输出可分为两类。$\rho_s(t)$ 是慢采样率下的慢时滞参数,$\varepsilon\rho_f(t)$ 是快采样率下的快时滞参数。需要构造出新的 Lyapunov-Krasovskii 泛函同时考虑快、慢两种延时特性。

在实际的工业控制中,如何设计控制器使采样系统稳定是研究的基本问题。最近,对于采样系统的分析和控制器设计问题产生了两种主要方法[26, 27, 32, 33]。第一个是将采样系统建模为离散时间系统[32, 33],并得到了相应的稳定性条件。第二个是将采样系统建模为具有输入时滞的连续时间系统[26, 27]。本章的主要目的是研究基于观测器的输入受限奇异摄动系统多速率采样控制方法。首先,利用文献[11]和文献[31]提出的方法分别设计控制器和观测器,得到控制器和观测器的增益矩阵,形成完整的输入受限奇异摄动系统多速率采样控制方法。然后,构建总体闭环控制系统模型,分析并优化闭环系统的稳定界和吸引域。最后通过仿真验证所提方法的可行性和有效性。

11.2 问 题 描 述

考虑如下奇异摄动系统:

$$\begin{cases} E(\varepsilon)\dot{x}(t)=Ax(t)+Bu_m(t) \\ y = Cx = [C_1^T \quad C_2^T]^T x \end{cases} \quad (11.1)$$

其中,$x(t) = [x_1^T \quad x_2^T]^T \in \mathbb{R}^n$,$x_1(t) \in \mathbb{R}^{n_1}$ 为慢状态变量,$x_2(t) \in \mathbb{R}^{n_2}$ 为快状态变量;$u_m \in \mathbb{R}^{q_{con}}$ 为控制输入;$y(t) \in \mathbb{R}^m$ 为测量输出。$E(\varepsilon) = \text{diag}\{I_{n_1}, \varepsilon I_{n_2}\}$,$A$、$B$、$C$ 是已知适当维数的常矩阵。由于存在输入受限 $u_m = \text{sat}(u)$,函数 $\text{sat}(\cdot): \mathbb{R}^{q_{con}} |\to \mathbb{R}^{q_{con}}$ 为标准的向量饱和函数:

$$\text{sat}(u) = [\text{sat}(u_1),\cdots,\text{sat}(u_p)]^T$$

以不同采样速率,在不同采样时刻 t_k、$\varepsilon\tau_k$,以及考虑传输时滞 ξ、$\varepsilon\eta$ 的情况下,测量输出可描述为

$$\begin{cases} y_1(t) = C_1 x(t_k - \xi), & t_k \leqslant t < t_{k+1} \\ y_2(t) = C_2 x(\varepsilon\tau_k - \varepsilon\eta), & \varepsilon\tau_k \leqslant t < \varepsilon\tau_{k+1} \end{cases}$$

假设采样区间的界为 $t_{k+1}-t_k \leqslant T_s$，$\tau_{k+1}-\tau_k \leqslant T_f$，定义 $\rho_s(t)=t-t_k+\xi$，$\varepsilon\rho_f(t)=t-\varepsilon\tau_k+\varepsilon\eta$。那么，系统输出采样为 $y_1(t)=C_1x(t-\rho_s(t))$，$y_2(t)=C_2x(t-\varepsilon\rho_f(t))$，设计观测器如下：

$$E(\varepsilon)\dot{\hat{x}}(t)=A\hat{x}(t)+Bu(t)-L_1(y_1(t)-C_1\hat{x}(t-\rho_s(t)))\\-L_2(y_2(t)-C_2\hat{x}(t-\varepsilon\rho_f(t)))$$

其中，$\hat{x}(t)$ 是观测器状态变量；L_1、L_2 是观测器增益矩阵。

进而设计由动态反馈控制器和补偿器构成的控制器，如图 11.1 所示，其中动态反馈控制器如式（11.2）所示：

$$\dot{u}(t)=Gx(t)+Fu(t)+\zeta \tag{11.2}$$

抗饱和补偿器为

$$\zeta=E_c(\mathrm{sat}(u(t))-u(t)) \tag{11.3}$$

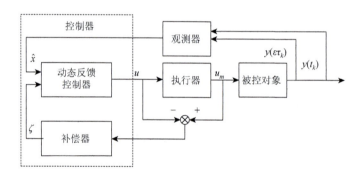

图 11.1　闭环系统控制器结构图

定义 $e(t)=x(t)-\hat{x}(t)$ 为系统的估计误差。结合式（11.2）和式（11.3），可得

$$\begin{cases}\dot{u}=G\hat{x}(t)+Fu+\zeta\\E(\varepsilon)\dot{e}(t)=Ae(t)+L_1C_1e(t-\rho_s(t))+L_2C_2e(t-\varepsilon\rho_f(t))\end{cases} \tag{11.4}$$

于是，闭环系统为

$$E_{\mathrm{con}}(\varepsilon)\dot{\eta}(t)=(\hat{A}+I_RK)\eta(t)+(\hat{B}+I_RE_c)\psi(\hat{C}\eta(t))-\hat{G}e(t) \tag{11.5}$$

其中，$\psi(u(t))=\mathrm{sat}(u(t))-u(t)$ 为新定义的死区非线性函数，其中变量 $\eta=\begin{bmatrix}u\\x\end{bmatrix}$，

$E_{\mathrm{con}}(\varepsilon)=\begin{bmatrix}I & 0\\0 & E(\varepsilon)\end{bmatrix}$，$\hat{A}=\begin{bmatrix}0 & 0\\B & A\end{bmatrix}$，$\hat{B}=\begin{bmatrix}0\\B\end{bmatrix}$，$I_R=\begin{bmatrix}I\\0\end{bmatrix}$，$\hat{C}=[I\ 0]$，$K=[F\ G]$，

$\hat{G}=\begin{bmatrix}G\\0\end{bmatrix}$。

针对基于观测器的输入受限奇异摄动系统采样控制，本章将讨论以下问题：

问题 11.1　给定正数 $\varepsilon_0 > 0$，在已知控制器增益矩阵和观测器增益矩阵的条件下，分析系统的稳定性并确定尽可能大的椭球体 Ω，当满足 $\varepsilon \in (0, \varepsilon_0]$ 时，闭环系统（11.5）是在原点渐近稳定的，其中椭球体 Ω 在吸引域内。

为解决上述问题，需要如下引理。

引理 11.1[34]　给定多面体集 $S(v_0) = \{v, w \in \mathbb{R}^q \mid -v_0 \leqslant v - w \leqslant v_0\}$，对于任意的对角正定矩阵 Γ，可得非线性 $\psi(v) = \mathrm{sat}(v) - v$ 满足下列不等式：

$$\psi^{\mathrm{T}}(v)\Gamma(\psi(v) + w) \leqslant 0, \quad \forall v, w \in S(v_0)$$

引理 11.2[35]　如果存在矩阵 $Z_i (i = 1, 2, \cdots, 5)$ 和 $Z_i = Z_i^{\mathrm{T}} (i = 1, 2, 3, 4)$ 满足：

$$Z_1 > 0 \tag{11.6}$$

$$\begin{bmatrix} Z_1 + \varepsilon_0 Z_3 & \varepsilon_0 Z_5^{\mathrm{T}} \\ \varepsilon_0 Z_5 & \varepsilon_0 Z_2 \end{bmatrix} > 0 \tag{11.7}$$

$$\begin{bmatrix} Z_1 + \varepsilon_0 Z_3 & \varepsilon_0 Z_5^{\mathrm{T}} \\ \varepsilon_0 Z_5 & \varepsilon_0 Z_2 + \varepsilon_0^2 Z_4 \end{bmatrix} > 0 \tag{11.8}$$

可得，对 $\forall \varepsilon \in (0, \varepsilon_0]$，有

$$E_{\mathrm{con}}(\varepsilon) Z(\varepsilon) = Z^{\mathrm{T}}(\varepsilon) E_{\mathrm{con}}(\varepsilon) > 0 \tag{11.9}$$

其中，$Z(\varepsilon) = \begin{bmatrix} Z_1 + \varepsilon Z_3 & \varepsilon Z_5^{\mathrm{T}} \\ Z_5 & Z_2 + \varepsilon Z_4 \end{bmatrix}$。

引理 11.3[36]（Wirtinger 不等式的扩展）　令 $z(t) \in W[a, b]$，$z(a) = 0$。对任意矩阵 $W > 0$ 满足下面不等式：

$$\int_a^b z(s)^{\mathrm{T}} W z(s) \mathrm{d}s \leqslant \frac{4(b-a)^2}{\pi^2} \int_a^b \dot{z}(s)^{\mathrm{T}} W \dot{z}(s) \mathrm{d}s$$

引理 11.4[37]（Jensen 不等式）　对任意的矩阵 $W > 0$，参数 γ_1、γ_2 满足 $\gamma_2 > \gamma_1$，通过整合变换成 $[\gamma_1, \gamma_2] \to \mathbb{R}^n$，便于对向量函数 ω 进行更好的定义，可得

$$\int_{\gamma_1}^{\gamma_2} \omega(s)^{\mathrm{T}} W \omega(s) \mathrm{d}s \geqslant \frac{\left(\int_{\gamma_1}^{\gamma_2} \omega(s) \mathrm{d}s\right)^{\mathrm{T}} W \left(\int_{\gamma_1}^{\gamma_2} \omega(s) \mathrm{d}s\right)}{\gamma_2 - \gamma_1}$$

11.3　主　要　结　果

定理 11.1 将给出上述问题的解决方法。

定理 11.1 给出参数 $\varepsilon_0 > 0$，$T_s > 0$，$T_f > 0$，$\xi > 0$，$\gamma > 0$ 和动态反馈控制器增益矩阵 F、G，补偿器增益矩阵 E_c，及观测器增益矩阵 L_1、L_2。若存在具有适当维数的对角正定矩阵 S，对称矩阵 P_{ob1}、P_{ob3}、Z_{coni}，$i = 1, \cdots, 4$，矩阵 P_{ob2}、M_{con1}、M_{con2}、M_{ob1}、M_{ob2}、Z_{coni}，$i = 1, \cdots, 5$，及正定对称矩阵 Q_1，Q_2，$W = \begin{bmatrix} W_1 & W_2 \\ * & W_3 \end{bmatrix}$，$R_1 = \begin{bmatrix} R_{11} & R_{12} \\ * & R_{13} \end{bmatrix}$，$R_2 = \begin{bmatrix} R_{21} & R_{22} \\ * & R_{23} \end{bmatrix}$，满足不等式（11.6）～不等式（11.8）以及

$$\begin{bmatrix} P_{ob1} & \varepsilon_0 P_{ob2} \\ \varepsilon_0 P_{ob2}^T & \varepsilon_0 P_{ob3} \end{bmatrix} > 0 \tag{11.10}$$

$$\Pi_0 < 0, \quad \Pi_0 + \varepsilon_0 \Pi_1 < 0 \tag{11.11}$$

$$\Pi_0 + \varepsilon_0 \Pi_1 + \varepsilon_0^2 \Pi_2 < 0 \tag{11.12}$$

$$\begin{bmatrix} Z_{con1} & * & * \\ 0 & P_{ob1} & * \\ M_{con1(i)} & M_{ob1(i)} & 1 \end{bmatrix} > 0, \quad i = 1, 2, \cdots, q \tag{11.13}$$

$$\begin{bmatrix} Z_{con1} + \varepsilon_0 Z_{con3} & * & * & * & * \\ \varepsilon_0 Z_{con5} & \varepsilon_0 Z_{con2} & * & * & * \\ 0 & 0 & P_{ob1} & \varepsilon_0 P_{ob2} & * \\ 0 & 0 & \varepsilon_0 P_{ob2}^T & \varepsilon_0 P_{ob3} & * \\ M_{con1(i)} & \varepsilon_0 M_{con2(i)} & M_{ob1(i)} & \varepsilon_0 M_{ob2(i)} & 1 \end{bmatrix} > 0, \quad i = 1, 2, \cdots, q \tag{11.14}$$

$$\begin{bmatrix} Z_{con1} + \varepsilon_0 Z_{con3} & * & * & * & * \\ \varepsilon_0 Z_{con5} & \varepsilon_0 Z_{con2} + \varepsilon_0^2 Z_{con4} & * & * & * \\ 0 & 0 & P_{ob1} & * & * \\ 0 & 0 & \varepsilon_0 P_{ob2}^T & \varepsilon_0 P_{ob3} & * \\ M_{con1(i)} & \varepsilon_0 M_{con2(i)} & M_{ob1(i)} & \varepsilon_0 M_{ob2(i)} & 1 \end{bmatrix} > 0, \quad i = 1, 2, \cdots, q \tag{11.15}$$

其中，

$$\Pi_0 = \begin{bmatrix} \Pi_{con0}(1,1) & \Pi_{con0}(1,2) & -\hat{G} & 0 & 0 & 0 & 0 & 0 \\ * & -2S & 0 & 0 & 0 & 0 & 0 & 0 \\ * & * & \Pi_{ob0}(1,1) & \Pi_{ob0}(1,2) & \Pi_{ob0}(1,3) & \Pi_{ob0}(1,4) & \Pi_{ob0}(1,5) & 0 \\ * & * & * & \Pi_{ob0}(2,2) & \Pi_{ob0}(2,3) & 0 & \Pi_{ob0}(2,5) & 0 \\ * & * & * & * & \Pi_{ob0}(3,3) & \Pi_{ob0}(3,4) & \Pi_{ob0}(3,5) & 0 \\ * & * & * & * & * & \Pi_{ob0}(4,4) & 0 & 0 \\ * & * & * & * & * & * & \Pi_{ob0}(5,5) & R_2 \\ * & * & * & * & * & * & * & \Pi_{ob0}(6,6) \end{bmatrix}$$

$$\Pi_1 = \begin{bmatrix} \Pi_{\text{con1}}(1,1) & \Pi_{\text{con1}}(1,2) & 0 & 0 & 0 & 0 & 0 & 0 \\ * & 0 & 0 & 0 & 0 & 0 & 0 & 0 \\ * & * & \Pi_{\text{ob1}}(1,1) & \Pi_{\text{ob1}}(1,2) & 0 & \Pi_{\text{ob1}}(1,4) & 0 & 0 \\ * & * & * & \Pi_{\text{ob1}}(2,2) & 0 & 0 & 0 & 0 \\ * & * & * & * & 0 & 0 & 0 & 0 \\ * & * & * & * & * & 0 & 0 & 0 \\ * & * & * & * & * & * & 0 & 0 \\ * & * & * & * & * & * & * & 0 \end{bmatrix}$$

$$\Pi_2 = \begin{bmatrix} 0 & 0 & 0 & 0 & 0 & 0 & 0 & 0 \\ * & 0 & 0 & 0 & 0 & 0 & 0 & 0 \\ * & * & \Pi_{\text{ob2}}(1,1) & 0 & 0 & 0 & 0 & 0 \\ * & * & * & \Pi_{\text{ob2}}(2,2) & 0 & 0 & 0 & 0 \\ * & * & * & * & 0 & 0 & 0 & 0 \\ * & * & * & * & * & 0 & 0 & 0 \\ * & * & * & * & * & * & 0 & 0 \\ * & * & * & * & * & * & * & 0 \end{bmatrix}$$

$$U_1 = \begin{bmatrix} Z_{\text{con1}} & 0 \\ Z_{\text{con5}} & Z_{\text{con2}} \end{bmatrix}, \quad U_2 = \begin{bmatrix} Z_{\text{con3}} & Z_{\text{con5}}^{\text{T}} \\ 0 & Z_{\text{con4}} \end{bmatrix}, \quad I_E = \begin{bmatrix} 0 & 0 & 0 \\ 0 & 0 & 0 \\ 0 & 0 & I \end{bmatrix}$$

$$M = \begin{bmatrix} M_{\text{con1}} & M_{\text{con2}} & M_{\text{ob1}} & M_{\text{ob2}} \end{bmatrix}, \quad M_{\text{con}} = \begin{bmatrix} M_{\text{con1}} & M_{\text{con2}} \end{bmatrix}$$

$$\Pi_{\text{con0}}(1,1) = \text{sym}(\hat{A}U_1 + I_{\text{R}}KU_1), \quad \Pi_{\text{con0}}(1,2) = \hat{B}S^{\text{T}} + I_{\text{R}}E_cS - \tilde{E}_0^{\text{T}}M_{\text{con}}^{\text{T}} - U_1^{\text{T}}\hat{C}^{\text{T}}$$

$$\Pi_{\text{ob0}}(1,1) = E_0 Q_1 E_0 + Q_2 - R_2 + \text{sym}(Z_{\text{ob1}}^{\text{T}}A) - \begin{bmatrix} R_{11} & 0 \\ 0 & 0 \end{bmatrix}$$

$$\Pi_{\text{ob0}}(1,2) = -Z_{\text{ob1}}^{\text{T}} + A^{\text{T}}Z_{\text{ob2}} + \begin{bmatrix} P_{\text{ob1}} & P_{\text{ob2}} \\ 0 & P_{\text{ob3}} \end{bmatrix}, \quad \Pi_{\text{ob0}}(1,4) = \begin{bmatrix} R_{11} & R_{12} \\ 0 & 0 \end{bmatrix}$$

$$\Pi_{\text{ob0}}(1,3) = Z_{\text{ob1}}^{\text{T}}L_1 C_1 + A^{\text{T}}Z_{\text{ob3}}, \quad \Pi_{\text{ob0}}(1,5) = R_2 + Z_{\text{ob1}}^{\text{T}}L_2 C_2 + A^{\text{T}}Z_{\text{ob4}}$$

$$\Pi_{\text{ob0}}(2,2) = T_s^2 W + \xi^2 R_1 - Z_{\text{ob2}}^{\text{T}} - Z_{\text{ob2}} + (T_f + \gamma)^2 \begin{bmatrix} 0 & 0 \\ 0 & R_{23} \end{bmatrix}$$

$$\Pi_{\text{ob0}}(2,3) = Z_{\text{ob2}}^{\text{T}}L_1 C_1 - Z_{\text{ob3}}, \quad \Pi_{\text{ob0}}(2,5) = Z_{\text{ob2}}^{\text{T}}L_2 C_2 - Z_{\text{ob4}}$$

$$\Pi_{\text{ob0}}(3,3) = -\frac{\pi^2}{4}W + Z_{\text{ob3}}^{\text{T}}L_1 C_1 + C_1^{\text{T}}L_1^{\text{T}}Z_{\text{ob3}}, \quad \Pi_{\text{ob0}}(3,4) = \frac{\pi^2}{4}W$$

$$\Pi_{ob0}(4,4) = -E_0Q_1E_0 - R_1 - \frac{\pi^2}{4}W, \quad \Pi_{ob0}(3,5) = Z_{ob3}^T L_2 C_2 + C_1^T L_1^T Z_{ob4}$$

$$\Pi_{ob0}(5,5) = -2R_2 + Z_{ob4}^T L_2 C_2 + C_2^T L_2^T Z_{ob4}, \quad \Pi_{ob0}(6,6) = -Q_2 - R_2$$

$$\Pi_{con1}(1,1) = \text{sym}(\hat{A}U_2 + I_R K U_2), \quad \Pi_{con1}(1,2) = -I_E^T M_{con}^T - U_2^T \hat{C}^T$$

$$\Pi_{ob1}(1,1) = -\begin{bmatrix} 0 & R_{12} \\ R_{12}^T & 0 \end{bmatrix}, \quad \Pi_{ob1}(1,2) = \begin{bmatrix} 0 & 0 \\ P_{ob2}^T & 0 \end{bmatrix}$$

$$\Pi_{ob1}(1,4) = \begin{bmatrix} 0 & 0 \\ R_{12}^T & R_{13} \end{bmatrix}, \quad \Pi_{ob1}(2,2) = (T_f + \gamma)^2 \begin{bmatrix} 0 & R_{22} \\ R_{22}^T & 0 \end{bmatrix}$$

$$\Pi_{ob2}(1,1) = -\begin{bmatrix} 0 & 0 \\ 0 & R_{13} \end{bmatrix}, \quad \Pi_{ob2}(2,2) = (T_f + \gamma)^2 \begin{bmatrix} R_{21} & 0 \\ 0 & 0 \end{bmatrix}$$

那么，对于任意的 $\varepsilon \in (0, \varepsilon_0)$，控制器（11.4）使得闭环系统（11.5）是渐近稳定的，并且有椭球体 $\bar{\Omega}(\varepsilon) = \left\{ \begin{bmatrix} \eta \\ e \end{bmatrix} \begin{bmatrix} \eta \\ e \end{bmatrix}^T \hat{E}(\varepsilon) P(\varepsilon) \begin{bmatrix} \eta \\ e \end{bmatrix} \leqslant 1 \right\}$ 在闭环系统的吸引域内，其中，

$$\hat{E}(\varepsilon) = \begin{bmatrix} E_{con}(\varepsilon) & 0 \\ 0 & E(\varepsilon) \end{bmatrix}, \quad P(\varepsilon) = \begin{bmatrix} P_{con}(\varepsilon) & 0 \\ 0 & P_{ob}(\varepsilon) \end{bmatrix}$$

$$P_{con}(\varepsilon) = Z_{con}^{-1}(\varepsilon), \quad Z_{con}(\varepsilon) = U_1 + \varepsilon U_2$$

证明 对于初始条件 $x_0 = \phi \in C^1[-\xi, 0](\varepsilon\gamma \ll \xi)$，闭环系统（11.5）的状态轨迹可以表示为 $\varphi(\eta(t), t, e_t, \dot{e}_t)$，吸引域定义为：$\Omega \triangleq \{\phi \in C^1[-\xi, 0] : \lim_{t \to \infty} \varphi = 0\}$，吸引域的估计为 $X_\delta \subset \Omega$：$X_\delta \triangleq \{\phi \in C^1[-\xi, 0] : \max |\phi| \leqslant \delta_1 \max |\dot{\phi}| \leqslant \delta_2\}$ 标量 $\delta_i > 0, i=1,2$。

由 $\dot{V} < 0$ 可知 $V(\eta(t), t, e_t, \dot{e}_t) \leqslant V(\eta(0), 0, e_0, \dot{e}_0)$ 进而导出以下不等式：

$$\begin{bmatrix} \eta \\ e \end{bmatrix}^T \begin{bmatrix} E_{con}(\varepsilon)P_{con}(\varepsilon) & 0 \\ 0 & E(\varepsilon)P_{ob}(\varepsilon) \end{bmatrix} \begin{bmatrix} \eta \\ e \end{bmatrix} \leqslant V(\eta(t), t, e_t, \dot{e}_t) \leqslant V(\eta(0), 0, e_t, \dot{e}_t)$$

$$\leqslant \max_{t \in [-\xi, 0]} |\phi(t)|^2 [\lambda_{\max}(E_{con}(\varepsilon)P_{con}(\varepsilon)) + \lambda_{\max}(E(\varepsilon)P_{ob}(\varepsilon)) + \xi \lambda_{\max}(E_0 Q_1 E_0)]$$

$$+ \xi \max_{t \in [-\xi, 0]} |\dot{\phi}(t)|^2 [\frac{1}{2}\xi^2 \lambda_{\max}(E(\varepsilon)R_1 E(\varepsilon))] + T_s^2 \max_{t \in [-\xi, 0]} |\phi(t)|^2 [\xi \lambda_{\max}(E(\varepsilon)WE(\varepsilon))]$$

$$+ \max_{t \in [-\varepsilon(T_f + \gamma), 0]} |\phi(t)|^2 [\varepsilon(T_f + \gamma)\lambda_{\max}(Q_2)]$$

$$+ \varepsilon(T_f + \gamma) \max_{t \in [-\varepsilon(T_f + \gamma), 0]} |\dot{\phi}(t)|^2 [\frac{1}{2}(\varepsilon(T_f + \gamma))^2 \lambda_{\max}(R_2)] = \hat{\Omega}(\phi, \dot{\phi})$$

很明显集合 $\hat{\Omega}(\phi,\dot{\phi}) \leq 1$ 可以保证 $\begin{bmatrix} \eta \\ e \end{bmatrix}^{\mathrm{T}} \hat{E}(\varepsilon) P(\varepsilon) \begin{bmatrix} \eta \\ e \end{bmatrix} \leq 1$。

令 $v = \bar{C}\begin{bmatrix} \eta \\ e \end{bmatrix}$，$\bar{C} = [I \quad 0 \quad 0 \quad 0]$，$\omega = M\hat{E}(\varepsilon)P(\varepsilon) + \bar{C}\begin{bmatrix} \eta \\ e \end{bmatrix}$，由引理 11.1 可知，对 $\forall \begin{bmatrix} \eta \\ e \end{bmatrix} \in \bar{S}(\rho)$，非线性函数 ψ 满足：

$$\psi^{\mathrm{T}}\left(\bar{C}\begin{bmatrix} \eta \\ e \end{bmatrix}\right) \Gamma\left(\psi\left(\bar{C}\begin{bmatrix} \eta \\ e \end{bmatrix}\right) + (M\hat{E}(\varepsilon)P(\varepsilon) + \bar{C})\begin{bmatrix} \eta \\ e \end{bmatrix}\right) \leq 0$$

其中，Γ 为任意对角正定矩阵，$\bar{S}(\rho) = \left\{\begin{bmatrix} \eta \\ e \end{bmatrix} \middle| -\rho \leq M\hat{E}(\varepsilon)P(\varepsilon)\begin{bmatrix} \eta \\ e \end{bmatrix} \leq \rho\right\}$，$\rho = [1 \quad 1 \quad \cdots \quad 1]^{\mathrm{T}}$。

由引理 3.2，线性矩阵不等式（11.13）~不等式（11.15）表明：

$$\begin{bmatrix} P^{\mathrm{T}}(\varepsilon)\hat{E}(\varepsilon) & * \\ M_{(i)}\hat{E}(\varepsilon) & 1 \end{bmatrix} \geq 0, \quad I = 1, \cdots, p \tag{11.16}$$

不等式（11.16）等价于

$$\begin{bmatrix} \hat{E}^{-1}(\varepsilon)P^{\mathrm{T}}(\varepsilon) & * \\ M_{(i)} & 1 \end{bmatrix} \geq 0, \quad I = 1, \cdots, p \tag{11.17}$$

在不等式（11.17）的左右两边分别乘以对角阵 $\mathrm{diag}([\hat{E}^{-1}(\varepsilon)P^{\mathrm{T}}(\varepsilon)]^{-1}, I)$ 及其转置，可得

$$\begin{bmatrix} \bar{E}(\varepsilon)P^{-1}(\varepsilon) & * \\ M_{(i)}\bar{E}(\varepsilon)P^{-1}(\varepsilon) & 1 \end{bmatrix} \geq 0, \quad I = 1, \cdots, p$$

即 $\hat{E}(\varepsilon)P^{-1}(\varepsilon) > P^{-\mathrm{T}}(\varepsilon)\hat{E}(\varepsilon)M_{(i)}^{\mathrm{T}}M_{(i)}\hat{E}(\varepsilon)P^{-1}(\varepsilon)$。然后对于任意的 $\begin{bmatrix} \eta \\ e \end{bmatrix} \in \bar{\Omega}(\varepsilon)$，有

$\begin{bmatrix} \eta \\ e \end{bmatrix}^{\mathrm{T}} P^{-\mathrm{T}}(\varepsilon)\hat{E}(\varepsilon)M_{(i)}^{\mathrm{T}}M_{(i)}\hat{E}(\varepsilon)P^{-1}(\varepsilon)\begin{bmatrix} \eta \\ e \end{bmatrix} < 1$ 即 $\bar{\Omega}(\varepsilon) \subseteq \bar{S}(\rho)$。因此，吸引域的估计为 $\bar{\Omega}(\varepsilon)$。

由引理 11.2 中线性矩阵不等式（11.9），可得 $\hat{E}(\varepsilon)P(\varepsilon) = P^{\mathrm{T}}(\varepsilon)\hat{E}(\varepsilon) > 0$。

定义一个与奇异摄动参数 ε 相关的 Lyapunov 泛函：

$$V = V(\eta, t, e_t, \dot{e}_t) = V_{\mathrm{con}} + V_{\mathrm{ob}}$$

$$V_{\mathrm{con}}(\eta) = \eta^{\mathrm{T}} E_{\mathrm{con}}(\varepsilon) P_{\mathrm{con}}(\varepsilon) \eta, \quad V_{\mathrm{ob}}(t, e_t, \dot{e}_t) = V_1 + V_2 + V_3 + V_4$$

$$V_1 = e^T(t)L(\varepsilon)P_{ob}(\varepsilon)e(t)$$

$$V_2 = \int_{t-\xi}^{t} e^T(s)E_0Q_1E_0 e(s)\mathrm{d}s + \xi\int_{-\xi}^{0}\int_{t+\theta}^{t} \dot{e}^T(s)E(\varepsilon)R_1E(\varepsilon)\dot{e}(s)\mathrm{d}s\mathrm{d}\theta$$

$$V_3 = T_s^2 \int_{t-\rho_s(t)}^{t} \dot{e}^T(s)E(\varepsilon)WE(\varepsilon)\dot{e}(s)\mathrm{d}s$$
$$-\frac{\pi^2}{4}\int_{t-\rho_s(t)}^{t-\xi}[e(s)-e(t-\rho_s(t))]^T E(\varepsilon)WE(\varepsilon)[e(s)-e(t-\rho_s(t))]\mathrm{d}s$$

$$V_4 = \int_{t-\varepsilon(T_f+\eta)}^{t} e^T(s)Q_2 e(s)\mathrm{d}s + \varepsilon(T_f+\eta)\int_{-\varepsilon(T_f+\eta)}^{0}\int_{t+\theta}^{t}\dot{e}^T(s)R_2\dot{e}(s)\mathrm{d}s\mathrm{d}\theta$$

其沿系统轨迹的时间导数为

$$\dot{V} = \dot{V}_{con} + \dot{V}_{ob} - 2e^T\hat{G}^T P_{con}\eta$$
$$\leq \begin{bmatrix}\eta\\\psi\end{bmatrix}^T \varPi_{con}\begin{bmatrix}\eta\\\psi\end{bmatrix} + \theta^T\hat{\varPi}_{ob}(\varepsilon)\theta - 2e^T\hat{G}^T P_{con}\eta = \bar{\theta}^T\hat{\varPi}(\varepsilon)\bar{\theta}$$

其中,

$$\theta = [e^T(t)\ \dot{e}^T(t)\ e^T(t-\rho_s(t))\ e^T(t-\xi)\ e^T(t-\varepsilon\rho_f(t))\ e^T(t-\varepsilon(T_f+\eta))]^T$$

$$\bar{\theta} = [\eta^T\ \psi^T\ e^T(t)\ \dot{e}^T(t)\ e^T(t-\rho_s(t))\ e^T(t-\xi)\ e^T(t-\varepsilon\rho_f(t))\ e^T(t-\varepsilon(T_f+\eta))]^T$$

$$\hat{\varPi}(\varepsilon) = \begin{bmatrix}
\hat{\varPi}_{con}(1,1) & \hat{\varPi}_{con}(1,2) & -P_{con}^T\hat{G} & 0 & 0 & 0 & 0 & 0 \\
* & -2\varGamma & 0 & 0 & 0 & 0 & 0 & 0 \\
* & * & \hat{\varPi}_{ob}(1,1) & \hat{\varPi}_{ob}(1,2) & \hat{\varPi}_{ob}(1,3) & \hat{\varPi}_{ob}(1,4) & \hat{\varPi}_{ob}(1,5) & 0 \\
* & * & * & \hat{\varPi}_{ob}(2,2) & \hat{\varPi}_{ob}(2,3) & 0 & \hat{\varPi}_{ob}(2,5) & 0 \\
* & * & * & * & \hat{\varPi}_{ob}(3,3) & \hat{\varPi}_{ob}(3,4) & \hat{\varPi}_{ob}(3,5) & 0 \\
* & * & * & * & * & \hat{\varPi}_{ob}(4,4) & 0 & 0 \\
* & * & * & * & * & * & \hat{\varPi}_{ob}(5,5) & R_2 \\
* & * & * & * & * & * & * & \hat{\varPi}_{ob}(6,6)
\end{bmatrix}$$

$$\hat{\varPi}_{con}(1,1) = \mathrm{sym}(\hat{A} + I_R K(\varepsilon))^T P_{con}(\varepsilon)$$

$$\varPi_{con}(1,2) = [(\hat{B} + I_R E_c)^T P_{con}(\varepsilon) - \varGamma_{con} M_{con} E_{con}(\varepsilon)P_{con}(\varepsilon)]^T$$

$$\hat{\varPi}_{ob}(1,1) = E_0 Q_1 E_0 + Q_2 - E(\varepsilon)R_1 E(\varepsilon) - R_2 + \mathrm{sym}(Z_{ob1}^T A)$$

$$\hat{\varPi}_{ob}(1,2) = A^T Z_{ob2} E(\varepsilon) + P_{ob}^T(\varepsilon)E(\varepsilon) - Z_{ob1}^T E(\varepsilon)$$

$$\hat{\varPi}_{ob}(1,3) = Z_{ob1}^T L_1 C_1 + A^T Z_{ob3} E(\varepsilon), \quad \hat{\varPi}_{ob}(1,5) = R_2 + Z_{ob1}^T L_2 C_2 + A^T Z_{ob4}$$

$$\hat{\varPi}_{ob}(2,2) = \varepsilon^2(T_f+\gamma)^2 R_2 + \xi^2 E(\varepsilon)R_1 E(\varepsilon) + T_s^2 E(\varepsilon)WE(\varepsilon) - \mathrm{sym}(E(\varepsilon)Z_{ob2}E(\varepsilon))$$

$$\hat{\varPi}_{ob}(2,3) = E(\varepsilon)Z_{ob2}^T L_1 C_1 - E(\varepsilon)Z_{ob3}E(\varepsilon), \quad \hat{\varPi}_{ob}(1,4) = E(\varepsilon)R_1 E(\varepsilon)$$

$$\hat{\varPi}_{ob}(2,5) = E(\varepsilon)Z_{ob2}^T L_2 C_2 - E(\varepsilon)Z_{ob4}, \quad \hat{\varPi}_{ob}(3,5) = E(\varepsilon)Z_{ob3}^T L_2 C_2 + C_1^T L_1^T Z_{ob4}$$

$$\hat{\Pi}_{ob}(3,3) = -\frac{\pi^2}{4}E(\varepsilon)WE(\varepsilon) + \text{sym}(E(\varepsilon)Z_{ob3}^T L_1 C_1), \quad \hat{\Pi}_{ob}(3,4) = \frac{\pi^2}{4}E(\varepsilon)WE(\varepsilon)$$

$$\hat{\Pi}_{ob}(4,4) = -E_0 Q_1 E_0 - E(\varepsilon)R_1 E(\varepsilon) - \frac{\pi^2}{4}E(\varepsilon)WE(\varepsilon)$$

$$\hat{\Pi}_{ob}(5,5) = -2R_2 + \text{sym}(Z_{ob4}^T L_2 C_2), \quad \hat{\Pi}_{ob}(6,6) = -Q_2 - R_2$$

接下来需要证明对任意的 $\varepsilon \in (0, \varepsilon_0]$，都有 $\hat{\Pi}(\varepsilon) < 0$。因此，令 $P_{con}(\varepsilon) = Z_{con}^{-1}(\varepsilon)$，$\varGamma = S^{-1}$。并且 $C_1 E^{-1}(\varepsilon) = [C_{11} \quad 0]E^{-1}(\varepsilon) = C_1$，对矩阵 $\hat{\Pi}(\varepsilon)$ 进行如下的矩阵变换，即在 $\hat{\Pi}(\varepsilon)$ 左右两边分别乘以对角矩阵 $\text{diag}\{Z_{con}^T, S^{-1}, I, E^{-1}(\varepsilon), E^{-1}(\varepsilon), E^{-1}(\varepsilon), I, I\}$ 及其转置，可得

$$\Pi(\varepsilon) = \begin{bmatrix} \Pi_{con}(1,1) & \Pi_{con}(1,2) & -\hat{G} & 0 & 0 & 0 & 0 & 0 \\ * & -2S & 0 & 0 & 0 & 0 & 0 & 0 \\ * & * & \Pi_{ob}(1,1) & \Pi_{ob}(1,2) & \Pi_{ob}(1,3) & E(\varepsilon)R_1 & \Pi_{ob}(1,5) & 0 \\ * & * & * & \Pi_{ob}(2,2) & \Pi_{ob}(2,3) & 0 & \Pi_{ob}(2,5) & 0 \\ * & * & * & * & \Pi_{ob}(3,3) & \frac{\pi^2}{4}W & \Pi_{ob}(3,5) & 0 \\ * & * & * & * & * & \Pi(4,4) & 0 & 0 \\ * & * & * & * & * & * & \Pi_{ob}(5,5) & R_2 \\ * & * & * & * & * & * & * & \Pi_{ob}(6,6) \end{bmatrix}$$

其中，

$$\Pi_{con}(1,1) = \text{sym}((\hat{A} + I_R K)Z_{con}(\varepsilon))$$

$$\Pi_{con}(1,2) = S\hat{B}^T - M_{con}E_{con}(\varepsilon) + QI_R^T - \hat{C}(U_1 + \varepsilon U_2)$$

$$\Pi_{ob}(1,1) = E_0 Q_1 E_0 + Q_2 - R_2 - E(\varepsilon)R_1 E(\varepsilon) + Z_{ob1}^T A + A^T Z_{ob1}$$

$$\Pi_{ob}(1,2) = P_{ob}^T(\varepsilon) - Z_{ob1}^T + A^T Z_{ob2}, \quad \Pi_{ob}(1,3) = Z_{ob1}^T L_1 C_1 + A^T Z_{ob3}$$

$$\Pi_{ob}(1,5) = R_2 + Z_{ob1}^T L_2 C_2 + A^T Z_{ob4}, \quad \Pi_{ob}(2,5) = Z_{ob2}^T L_2 C_2 - Z_{ob4}$$

$$\Pi_{ob}(2,2) = T_s^2 W + \xi^2 R_1 - Z_{ob2}^T - Z_{ob2} + (T_f + \gamma)^2 \bar{E}(\varepsilon)R_2 \bar{E}(\varepsilon)$$

$$\Pi_{ob}(2,3) = Z_{ob2}^T L_1 C_1 - Z_{ob3}, \quad \Pi_{ob}(3,3) = Z_{ob3}^T L_1 C_1 + C_1^T L_1^T Z_{ob3} - \frac{\pi^2}{4}W$$

$$\Pi_{ob}(3,5) = Z_{ob3}^T L_2 C_2 + C_1^T L_1^T Z_{ob4}, \quad \Pi_{ob}(4,4) = -E_0 Q_1 E_0 - R_1 - \frac{\pi^2}{4}W$$

$$\Pi_{ob}(5,5) = Z_{ob4}^T L_2 C_2 + C_2^T L_2^T Z_{ob4} - 2R_2, \quad \Pi_{ob}(6,6) = -Q_2 - R_2$$

$$P_{ob}^{T}(\varepsilon)=\begin{bmatrix} P_{ob1} & P_{ob2} \\ \varepsilon P_{ob2}^{T} & P_{ob3} \end{bmatrix}, \quad \bar{E}(\varepsilon)=\begin{bmatrix} \varepsilon I & 0 \\ 0 & I \end{bmatrix}, \quad E(\varepsilon)R_{1}=\begin{bmatrix} R_{11} & R_{12} \\ \varepsilon R_{12}^{T} & \varepsilon R_{13} \end{bmatrix}$$

$$E(\varepsilon)R_{1}E(\varepsilon)=\begin{bmatrix} R_{11} & \varepsilon R_{12} \\ * & \varepsilon^{2} R_{13} \end{bmatrix}, \quad \bar{E}(\varepsilon)R_{2}\bar{E}(\varepsilon)=\begin{bmatrix} \varepsilon^{2} R_{21} & R_{22} \\ * & \varepsilon R_{23} \end{bmatrix}$$

由此 $\Pi(\varepsilon)$ 可写成如下形式:

$$\Pi(\varepsilon)=\Pi_{0}+\Pi_{1}\varepsilon+\Pi_{2}\varepsilon^{2}$$

通过引理 11.3 可得,线性矩阵不等式(11.18)和不等式(11.19)表明对于任意的 $\varepsilon \in (0,\varepsilon_{0}]$, $\eta \in \bar{\Omega}(\varepsilon), \eta \neq 0$,都有 $\Pi(\varepsilon)<0$,$\Pi(\varepsilon)<0$ 等价于 $\hat{\Pi}[\varepsilon]<0, \forall \varepsilon \in (0,\varepsilon_{0}]$。因此,可以得到 $\dot{V}(t)\leqslant 0, \forall \varepsilon \in (0,\varepsilon_{0}]$。所以,对于任意的 $\varepsilon \in (0,\varepsilon_{0}]$,闭环系统是渐近稳定的。

下面考虑怎样使闭环系统的吸引域最大化。通过求解下面的优化问题来得到最大体积的椭球体 $\bar{\Omega}(\varepsilon)$:

$$\min_{M,U_{1},U_{2}} \lambda$$

$$\text{s.t.} \quad \text{式}(11.6)\sim\text{式}(11.8),\text{式}(11.10)\sim\text{式}(11.15) \qquad (11.18)$$

$$\lambda>0, \quad P(\varepsilon)\tilde{E}(\varepsilon)<\lambda I$$

当 $\lambda>0$ 时,$P(\varepsilon)\hat{E}(\varepsilon)<\lambda I$,式(11.18)等价于

$$\begin{bmatrix} P(\varepsilon)\hat{E}(\varepsilon) & * \\ \hat{E}(\varepsilon) & \lambda I \end{bmatrix}>0 \qquad (11.19)$$

通过引理 3.2,可以得出不等式(11.20)~不等式(11.22)是不等式(11.19)成立的条件。

$$\begin{bmatrix} Z_{con1} & * & * & * & * \\ 0 & 0 & * & * & * \\ 0 & 0 & P_{ob1} & * & * \\ 0 & 0 & 0 & 0 & * \\ 0 & 0 & 0 & 0 & \lambda I_{5\times 5} \end{bmatrix}>0 \qquad (11.20)$$

$$\begin{bmatrix} Z_{con1}+\varepsilon_{0}Z_{con3} & * & * & * & * & * & * \\ \varepsilon_{0}Z_{con5} & \varepsilon_{0}Z_{con2} & * & * & * & * & * \\ 0 & 0 & P_{ob1} & * & * & * & * \\ 0 & 0 & \varepsilon_{0}P_{ob2}^{T} & \varepsilon_{0}P_{ob3} & * & * & * \\ I & 0 & 0 & 0 & \lambda I & * & * \\ 0 & I & 0 & 0 & 0 & \lambda I & * \\ 0 & 0 & \varepsilon_{0}I & 0 & 0 & 0 & \lambda I & * \\ 0 & 0 & 0 & \varepsilon_{0}I & 0 & 0 & 0 & \lambda I \end{bmatrix}>0 \qquad (11.21)$$

$$\begin{bmatrix} Z_{con1}+\varepsilon_0 Z_{con3} & * & * & * & * & * & * & * \\ \varepsilon_0 Z_{con5} & \varepsilon_0 Z_{con2}+\varepsilon_0^2 Z_{con4} & * & * & * & * & * & * \\ 0 & 0 & P_{ob1} & * & * & * & * & * \\ 0 & 0 & \varepsilon_0 P_{ob2}^T & \varepsilon_0 P_{ob3} & * & * & * & * \\ I & 0 & 0 & 0 & \lambda I & * & * & * \\ 0 & I & 0 & 0 & 0 & \lambda I & * & * \\ 0 & 0 & \varepsilon_0 I & 0 & 0 & 0 & \lambda I & * \\ 0 & 0 & 0 & \varepsilon_0 I & 0 & 0 & 0 & \lambda I \end{bmatrix} > 0 \quad (11.22)$$

显而易见，不等式（11.20）等价于

$$\begin{bmatrix} Z_{con1} & * & * \\ 0 & P_{ob1} & * \\ I & 0 & \lambda I \end{bmatrix} > 0 \quad (11.23)$$

因此，优化问题（11.18）可改写为如下的优化问题：

$$\min_{M,U_1,U_2} \lambda \quad (11.24)$$

s.t. 式(11.6)~式(11.8)，式(11.10)~式(11.15)，式(11.21)~式(11.23)

11.4 仿 真

本节给出仿真实例来验证所提方法的可行性和有效性。

例 11.1 考虑 1986 年由 Zak 和 Maccarley 首次提出的通过齿轮系统用直流电机控制的倒立摆系统[38]，可表述为

$$\begin{cases} \dot{x}_1(t) = x_2(t) \\ \dot{x}_2(t) = \dfrac{g}{l}\sin(x_1(t)) + \dfrac{NK_m}{ml^2}x_3(t) \\ L_a\dot{x}_3(t) = -K_b Nx_2(t) - R_a x_3(t) + u(t) \end{cases} \quad (11.25)$$

其中，$x_1(t) = \theta_p(t)$ 是钟摆垂直向上摆动的角度（弧度），$x_2(t) = \dot{\theta}_p(t)$；$x_3(t) = l_a(t)$ 是所述电动机的电流；$u(t)$ 是指控制输入电压；K_m 是电机转矩常数；K_b 是电机反电动势常数；N 是齿轮传动比；L_a 是电感。

表 11.1 是控制系统的相关参数。其他参数如下：$g = 9.8\text{m/s}^2$，$N = 50$，$l = 1\text{m}$，$m = 1\text{kg}$，$K_m = 0.1\text{Nm/A}$，$K_b = 0.1\text{Vs/rad}$，$R_a = 1\Omega$，$L_a = 0.05\text{H}$，电压为 $|u| \leqslant 1$。需要注意的是：L_a 表示系统的奇异摄动参数。将被控对象参数代入式（11.25），可得

$$\begin{cases} \dot{x}_1(t) = x_2(t) \\ \dot{x}_2(t) = 9.8\, x_1(t) + x_3(t) \\ \varepsilon \dot{x}_3(t) = -x_2(t) - x_3(t) + u \end{cases}$$

其中，$\varepsilon = L_a$，$x_e = [0\ \ 0\ \ 0]^T$ 为系统（40）的平衡点，对应于倒立摆直立静止位置。

表 11.1 倒立摆控制系统相关参数

参数	符号	单位
控制输入 $u(t)$	$u(t)$	V
状态变量 $x_1(t)$	$\theta_p(t)$	rad
状态变量 $x_2(t)$	$\dot{\theta}_p(t)$	rad/s
状态变量 $x_3(t)$	$I_a(t)$	A

下面通过设计控制器来使倒立摆保持平衡。令 $\varepsilon_0 = 0.05$，由文献[11]中定理 11.2、定理 11.3 得到动态反馈控制器增益矩阵 $K = [F\ \ G] = [-3.0067\ \ -1718.1357\ \ -489.5623\ \ -34.1096]$ 和补偿器增益 $E_c = 149.8265$。

由文献[31]中的定理 11.2 可以得到观测器的增益矩阵：

$$L_1 = \begin{bmatrix} -0.5267 \\ -1.6557 \\ 0.1401 \end{bmatrix},\quad L_2 = \begin{bmatrix} 4.3798 \\ 12.7869 \\ -2.319 \end{bmatrix}$$

再应用本章定理 11.1 得到闭环系统（11.5）的吸引域 $\Omega = \{\eta \in \mathbb{R}^7 \mid \eta^T P \eta \leqslant 1\}$，其中，

$$P = \begin{bmatrix} 0.0239 & 0.4735 & 0.1294 & -0.0007 & 0 & 0 & 0 \\ 0.4735 & 172.5888 & 47.5359 & 0.3989 & 0 & 0 & 0 \\ 0.1294 & 47.5359 & 13.1170 & 0.1106 & 0 & 0 & 0 \\ -0.0007 & 0.3989 & 0.1106 & 0.0041 & 0 & 0 & 0 \\ 0 & 0 & 0 & 0 & 7610.2 & -1946.5 & -54.5 \\ 0 & 0 & 0 & 0 & -1946.5 & 1000.6 & 24.5 \\ 0 & 0 & 0 & 0 & -54.5 & 24.5 & 61.4 \end{bmatrix}$$

仿真时，选择 $\eta_0 \in \Omega$，$\eta_0 = [-1\ \ -0.07\ \ 0.25\ \ 0.25]^T$ 作为原系统的初始条件，选择 $\hat{x}_0 = [0\ \ 0.05\ \ 0.05]^T$ 作为观测器的初始条件。图 11.2 的曲线描述了开始于 η_0，$\varepsilon = 0.01$ 时系统控制输入状态和系统状态响应，可以看出曲线均收敛于原点并且最终能使估计误差收敛于零。以上仿真结果均符合预期。

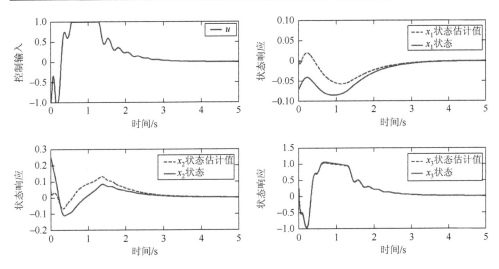

图 11.2　$T_s=0.5$，$T_f=0.1$，$\xi=0.1$，$\gamma=0.01$ 时控制信号、状态响应及估计值

11.5　本章小结

本章将输入受限奇异摄动系统连续控制器与基于多速率采样数据的奇异摄动系统观测器设计方法相结合，提出输入受限奇异摄动系统基于多速率采样观测器的控制器设计方法。分析闭环系统稳定性和吸引域。最后通过举例证明所提方法的可行性及有效性。

参 考 文 献

[1] Yang H J，Li H B，Sun F C，et al. Robust control for Markovian jump delta operator systems with actuator saturation[J]. European Journal of Control，2014，20（4）：207-215.

[2] Lin Z，Saberi A. Semi-global exponential stabilization of linear systems subject to input saturation via linear feedbacks[J]. Systems and Control Letters，1993，21（1）：225-239.

[3] Yang H J，Li Z W，Hua C C，et al. Stability analysis of delta operator systems with actuator saturation by a saturation-dependent Lyapunov function[J]. Circuits，Systems，and Signal Processing，2015，34（3）：971-986.

[4] Cao Y Y，Lin Z，Ward D G. An anti-windup approach to enlarging domain of attraction for linear systems subject to actuator saturation[J]. IEEE Transactions on Automatic Control，2002，47（1）：140-145.

[5] Zhang X，Wang G，Zhao J. Robust state feedback stabilization of uncertain discrete-time switched linear systems subject to actuator saturation[J]. Discrete Dynamics in Nature and Society，2015，2015（8）：3269-3274.

[6] Gutman P O，Hagander P. A new design of constrained controllers for linear systems[J]. IEEE Transactions on Automatic Control，1985，30（1）：22-33.

[7] Sussmann H J，Sontag E D，Yang Y. A general result on the stabilization of linear systems using bounded controls[J]. IEEE Transactions on Automatic Control，1995，39（12）：2411-2425.

[8] Hu T，Teel A R，Zaccarian L. Stability and performance for saturated systems via quadratic and nonquadratic

Lyapunov functions[J]. IEEE Transactions on Automatic Control, 2006, 51 (11): 1770-1786.

[9] Zhang T, Feng G, Liu H, et al. Piecewise fuzzy anti-windup dynamic output feedback control of nonlinear processes with amplitude and rate actuator saturations[J]. IEEE Transactions on Fuzzy Systems, 2009, 17 (2): 253-264.

[10] Sawada K, Kiyama T, Iwasaki T. Generalized sector synthesis of output feedback control with anti-windup structure[J]. Systems and Control Letters, 2009, 58 (6): 421-428.

[11] Yang C Y, Zhang L L, Sun J. Anti-windup controller design for singularly perturbed systems subject to actuator saturation[J]. IET Control Theory and Applications, 2016, 10 (4): 469-476.

[12] Yan Y F, Ma X P, Yang C Y. Stabilization bound of time-delay singularly perturbed systems with actuator saturation[C]. Proceedings of the 34th Chinese Control Conference, Chengdu, 2016: 1426-1431.

[13] Garcia G, Tarbouriech S. Control of singularly perturbed systems by bounded control[C]. America Control Conference, Denver, 2003, 5 (5): 4482-4487.

[14] Xin H, Gan D, Huang M, et al. Estimating the stability region of singular perturbation power systems with saturation nonlinearities: A linear matrix inequality based method[J]. IET Control Theory and Applications, 2010, 4 (3): 351-361.

[15] Yang C Y, Sun J, Ma X P. Stabilization bound of singularly perturbed systems subject to actuator saturation[J]. Automatica, 2013, 49 (2): 457-462.

[16] Kando H, Iwazumi T. Design of observers and stabilising feedback controllers for singularly perturbed discrete systems[J]. IEE Proceedings D, 1985, 132 (1): 1-10.

[17] Oloomi H, Sawan M E. The observer-based controller design of discrete-time singularly perturbed systems[J]. IEEE Transaction on Automatic Control, 1987, 32 (3): 246-248.

[18] Shouse K, Taylor D. Discrete-time observers for singularly perturbed continuous-time systems[J]. IEEE Transaction on Automatic Control, 1995, 40 (2): 224-235.

[19] Bidani M, Djemai M. A multirate digital control via a discrete-time observer for non-linear singularly perturbed continuous-time systems[J]. International Journal of Control, 2002, 75 (8): 591-613.

[20] Kando H, Aoyama T, Iwazumi T. Multirate observer design via singular perturbation theory[J]. International Journal of Control, 1989, 50 (5): 2005-2023.

[21] Porter B. Singular perturbation methods in the design of full-order observers for multivariable linear systems[J]. International Journal of Control, 1977, 26 (4): 589-594.

[22] O'Reilly J. Full-order observers for a class of singularly perturbed linear time-varying systems[J]. International Journal of Control, 1979, 30 (5): 745-756.

[23] Lin K J. Composite observer-based feedback design for singularly perturbed systems via LMI approach[C]. Proceedings of SICE Annual Conference, Taipei, 2010: 3056-3061.

[24] Yoo H. Design of observers for systems with slow and fast modes[D]. Jersey City: The State University of New Jersey, 2014.

[25] Naghshtabrizi P, Hespanha J, Teel A. Exponential stability of impulsive systems with application to uncertain sampled-data systems[J]. Systems and Control Letters, 2008, 57 (5): 378-385.

[26] Fridman E, Seuret A, Richard J. Robust sampled-data stabilization of linear systems: An input delay approach[J]. Automatica, 2004, 40 (8): 1441-1446.

[27] Fridman E. A refined input delay approach to sampled-data control[J]. Automatica, 2010, 46 (2): 421-427.

[28] Moarref M, Rodrigues L. Observer design for linear multi-rate sampled-data systems[J]. American Control Conference, 2014: 5319-5324.

[29] Liu K, Fridman E. Wirtinger's inequality and Lyapunov-based sampled-data stabilization[J]. Automatica, 2012, 48(1): 102-108.

[30] Yu H, Lu G, Zheng Y. On the model-based networked control for singularly perturbed systems with nonlinear uncertainties[J]. Systems and Control Letters, 2011, 60(9): 739-746.

[31] Yang C Y, Zhang L L, Zhou L N. Observer design for singularly perturbed systems with multirate sampled and delayed measurements[J]. Journal of Dynamic Systems, Measurement, and Control, 2016, 138(5): 1341-1349.

[32] Lam H K, Seneviratne L D. Tracking control of sampled-data fuzzy-model-based control systems[J]. IET Control Theory Appllication, 2009, 3(1): 56-67.

[33] Hu L S, Bai T, Shi P, et al. Sampled-data control of networked linear control systems[J]. Automatica, 2007, 43(5): 903-911.

[34] Tarbouriech S, Prieur C. Stability analysis and stabilization of systems presenting nested saturations[J]. IEEE Transactions on Automatic Control, 2006, 51(8): 1364-1371.

[35] Yang C Y, Zhang Q L. Multi-objective control for T-S fuzzy singularly perturbed systems[J]. IEEE Transactions on Fuzzy Systems, 2009, 17(1): 104-115.

[36] Liu K, Suplin V, Fridman E. Stability of linear systems with general sawtooth delay[J]. IMA Journal of Mathematical Control and Information, 2010, 27(4): 419-436.

[37] Gu K, Kharitonov V, Chen J. Stability of Time-Delay Systems[M]. Boston: Birkhäuser, 2003.

[38] Zak S H, Maccarley C A. State-feedback control of non-linear systems[J]. International Journal of Control, 1986, 43(5): 1497-1514.